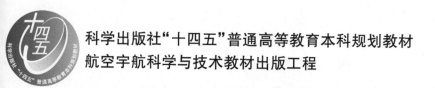

科学出版社"十四五"普通高等教育本科规划教材
航空宇航科学与技术教材出版工程

空间在轨服务系统导论

An Overview of On-orbit Service Systems

包为民　于登云　李伟杰　等　编著

U0223885

科学出版社

北　京

内 容 简 介

本书针对当前及未来亟须发展的航天器在轨服务方向,在阐明在轨服务的意义与内涵的基础上,介绍了在轨服务的体系架构,分析归纳了客户航天器、服务航天器、运输航天器、辅助支持系统以及服务机器人的基本组成、系统特点、典型应用以及相关的支撑技术,并从成本效益与模型工具等方面简述了在轨服务的经济性。最后,对在轨服务应用前景和技术发展趋势进行了展望。

本书作为航空宇航科学与技术学科的教学参考书,主要面向本科生、研究生以及希望了解在轨服务领域的同等学力者,也可供从事航天器系统设计的工程技术人员参考。

图书在版编目(CIP)数据

空间在轨服务系统导论/包为民等编著. —北京:科学出版社,2023.4
航空宇航科学与技术教材出版工程
ISBN 978 – 7 – 03 – 068867 – 5

Ⅰ. ①空… Ⅱ. ①包… Ⅲ. ①空间探测器—教材
Ⅳ. ①V476

中国版本图书馆 CIP 数据核字(2021)第 091588 号

责任编辑:潘志坚 徐杨峰 / 责任校对:谭宏宇
责任印制:黄晓鸣 / 封面设计:殷 靓

科 学 出 版 社 出版
北京东黄城根北街 16 号
邮政编码:100717
http://www.sciencep.com

南京展望文化发展有限公司排版
广东虎彩云印刷有限公司印刷
科学出版社发行 各地新华书店经销

*

2023 年 4 月第 一 版 开本:787×1092 1/16
2025 年 4 月第四次印刷 印张:16 1/4
字数:372 000
定价:108.00 元
(如有印装质量问题,我社负责调换)

航空宇航科学与技术教材出版工程
专家委员会

航空宇航科学与技术教材出版工程
编写委员会

丛 书 序

　　我在清华园中出生,旧航空馆对面北坡静置的一架旧飞机是我童年时流连忘返之处。1973 年,我作为一名陕北延安老区的北京知青,怀揣着一张印有西北工业大学航空类专业的入学通知书来到古城西安,开始了延绵 46 年矢志航宇的研修生涯。1984 年底,我在美国布朗大学工学部固体与结构力学学门通过 Ph. D 的论文答辩,旋即带着在 24 门力学、材料科学和应用数学方面的修课笔记回到清华大学,开始了一名力学学者的登攀之路。1994 年我担任该校工程力学系的系主任。随之不久,清华大学委托我组织一个航天研究中心,并在 2004 年成为该校航天航空学院的首任执行院长。2006 年,我受命到杭州担任浙江大学校长,第二年便在该校组建了航空航天学院。力学学科与航宇学科就像一个交互传递信息的双螺旋,记录下我的学业成长。

　　以我对这两个学科所用教科书的观察:力学教科书有一个推陈出新的问题,航宇教科书有一个宽窄适度的问题。20 世纪 80～90 年代是我国力学类教科书发展的鼎盛时期,之后便只有局部的推进,未出现整体的推陈出新。力学教科书的现状也确实令人扼腕叹息:近现代的力学新应用还未能有效地融入力学学科的基本教材;在物理、生物、化学中所形成的新认识还没能以学科交叉的形式折射到力学学科;以数据科学、人工智能、深度学习为代表的数据驱动研究方法还没有在力学的知识体系中引起足够的共鸣。

　　如果说力学学科面临着知识固结的危险,航宇学科却孕育着重新洗牌的机遇。在军民融合发展的教育背景下,随着知识体系的涌动向前,航宇学科出现了重塑架构的可能性。一是知识配置方式的融合。在传统的航宇强校(如哈尔滨工业大学、北京航空航天大学、西北工业大学、国防科技大学等),实行的是航宇学科的密集配置。每门课程专业性强,但知识覆盖面窄,于是必然缺少融会贯通的教科书。而 2000 年后在综合型大学(如清华大学、浙江大学、同济大学等)新成立的航空航天学院,其课程体系与教科书知识面较宽,但不够健全,即宽失于泛、窄不概全,缺乏军民融合、深入浅出的上乘之作。若能够将这两类大学的教育名家邀集一处,互相切磋,是有可能纲举目张,塑造出一套横跨航空和宇航领域,体系完备、详略适中的经典教科书。于是在郑耀教授的热心倡导和推动下,我们得聚 22 所高校和 5 个工业部门(航天科技、航天科工、中航、商飞、中航发)的数十位航宇专家于一堂,开启“航空宇航科学与技术教材出版工程”。在科学出版社的大力促进下,为航空与宇航一级学科编纂这套教科书。

　　考虑到多所高校的航宇学科，或以力学作为理论基础，或由其原有的工程力学系改造而成，所以有必要在教学体系上实行航宇与力学这两个一级学科的共融。美国航宇学科之父冯·卡门先生曾经有一句名言："科学家发现现存的世界，工程师创造未来的世界……而力学则处在最激动人心的地位，即我们可以两者并举！"因此，我们既希望能够表达航宇学科的无垠、神奇与壮美，也得以表达力学学科的严谨和博大。感谢包为民先生、杜善义先生两位学贯中西的航宇大家的加盟，我们这个由18位专家（多为两院院士）组成的教材建设专家委员会开始使出十八般武艺，推动这一出版工程。

　　因此，为满足航宇课程建设和不同类型高校之需，在科学出版社盛情邀请下，我们决心编好这套丛书。本套丛书力争实现三个目标：一是全景式地反映航宇学科在当代的知识全貌；二是为不同类型教研机构的航宇学科提供可剪裁组配的教科书体系；三是为若干传统的基础性课程提供其新貌。我们旨在为移动互联网时代，有志于航空和宇航的初学者提供一个全视野和启发性的学科知识平台。

　　这里要感谢科学出版社上海分社的潘志坚编审和徐杨峰编辑，他们的大胆提议、不断鼓励、精心编辑和精品意识使得本套丛书的出版成为可能。

　　是为总序。

2019 年于杭州西湖区求是村、北京海淀区紫竹公寓

本 书 序

　　自世界上第一颗人造地球卫星于 1957 年 10 月 4 日发射升空以来,历经六十余载,人类对空间研究、开发与应用的能力不断提高。各国相继研制并发射了大量面向各种任务要求的航天器,航天器的功能、组成日趋复杂,性能、技术水平不断提高。但与此始终相伴的是航天领域的高风险特征,由于航天器设计、制造等自身因素以及空间环境等的影响,在航天器在轨运行的过程中,各种故障及意外情况不可避免,对于一枚价值数亿甚至数十亿的航天器,局部很小的故障就可能导致整星失效或者性能大幅缩减。此外,当前航天器的工作寿命受到其可携带推进剂总量的限制,航天器的规模扩大受到发射运载器能力的约束,航天器上的仪器设备可能无法满足不断变化的任务需求等,都限制了当前航天器水平的进一步提高。因此,为了降低航天器的风险和费用、提升航天器的性能和寿命,对于以在轨维护修复、燃料加注、功能更换和升级、在轨组装等为核心的空间在轨服务系统的需求越来越迫切。

　　早在 20 世纪 60 年代,航天领域就已提出“在轨服务”的初步概念。1962 年,钱学森提出了“卫星式星际航行站”的设想,其中就包括了在轨组装等在轨服务技术的雏形。1973 年,美国的航天员在“天空实验室”上利用太空行走技术进行了释放太阳帆板和展开临时太阳防护罩等维护操作,是在轨服务技术的第一次在轨验证。而更加著名的例子,则是 1993 年起美国连续五次完成的针对“哈勃”太空望远镜的在轨服务,通过安装光学矫正装置成功解决了主镜缺陷问题,鉴于其重大意义,美国航空航天局将其媲美于阿波罗计划的首次登月成功。在此之后,国际上在轨服务的重要事件还包括 1997 年日本实施的ETS‐Ⅶ 任务、2007 年美国轨道快车计划以及 2020 年美国实施的首次商业在轨服务MEV‐1 任务等。我国自 20 世纪 80 年代起,在 863 计划等支持下,针对在轨服务技术开展了一系列研究。2016 年,我国首次将空间在轨服务写入航天白皮书。目前,国内的在轨服务技术也已取得长足进步。

　　当前,随着“太空经济”“航班化运输”和“地月空间经济区”等全新航天理念逐步走向现实,空间在轨服务系统将为新型航天器系统开发及太空经济发展与升级提供新动能,对支撑航天器效能最大程度发挥、促进传统航天器研制和运行模式创新、推动航天技术发展与进步、引导大型空间系统发展以及催生航天新业态具有重要意义,正在成为各航天大国竞相抢占的制高点。

　　空间在轨服务系统有着传统航天器的一般特征,但由于其在传统航天器特征之外还须具备提供服务、接受服务、轨道运输及其他辅助功能,因此,又显著区别于传统航天器。空间在轨服务系统从任务需求、系统体系及技术体系等方面,都具有突出的体系特征。以在轨加注技术为例,接受加注的航天器需要具备可在轨加注的能力,提供加注服务的航天器则具有与加注目标极强的耦合特征,包括捕获对接、加注设计、管路密封与检漏、推进剂测量等,同时还需兼顾初始入轨参数、一次或多次加注任务设计以及全周期在轨服务任务规划等多个约束因素。因此,在了解在轨服务领域研究进展的基础上,有必要对在轨服务构建一个成体系的认知架构,以支撑空间在轨服务系统的顶层设计、工程任务规划以及系统开发与关键技术攻关。

《空间在轨服务系统导论》一书正是基于上述出发点,力求为在轨服务领域建立一套系统性、概括性和引导性的知识体系,以展现在轨服务领域完整的体系架构以及各组成系统的概貌,从而促进我国空间在轨服务系统更好、更快发展。通读全书,我认为,本书主要具有以下几个突出特点:一是循序渐进。本书从常规的航天科技领域进展出发,借助易于理解的船舶系统补给维护,分析解读了在轨服务的内涵、探讨了在轨服务的重要意义以及各相关系统的基本定义,最后过渡到在轨服务各相关系统。这样能够以循序渐进的方式帮助读者自顶向下了解和认识在轨服务的基本情况以及相关的航天工程进展。二是系统完整。本书从体系架构的角度出发,介绍了在轨服务的任务需求、系统体系以及技术体系,分别针对客户航天器、服务航天器、运输航天器、辅助支持系统以及服务机器人这一典型的有效载荷,阐述了各系统基本组成与特点,并借助典型案例帮助读者理解与分析。针对在轨服务经济性问题,本书同样进行了研究方法的总结介绍。此外,本书还从新概念系统与新技术应用两个方面对在轨服务未来发展进行了前瞻性预测与分析。三是面向工程。本书内容翔实,从在轨服务系统总体、有效载荷以及平台各支撑系统的维度,梳理和阐明了各类系统开发过程中需要关注的主要内容。这些要点的总结与提炼,对于在轨服务领域发展与工程实施将起到良好的指导与参考作用。

本书编著工作由包为民院士和于登云院士领衔。按照我们的传统,序言这种文体,向来是前辈为提携后进而撰,或是名家为推荐新人站台。两位院士是航天领域的大家,也是我的师辈。后生小子如今受托为他们的著作撰写序言,不免感到非常惶恐,同时又充盈着受到信任的感动。本书参编团队均为中国空间技术研究院在轨服务领域的核心技术人员,具有扎实的在轨服务领域研究基础,并一直在牵头我国相关专项的论证工作。

相信本书的出版,对于我国空间在轨服务系统发展、高等院校航空宇航与科学技术学科教育、工程技术人员攻关与研制等,都将发挥重要的价值。空间在轨服务系统应用前景广阔,在由航天大国向航天强国迈进的伟大征程中,我们期待与各位同仁携手向前,一起书写我国航天事业发展的新篇章。

军事科学院 副院长

2022 年 12 月

前　言

国际上首次提出在轨服务的概念是在 20 世纪 60 年代,此后在轨服务领域的研究不断深入,部分技术成功通过飞行试验验证。1984 年美国太阳峰年卫星(Solar Maximum Mission)成功接受了在轨服务。1993 年哈勃太空望远镜主镜缺陷成功修复,美国国家航空航天局称其可以与阿波罗十一号登月相媲美。1997 年日本工程试验卫星七号作为第一个装载机械臂的卫星发射入轨并开展了一系列在轨服务测试,开启了在轨服务的新篇章。1998 年以来,国际空间站历经 13 年最终完成在轨组装构建,在此期间,美国轨道快车计划于 2007 年成功实施,完成了推进剂加注与模块更换等多项操作,成为在轨服务发展的重要里程碑。空间机器人技术推动在轨服务领域研究取得长足进步,其中在轨服务系统级研究计划主要包括凤凰计划、蜻蜓计划、建筑师计划以及近年来成功实施的任务延长卫星计划等。实施在轨服务具有重要意义,不仅可以最大程度发挥航天器效能和延长在轨寿命,还可以促进传统航天器研制与运行模式创新,推动航天技术发展与进步。此外,通过在轨组装技术将使得航天器研制能够突破运载约束、推动大型空间系统发展。从长远角度来看,在轨服务有利于催生航天新业态,推动空间交通管理、太空环境治理、太空制造业以及航班化的太空经济活动等全面发展。

近十年以来,尽管在轨服务领域取得了飞速发展与应用,但从在轨服务完整体系的角度,尚未见一部著作对其进行系统总结阐述。此时,科学出版社"航空宇航科学与技术教材出版工程"实施,受浙江大学杨卫院士邀请,我们针对迄今国内外在轨服务领域已开展的研究,并结合自己的研究思考,编写了《空间在轨服务系统导论》一书,作为在轨服务领域系统性、概括性与引导性的教学参考书,力求给读者展现在轨服务领域完整的体系架构以及各组成系统的概貌,从而为我国在轨服务航天器系统发展提供参考。

全书共分为 9 章。第 1 章为绪论,在简要介绍航天领域进展的基础上分析了在轨服务的意义,研究了在轨服务及其相关系统的内涵,总结回顾了国内外在轨服务领域的研究现状。第 2 章主要从体系架构的角度出发,介绍了在轨服务的任务需求体系、系统体系以及技术体系。第 3、4、5 章分别针对客户航天器、服务航天器、运输航天器,介绍了各系统的基本组成,并按系统总体、有效载荷以及平台各支撑系统的维度分析了在轨服务各主要组成部分的特点,阐述了系统开发过程中应关注的主要内容。辅助支持系统是在轨服务体系的组成部分之一,第 6 章对其进行了概括介绍。第 7 章围绕服务机器人有效载荷,对其系统组成及机械、控制、感知等支撑系统进行了特点分析。第8章介绍了在轨服务经济性要素与主要分析方法，是对第2章在轨服务体系架构的补充。第9章主要分析了在轨服务的应用前景，并从新概念系统开发与新技术应用两个方面对在轨服务领域的未来发展进行了展望。本书行文主要是基于在轨服务领域的概括介绍、引导阐述的思路，并结合相关图片辅以构成，其中有部分图片来源于互联网及公众号等，其引用信息不尽完整，如有不妥之处，请联系我们，作者在此先表感谢。

全书由包为民、于登云、李伟杰统稿。其中第1章由包为民、于登云编写，第2章由包为民、李伟杰编写，第3章由于登云、李伟杰编写，第4章由刘华伟编写，第5章由贺东雷编写，第6章由刘磊、李伟杰编写，第7章由刘华伟、李伟杰编写，第8章由李伟杰编写，第9章由包为民、于登云编写。

本书编写过程中，得到了"航空宇航科学与技术教材出版工程"各位专家的悉心指导，浙江大学杨卫院士、郑耀教授对本书作为教材参考书的定位以及著述主题提出了宝贵意见，军事科学院副院长陈小前研究员在百忙之中为本书作序推荐，中国空间技术研究院钱学森实验室李志总师对书稿进行了审阅并提出了修改意见，中国航天科技集团有限公司科技委、中国空间技术研究院及总体设计部的有关专家和工作人员给予了精心指导和大力帮助，科学出版社编辑付出了大量辛苦的努力，作者在此一并表示感谢。

限于作者水平和时间，书中疏漏在所难免，敬请读者批评指正。

作　者

2022 年 12 月

目 录

第1章
绪　论

1.1　航天领域进展

　　人类飞天梦可追溯至约 2 500 年前,这是有文字记载的人类向往太空的初始。《墨子》有曰,"公输子削竹木以为鹊,成而飞之,三日不下"。后人研究历史发现,这个典故传说是描述鲁班特制了一种木鸟,它能够乘借风力飞上高空。明朝万户飞天的故事更是广为流传,万户从火药爆炸事件中萌发兴趣,并努力试制出火器,后来利用火药和火器结合制成具有巨大推力的东西,成为"火箭"的雏形,并以此为基础完成了飞天工具的制作。这套特制的工具其实是一辆捆绑着 47 支火箭的蛇形飞车,并配有两个大风筝。万户最后实现了一飞冲天,却因火箭在空中爆炸且风筝能力有限而失去了宝贵的生命。万户伟大的飞天梦想和矢志不渝的探索精神为后人所铭记,国际天文联合会将月球背面一座环形山为其命名。18 世纪中期以后,人类进入工业革命时代。随着蒸汽机和内燃机等工业技术的发展,1872 年世界第一艘内燃机动力飞艇试飞成功。与此同时,英国人韦纳姆建成了世界上第一个风洞。1897 年,现代宇宙航行学奠基人齐奥尔科夫斯基建成了俄国第一个风洞,人类航空航天之路随之"豁然开朗",探索太空的步伐随之进入"快车道"。1957 年 10 月 4 日,苏联成功将第一颗人造地球卫星斯普特尼克 1 号(Sputnik‑1)发射入轨,这颗卫星直径约 0.58 m,重约 83.6 kg,搭载的有效载荷主要是太空气压计和温度传感器。尽管斯普特尼克 1 号系统及其构造并不复杂,但其所蕴含的意义非同一般。美国第一颗卫星探险者 1 号(Explorer‑1)于 1958 年 1 月 31 日成功发射。1970 年 4 月 24 日,中国第一颗人造地球卫星东方红一号成功发射(图 1.1),成为中国航天事业的第一个里程碑。

　　随后,包含遥感卫星、通信卫星、导航卫星、载人航天、深空与科学探测等在内的各航天领域进展丰硕。在遥感卫星领域,遥感科技发展为国民经济与国防安全提供了重要支撑,包括日常的天气预报、空气质量监测、电子地图,还包括更宽范围的土地资源调查、海洋环境监测等。全球第一颗遥感卫星是美国 1961 年发射的试验型极轨气象卫星,随后美国相继研制了陆地资源卫星(Landsat‑1,1972 年发射)和海洋卫星(Seasat‑1,1978 年发射)。20 世纪 80 年代以后,我国遥感卫星领域发展迅速,包括风云气象卫星、资源系列卫星、环境减灾系列卫星以及"十二五"以来的高分辨率遥感卫星等。随着遥感卫星应用需求的不断攀升,除常规的可见光学遥感技术以外,合成孔径雷达遥感、热红外遥感、激光雷达遥感以及偏振与重力测量遥感技术得到快速发展。遥感卫星领域发展目前已突出呈现

图 1.1　东方红一号卫星(图片来源：国家航天局官网)

为高空间分辨率、高光谱分辨率、高时间分辨率的"三高"特征。以高分二号(GF-2)卫星为例，其遥感图像可以准确识别城市街道、公园绿地、建筑物以及车辆等。

在通信卫星领域，自 1965 年美国发射第一颗商用通信卫星晨鸟一号(Early Bird-1)以来，卫星通信技术与应用取得了巨大成就，这得益于其通信覆盖区域大、通信距离远、通信频带宽、容量大、信道质量好、传输性能稳定等突出优点。国外典型的通信卫星包括铱星系统(Iridium)、全球星系统(Globalstar)、宽带填隙卫星(WGS)以及军事星通信系统(Milstar)等。我国通过东方红二号、三号、四号、五号等多型通信卫星平台开发，卫星通信涵盖固定、中继和直播等多个业务领域，频谱范围涉及 S、C、Ku、Ka 等多个频段，使得我国成为国际上少数掌握大容量通信卫星技术的国家之一。高通量卫星可以支撑更多形式的多媒体数据服务，实现各领域的卫星通信应用，同时大幅降低通信成本，使得卫星通信从小范围的特殊应用拓展到更广泛的个人终端市场。2019 年 5 月，美国 SpaceX 公司发射首批星链(Starlink)卫星，开始了低轨大规模通信卫星星座星链计划的部署任务。截至 2022 年底，星链计划已发射 67 批共计 3666 颗卫星。在星链卫星通信功能基础上，SpaceX 公司发布星盾(StarShield)计划，旨在为用户提供对地观测与通信等联合服务。

在导航卫星领域，美国的全球定位系统(GPS)目前已发展至第三代，欧洲的伽利略导航系统(Galileo)、俄罗斯的格洛纳斯导航系统(GLONASS)发展迅速。2020 年 6 月 23 日，我国在西昌卫星发射中心用长征三号乙运载火箭，成功发射北斗系统第 55 颗导航卫星，暨北斗三号最后一颗全球组网卫星，标志着北斗三号全球卫星导航系统星座部署完成。7 月 31 日，中国正式宣布北斗三号全球卫星导航系统建成并开通全球服务，全球导航系统开发与应用进入新时代。北斗导航系统服务可实现定位精度 5~10 m，测速精度 0.1~0.2 m/s，授时精度 10~20 ns，达到国际先进水平。

在载人航天领域，1961 年 4 月 12 日苏联航天员加加林乘坐东方一号飞船实现了载人航天的成功首飞。美国于 1963 年实现首次载人飞行。随后的载人航天发展迅速，一是载人登月成功，二是围绕近地空间站的论证和实施得以实现，重大事件主要是 1969~

1972 年间阿波罗计划共计 6 批次的载人登月飞行、1971 年首个空间站苏联礼炮号成功发射、随后的美国天空实验室计划、航天飞机首飞、哈勃太空望远镜发射及在轨服务、国际空间站(International Space Station, ISS)开始组装构建等。2003 年 10 月 15 日至 16 日,杨利伟搭乘神舟五号飞船实现了中国首次载人航天飞行,圆了中华民族的千年飞天梦。2011 年国际空间站历时近 13 年组装建成(图 1.2),与此同时,中国的载人航天工程正按计划有序推进,分别于 2012 年实现了神舟九号与天宫一号的首次载人交会对接任务。2021 年 4 月 29 日中国空间站"天和"号核心舱成功发射,正式开启了中国空间站建设的大幕。2022 年 7 月和 10 月,中国先后发射问天实验舱和梦天实验舱。至此,空间站系统"T"字基本构型在轨构建成功完成。

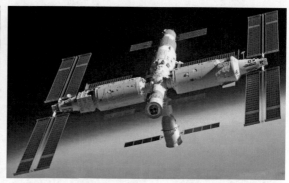

图 1.2　美国国际空间站与中国空间站

在深空与科学探测领域,首先是围绕月球的探测任务不断发展。苏联的探月计划开始于 1959 年的月球号系列探测器,并于 1966 年通过月球 9 号首次实现探测器在月面的软着陆,1970 年月球 16 号成功实现采样返回。美国探月计划始于 1961 年的徘徊者号月球探测器,随后实施了勘测者计划以及月球轨道飞行器计划,结合载人航天技术发展,美国成功实施了阿波罗载人登月计划。中国目前已成功发射 6 颗月球探测器,2020 年 12 月嫦娥五号成功实现月球采样返回,标志着中国探月工程"绕、落、回"三阶段任务取得圆满成功。与此同时,中国提出了构建国际月球科研站的设想(图 1.3),并确立了科研站构建理念,包括模块化、可扩展与可维护等。在火星探测方面,美、欧、日、印、中、阿拉伯等已实施了近 50 次火星探测任务。2021 年 5 月 15 日,中国天问一号火星探测器在经历 7 个月飞行之后成功着陆在火星表面(图 1.4),实现一次飞行完成绕、落、巡三大任务的探火壮举。美国的火星探测进展丰富,其火星着陆器包括勇气号、机遇号、凤凰号、洞察号及火星 2020 的毅力号。对于太阳系其他行星探测任务,美国于 1977 年发射了两颗旅行者号探测器,分别为旅行者一号、二号,两颗探测器在飞越太阳系过程中成功对木星、土星等多颗行星及其卫星进行了探测。2013 年 9 月 12 日,美国国家航空航天局(National Aeronautics and Space Administration, NASA)确认旅行者 1 号已离开太阳系。空间科学领域在天文观测卫星的帮助下取得长足进展,哈勃太空望远镜(HST)、康普顿伽马射线天文台、钱德拉 X 射线天文台和斯皮策太空望远镜合称为 NASA 空间科学探测"四大天王"。作为哈勃太空望远镜"继任者",詹姆斯·韦伯太空望远镜于 2021 年发射入轨,其主镜口径为 $\phi6.5$ m(哈

勃太空望远镜为 ϕ2.4 m）。2017 年 6 月 15 日中国成功发射"慧眼"卫星,其搭载的硬 X 射线调制望远镜对探索黑洞、宇宙射线具有重大意义。中国空间站系统建成后,计划发射一颗重约十几吨的巡天光学舱卫星,通过高分辨率的天文观测,将开展天体物理和空间天文学研究。值得注意的是,光学舱卫星采用了与空间站共轨设计,未来将依托空间站平台与航天员操作,实现对光学舱系统进行推进剂加注、设备维修与维护。

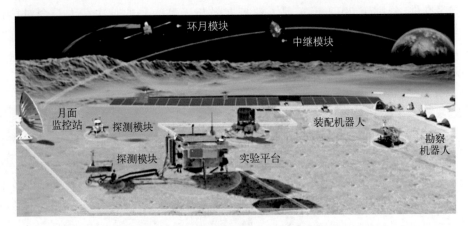

图 1.3　中国提出的国际月球科研站概念（图片来源：裴照宇等,2020）

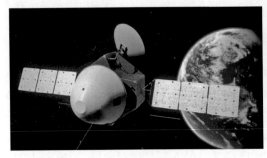

图 1.4　天问一号火星探测器及其着陆巡视器组合体着陆后状态示意
（图片来源：毛新愿,2020;庞之浩,2020）

　　航天科技以上各领域成就的取得,离不开运输系统的支撑,包括往返于地球表面和空间轨道之间、轨道与轨道之间的运输系统,可细分为一次性使用航天运输系统（运载火箭）、空间运输系统（包括上面级、轨道转移飞行器等）以及重复使用运输系统（包括航天飞机、空天飞机等）。航天运输系统源于二战结束后美苏在 V2 火箭技术基础上的运载火箭,典型的一次性运载火箭包括美国依托"渐进一次性运载火箭（EELV）计划"开发的德尔塔 4 系列火箭和宇宙神 5 系列火箭（其近地轨道（low earth orbit, LEO）的运载能力 22 t、地球同步轨道的转移轨道（geostationary transfer orbit, GTO）运载能力 13 t）、俄罗斯的质子号、欧空局（European Space Agency, ESA）的阿里安 5 火箭（LEO 运载能力 21 t、GTO 运载能力 12 t）等。空间运输系统的应用包括将有效载荷送入任务轨道、轨道间的转移飞行器以及航天器在轨服务,主要包括 2008 年首飞的欧洲自动转移飞行器（Automatic Transfer Vehicle, ATV）和美国 20 世纪 80 年代提出的轨道机动飞行器计划（Orbital Maneuvering

Vehicle，OMV）等。航天飞机是重复使用运载系统的杰出代表，首架航天飞机哥伦比亚号（Columbia）于 1981 年首飞成功，另外四架分别为发现号（Discovery）、奋进号（Endeavour）、挑战者号（Challenger）、亚特兰蒂斯号（Atlantis），为美国的航天事业做出了巨大贡献，典型任务包括哈勃太空望远镜部署及其五次在轨服务、国际空间站在轨组装构建、伽利略号木星探测器发射等。除此之外，重复使用运输系统还包括美国的 X-37B 飞行器、可重复使用运载飞行器（RLV）等。

近年来，随着太空活动的不断增多与丰富，人类在关注航天科技发展同时，对航天应用带来经济效益的认识不断深入。2015 年 NASA 将美国第二个太空时代论述为"太空2.0"，更加突出"太空经济"的重要性。2016 年 ESA 提出"太空 4.0"时代的概念，强调政府、私企和各类实体将共同参与航天项目，加快推进航天科技应用。2016 年中国《国家创新驱动战略发展纲要》指出，需要发展空间先进适用技术，培育空间经济。2018 年我国学者研究提出，未来我国地月空间的经济总产值潜力巨大，要开展高可靠、低成本、航班化的进出空间运输系统研究，力争在 2030 年完成基础问题研究并突破关键技术，2040 年建成高可靠、低成本、航班化的航天运输系统，到本世纪中叶建成"地月空间经济区"。

1.2　在轨服务的意义

国外 1993 年出版的《空间系统在轨服务》（*On-Orbit Servicing of Space Systems*）序言部分介绍到，在轨服务为卫星系统替代提供了一个经济有效的选择（on-orbit servicing offers a cost-effective alternative to satellite replacement）。在传统航天器研制模式中，卫星发生故障后，除了新研一颗卫星别无他选，在轨服务则可以为卫星替代需求下的卫星研制提供另一种选择。

在轨服务首先需要解决可靠维修的问题，针对故障航天器提供维修服务，修复其故障或者可靠规避当前故障以保证系统其他功能正常运行。首先，能源系统故障、姿轨控系统故障和推进剂不足是航天器系统在轨服务最为典型的问题模式，如图 1.5 所示。其次，在解决上述应急问题后，在轨服务需求将涉及航天器系统的定期维护、对必需的消耗性配套进行定期补给等，并且根据技术发展可以对星上软硬件配套进行定期的升级，如软件系统

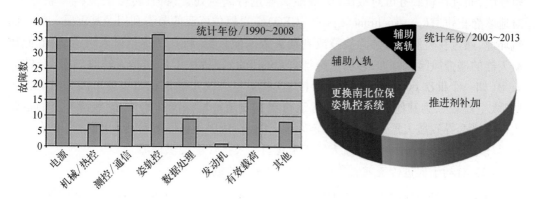

图 1.5　航天器故障分布及可能的在轨服务（图片来源：**Lillie，2015；Benedict，2013**）

更新、硬件产品换代等。再次,在轨服务的第三类需求是系统拓展,不同于第二类需求的升级换代仅是"延长线"式的功能升级,系统拓展是指当系统在轨运行一定周期后,随着航天器技术的快速发展,通过新技术新产品应用实现系统能力的跨越式拓展,实现航天器应用水平提升。比如,单个航天器系统经过多个模块组装扩展形成大型组合体航天器,空间光学探测系统由固定的小口径载荷通过在轨组装技术升级为大口径光学系统等。

基于上述分析,空间系统在轨服务具有以下五个方面的重要意义。

(1)有利于最大程度发挥航天器效能。

首先,对航天器进行推进剂在轨加注可以延长其运行寿命。目前,航天器在轨运行寿命大多以推进剂携带量计算。尤其对于高轨卫星,由于系统重量约束严苛,并且除航天器运行过程中正常的轨位和姿态保持以外,还需要兼顾可能出现的特殊情况所导致的推进剂消耗,因此推进剂预算往往不允许有较多余量。

其次,在轨服务可以避免因星上单个部件故障导致整星失效。以往航天器在其生命周期内的整体失效往往是由于个别元器件或单个设备故障引起,通过在轨服务修复故障,可实现航天器恢复工作。例如,太阳电池阵故障模式一般包括展开机构失效导致初始入轨后的展开失败、太阳电池阵驱动机构失效导致对日定向运动失败等,通过在轨服务操作可进行机构故障修复甚至整翼更换,从而保障星上正常的电源供给。因此,在轨服务可避免"因小失大",支撑航天器在轨长期运行,保障用户应用需求。

再次,通过在轨服务实现航天器软硬件维护升级,将拓展系统在轨使用效能。航天器在轨运行过程中,相关的支撑技术将同步在地面各项研究工作中获得飞速发展。通过在轨服务,星上部分设备或者软件系统可以得到升级和维护,从而实现地面发展成熟的先进技术在特定时机应用到在轨运行的航天器,这对在轨航天器性能提升起到显著的促进作用。

此外,在轨服务可在一定程度上实现航天器系统的重复利用。航天器在轨寿命终止时,往往有相当多数的部件及设备还能够正常工作,通过在轨服务操作进行拆除与重新装配,可实现这些正常部件及设备"变废为宝"、继续发挥其效能。特别是对于星上高价值的有效载荷系统,通过在轨服务操作可实现其再利用。

最后,在轨服务有利于轨道资源管理,实现航天器在轨性能得到最大化发挥。对于高轨环境,通过在轨服务可对故障、失效航天器进行离轨处置,将其转移至"坟墓"轨道,这对地球静止轨道(geosynchronous orbit, GEO)宝贵轨位资源的节省利用尤其重要。对于低轨环境,通过在轨服务可清除故障或到期失效的航天器,将其转移至再入轨道,降低低轨航天器的碰撞风险。例如,美国星链计划(Starlink)每批次卫星初始入轨时约有5%的失效率(如一个批次60颗卫星入轨,其中约3颗卫星失效),通过在轨服务可以及时清理这些"太空垃圾",为其他航天器的正常运行提供轨道环境保障。此外,少数情况下的运载火箭故障会导致航天器无法进入预定轨道,通过在轨服务可以帮助其入轨,这既是有利于轨道环境的资源管理,也是为航天器正常运行与发挥性能提供保障。

(2)有利于促进传统航天器研制和运行模式的创新。

对于传统航天器研制,主要是从用户需求和大系统约束出发,开展航天器系统的方案设计、硬件生产、集成以及测试与试验,保证航天器系统满足大系统要求,系统内部各类接口相匹配。对于传统航天器在轨运行,是在航天器依靠运载火箭发射入轨后,通过在轨测试满足各项指标要求并交付用户,在轨运行过程中,航天器系统研制方需要跟踪状态,在出现异常情况下完成问题处理,保障系统正常运行。相比而言,在地面研制和在轨运行模式方面,在轨服务航天器存在以下不同。

首先,面向可接受在轨服务航天器的地面研制模式有显著创新。一方面,围绕可接受在轨服务的设计使得在轨服务各大系统之间存在服务接口要求的约束,这一点与传统航天器类似,需要在地面研制过程中适应上述要求。不同的是,这些服务接口还需要针对在轨服务后续任务规划,在后续服务任务的地面软硬件配套研制中进行约束;另一方面,传统航天器研制过程中通过采用模块化的思路,可以实现面向设计、生产、测试的效率提升,实现多研制任务的并行。对于可接受在轨服务的航天器系统的模块化,主要是面向模块可更换的在轨服务目标,以便易于实现在轨检测、故障维修、模块更换甚至系统拓展,因此这里的模块化不仅要兼顾地面研制效率提升,还应满足系统在轨服务类型、服务次数及服务频率等。因此,针对航天器软硬件配套所提出的模块化设计标准,也将与传统航天器存在不同;再一方面,相比于传统航天器的可靠性设计包括冗余备份、裕度保证等,可接受在轨服务的航天器在地面研制过程中存在不同。通过提前分析易故障及易损设备或部件,并进行可接受在轨服务设计,可以取消或部分取消航天器软硬件配套的冗余或备份设计。因此,航天器研制高成本特征将会得到改善,相应的航天器系统设计准则、集成以及测试与试验验证方法也会发生转变。

其次,在轨服务可改变传统航天器的在轨运行模式。对于可接受在轨服务的航天器,包括接受应急服务和定期服务(如定期的推进剂加注),其运行管理的模式需要用户方和航天器研制方提前协商、制定。其中,对于星座体系的航天器系统,在涉及"一对多"式的在轨服务时,例如导航卫星星座在一个轨道面上通过一颗服务卫星对多颗导航卫星提供在轨服务,将涉及用户方、导航卫星研制方、服务卫星的研制方和运行管理方等。因此,在轨服务任务实施与导航星座体系运行状态保障需要多方协同并兼顾,既需要保证星座体系的有效运行,同时需要制定相对较优的服务策略并在轨按序实施。

再次,通过在轨服务"变废为宝"实现航天器部件重复利用,包括在轨重新建造航天器、回收至地面重新应用到新研制的航天器等,也将会促进航天器研制与运行管理模式的创新。

(3)推动航天技术发展与进步。

通过在轨设备更换维护可实现航天器新技术应用,一方面是可以对故障设备进行更换,恢复相应功能,另一方面是更换应用了新技术的设备,在保证功能情况下实现其性能大幅提升。以哈勃太空望远镜为例,通过五次在轨服务任务对系统多种设备进行了更换,使得系统的天文观测性能提升达30倍。

对于高轨通信卫星(使用寿命一般为15年以上),在其长期运行过程中,星上计算处理设备以及能源管理与姿控执行等设备可通过在轨服务实现性能升级,整星性能由此显著提升。对于大型在轨组装类型的航天器,由于其组装周期足够长(如1~2年),其各类组成模块和软硬件可以根据航天新技术发展进行分阶段配套应用,因此技术升级将使得在轨组装的系统越来越"先进"。

因此,通过在轨服务不仅可以修复或提升系统性能,同时能推动新技术应用,在一定程度上实现在轨航天器性能随技术发展而"与时俱进",为航天器新技术发展与进步开辟一条新道路。

(4) 有利于大型空间系统发展。

首先,新型航天器发展需求迫切。航天领域经历半个多世纪发展,在各类新技术推动下,目前各类新型航天器不断得到开发和应用,其中大尺寸航天器就是一个重要方向。对于大尺寸有效载荷、大尺寸平台等各类大型空间系统,其应用需求广泛。在传统的通信、导航和遥感领域,大尺寸的需求主要来源于航天器能力指标的跃升,需要各类更大尺寸的有效载荷,包括大口径的通信天线、大口径的光学相机、大口径的合成孔径雷达天线等。对于地球静止轨道卫星,其轨位资源宝贵并且日益稀缺,在该轨道上应用大尺寸航天器将显得更为必要。对于高分辨率遥感卫星,无论是高轨的定点观测(包括对地或对天),还是低轨的高精度成像要求,大口径光学相机或大尺寸微波天线均为新型遥感卫星发展的重要方向。此外,国内外相继提出的天基信息港、空间太阳能电站、太空港等,均是典型的大尺寸航天器系统,都有着重要的发展需求和应用前景。

其次,在轨组装将使得大型空间系统发展能够突破运载约束。相比于上述各类大型空间系统的发展需求,运载火箭系统的约束将成为巨大瓶颈,其中包含两个方面的要素。其一是运载火箭的有效载荷发射重量约束,尽管目前运载火箭能够支撑通信、导航、遥感、载人航天、深空探测等各个领域各类航天器的开发与应用,但对于上述大型空间系统动辄上百吨的体量,无法通过现有运载系统一次发射入轨。美国的国际空间站这样的庞然大物,经历了 1998~2011 年航天飞机多达 50 余次发射任务,才得以完成系统的在轨组装构建。其二是运载火箭整流罩的包络约束,包括横向尺寸和纵向尺寸,尽管各类大型复杂系统包括航天器平台或有效载荷均有可能通过收拢和展开设计来降低运载包络需求,但对于数十米甚至百米、千米量级的大型空间系统,难以继续沿用收拢展开技术,要么技术开发周期长,要么系统收拢展开设计异常复杂导致可靠性低,给系统入轨时展开及稳定运行带来巨大风险。因此,发展大型空间系统需要在轨组装技术,在轨组装更是未来超大型空间系统开发与应用的不二选择。

最后,在轨组装升级甚至在轨制造将极大地促进大型空间系统发展。随着在轨制造技术的发展和驱动,在轨组装技术的开发和应用将得到进一步拓展。基于航天器地面成熟的制造工艺,在轨制造方法将涵盖等材、减材和增材等三大类,其中在轨增材制造等前沿新技术已取得显著进展。依靠在轨组装技术,结合在轨制造手段的合理选用,可实现航天器原材料制备、基础构件成型与加工、部组件装配以及系统集成。因此,未来大型空间系统的开发与应用将得到极大推动。

(5) 有利于催生航天新业态。

未来太空经济圈、地月经济区等新概念体系的构建,将是空间系统开发和应用发展至新高度的时代标志。随着遥感、通信、导航、载人航天、深空探测、空间科学等领域蓬勃发展,围绕空间资源开发、能源利用、在轨制造、航天医疗卫生、太空旅游等新兴方向的研究不断推进。其中,特别是低轨大规模互联网星座、大规模空间基础设施、载人月球探测和载人火星探测等重大工程论证,极大地推动了航天科技与国民经济的深度融合。太空经济发展与在轨服务在诸多方面有着较强关联度,具体表现在以下四个方面。

首先,低轨大规模星座体系快速发展形势下,在轨服务能够缓和空间轨道资源的紧张态势。2019 年 9 月 2 日根据碰撞预示分析,欧洲风神气象卫星主动升轨,以规避与星链计划的某颗卫星相撞的风险。星链计划每批次发射约 60 颗卫星,有近 5%的故障率,因此对于整个 42 000 颗卫星规划,将会产生不可忽视的一定数量的废弃卫星(理论上预计同时在轨的失效卫星将保持在千余颗)。这些废弃卫星若仅仅依靠自身降轨和再入销毁,将需要较长的周期。因此,大量的废弃卫星会造成空间轨道资源的浪费。由于故障或失效航天器无法主动实施变轨规避碰撞,因此正常运行航天器将面临巨大风险。一旦碰撞,特别是引发空间碎片的"凯斯勒"效应,极有可能对低轨环境带来灾难性后果。基于这些背景,在轨服务中的轨道重置、废弃卫星清理等引起国际航天领域关注,并且催生了废弃卫星移除、空间交通管理、太空环境治理等航天领域发展以及政策法规方面的新兴研究主题。

其次,以空间太阳能电站为代表的大型航天器系统需要依托在轨组装技术完成在轨构建。这些大型空间系统在轨组装构建、长周期运行过程中必要的维修维护需求等,也将促进在轨服务的行业需求。

再次,随着未来月球无人科研站、月球基地以及载人月球探测、载人火星探测等不断取得突破,深空领域的大型空间系统在轨构建需求将日趋显著。如前所述的等材、减材和增材等各类在轨制造技术的发展与应用,也将牵引和催生太空制造业广阔发展。结合原位资源利用(in-situ resources utility,ISRU)技术,将实现地外天体探测、原位资源利用、"新基地"制造然后再探测、再利用的太空探索态势的新循环。

最后,由于航天科技的不断创新升级,太空经济正逐步呈现出商业化、产业化和规模化特点。其中,聚焦于近地空间、月球引力空间和地月转移空间的"地月空间经济区"探索,将在未来相当长一段时间内成为太空经济的主要发展领域和战略空间。地月空间经济区的业态将由基础产业、应用产业、开发与利用产业、拓展产业组成。随着在轨服务技术不断成熟以及低成本运载火箭技术发展,可以预见的是,未来空间运输、空间探测、资源开发和利用将呈现为常态化、航班化的太空经济活动,彼时在轨服务所蕴含的巨大潜能将在太空新产业催生与促进、各类太空经济活动保障和牵引等广泛领域得到极大应用。

1.3 在轨服务的内涵

1.3.1 在轨服务内涵

国内外航天工作者及科研人员对在轨服务的内涵并没有明确的统一定义。NASA 曾支持 TRW 公司和洛克希德导弹与航天公司(Lockheed Missiles and Space Company)开展了"在轨服务技术"研究。在此基础上,Waltz 在撰写《空间系统在轨服务》时曾总结并阐述在轨服务(on-orbit servicing,OOS)的概念,认为在轨服务首先是在太空中实施的一项工作,是通过航天员、或机器人、或两者协同完成的与空间装配(space assembly)、维护(maintenance)和服务(servicing)相关的一系列操作(SAMS),以提高卫星、空间平台、空间站等航天器系统的使用寿命与能力。从任务和功能范畴的角度,在轨服务的一般范围包括在轨组装、在轨维护,以及聚焦在轨补加消耗品等的加注类任务。此外,广义角度的在轨服务还包括空间系统的发射、轨道重置以及在轨回收再利用等。

基于上述进展,为进一步分析并阐释在轨服务的内涵,可从地球上的物体及其活动进行类比分析。考察航天器在轨飞行与运行状态及其特点,不难发现其与生活中各类交通运输工具有一定的相似性,包括汽车、飞机、船舶等。对于日常交通运输工具,在使用过程中难免需要接受包括维护、补给以及发生故障时的维修在内的各类服务。综合分析上述几类交通运输工具的特征,相对而言,船舶具有与在轨运行航天器更多的相似性。因此,本节以船舶的接受服务方式进行类比分析,系统阐述在轨服务的内涵。

船舶包括各类船只、舰船等,为人们的交通出行、货物运输、国防安全等提供了重要的保障。各类船舶在运行和使用过程中,如图1.6所示,势必需要接受各种类型的服务,包括最为常见的燃油补加、客运船舶的生活物资补给、货运船舶除货物之外的物资补给、军舰各类装备系统的补给等。除此之外,各类船舶还需要接受定期或不定期的运行维护,在发生设备故障甚至船舶抛锚情况下,需要接受维修等。

图1.6 船舶远海补给与码头停靠接受服务

对于船舶的服务,可以划分为以下几类情形。

(1)正常的补给与维护服务:主要是指船舶在运行过程中按计划所进行的补给类服务、定期的维护等。例如,近海运行的船舶需要停靠至码头进行燃油补加、物资补给;远海运行的船舶则需要专门的补给船或就近停靠至码头接受相关服务;各类设备的常规维护等。

(2)一般的维修服务:船舶在运行过程中,有些设备因折旧老化、其他故障等不能正常使用,包括船舶航行系统设备及船上其他功能设备等,对船舶主体系统的运行没有产生影响或者产生的影响较小,此时船舶可以正常或接近正常地运行。等到船舶停泊进港后,按照专门的维修程序,对相关设备进行维修或者更换。

(3) 较为特殊的维修服务:船舶在运行过程中,由于设备发生意外故障,或者船舶运行时遭遇意外事件,如发生碰撞等,船舶主体系统会遭受严重影响,船载设备甚至船舶主体构架受损,此时船舶已无法运行。在此情况下,受损船舶需要依靠其他船舶航行至现场进行救援维修,特殊情形还需通过救援拖船拖行至港口进行维修。最后,根据检测结果,受损船舶的故障设备、受损部位等接受相应的维修、更换或重建,部分船载设备有可能需要直接报废,也有可能进行重复利用等。

通过了解船舶的维修服务情形,对于航天器系统的在轨服务可以获得一定的比对理解和认识。由于航天领域的特殊性,包括轨道动力学特性约束等,航天器在轨服务相比于船舶服务存在一定的独特之处。

图 1.7 所示为在轨服务过去半个多世纪的典型事件,结合上述分析,本节接下来归纳介绍在轨服务的内涵,并阐述在轨服务的主要任务类型。关于在轨服务的详细任务需求架构,将在本书第 2 章中进行详细介绍。同时,本书将"服务"定义为宽泛的在轨服务行为,而相对细化的在轨加注等服务操作则称之为"维护"。

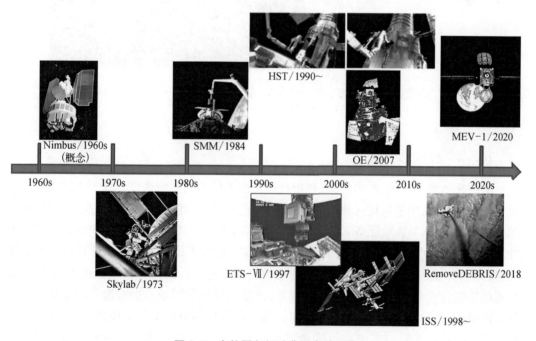

图 1.7　在轨服务领域典型事件概览

在轨服务是指航天器系统发射入轨以后,按照其运行情况和任务需求,所接受的各类常规维护、故障维修、系统拓展操作,航天器在轨组合、装配操作,在轨发射航天器、在轨通过原材料制造成构件进而形成新的航天器部组件或设备的各类操作,以及为实现上述在轨任务所需要的相关支撑操作的总称。

在轨服务的任务需求分为在轨维护和在轨组装两大类。在轨维护涵盖提供服务前、中、后的一系列操作,可以进一步归纳为服务前的目标态势感知、交会对接、捕获对接等,服务过程中的各类维修操作(例如推进剂加注、故障检测与维修、模块更换等),以及服务结束后的航天器分离操作、将航天器重新部署于任务轨道或转移轨道等。

在轨组装实际上是发挥在轨服务效能的一种过程形式,包含了多个层次的内涵,既可以是小的零部件在轨组合装配形成较大尺寸及一定功能的部组件供航天器使用,又可以是各功能模块通过组合装配形成新的航天器(图 1.8),还可以是具有独立飞行功能的航天器的组合装配。对于在轨制造(包括地面常用的减材制造、等材加工以及比较热门的在轨增材制造等),其制造形成零部件后按上述类型不断组装实现“层次跃升”最终形成新的航天器系统并在轨应用。上述组装操作的搭配组合,是在轨组装形成未来新型航天器的重要途径。

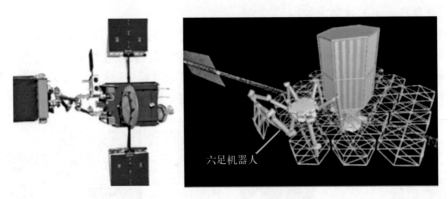

图 1.8 典型在轨服务设想:航天器提供在轨服务与空间望远镜支撑桁架在轨组装
(图片来源:**NASA** 报告,**2018**;**DARPA** 报告,**2016**)

1.3.2　在轨服务系统

所谓在轨服务系统,顾名思义,是指与在轨服务任务相关的系统。基于上述关于在轨服务内涵的分析,本节阐述在轨服务系统的内涵。延续上述对比分析的思路,本节同样以船舶服务为类比,对在轨服务系统的内涵进行归纳概括。参照船舶的不同故障情形及其处置方式,首先对船舶服务相关的系统进行梳理、分类及其内涵简述:① 接受服务的船舶,简称“客户船舶或者故障船舶”,作为船舶服务系统分析的目标和服务任务的核心,是救援船舶施救或者港口维修工位实施服务、救援和维修的对象;② 实施救援维修等各类服务的船舶,简称“服务船舶”,它是按照故障船舶的状态航行至相应位置,对故障船舶实施服务;③ 对故障船舶实施拖运的救援船舶(区分于一般的牵引行驶),简称“服务拖船”,它的主要任务是对故障船舶进行拖运,将其牵引至港口进行后续维修处置;④ 服务港口,是船舶故障维修和日常补给维护等服务功能最为完整的地方,并且其贮存有船舶维修维护、补给升级所需的各类零部件及消耗性材料。

基于上述类比分析,将视角回归至航天器系统。针对已在轨运行 16 年、退役 3 年的国际通信卫星 901 号(IntelSat 901,又称“901 号通信卫星”),2020 年 2 月美国任务延长飞行器一号(Mission Extension Vehicle-1, MEV-1 卫星)成功对其实施了抓捕和接管姿轨控的在轨服务。MEV-1 卫星在轨服务任务涉及以下几个相关的系统。

（1）MEV-1 卫星：是提供在轨服务操作的航天器。它由运载火箭和上面级发射并部署至初始运行轨道,然后自身实施轨道机动,向目标卫星交会抵近并对接。当双星建立可靠连接后,MEV-1 卫星为双星组合体提供姿轨控功能。

（2）901 号通信卫星：是接受在轨服务的航天器。由于推进系统消耗,901 号通信卫星已按计划由 GEO 轨道机动至"坟墓轨道",通过 MEV-1 对接操作并提供姿轨控功能,901 号通信卫星由"坟墓轨道"机动返回至位于 GEO 的工作轨道。901 号通信卫星原有的平台功能(除姿轨控之外)恢复工作,有效载荷恢复运行,实现卫星使用期限的延长。

（3）质子号运载火箭：是为 MEV-1 卫星提供运载发射功能的由地面至轨道空间的运输航天器。MEV-1 卫星的此次发射任务比较特殊,由于运载能力与搭载卫星的系统设计,质子号运载火箭被用来一箭双星发射,同时将 MEV-1 卫星和欧洲通信卫星 5 号西B(Eutelsat 5 West B)发射入轨。

（4）和风号上面级：是为 MEV-1 卫星提供轨道转移功能的在轨运输航天器。当质子号运载火箭将双星送入 GTO 后,在星箭分离之后,由和风号上面级将双星"摆渡"转移至 GEO。按照 GEO 卫星的发射预计,在星箭分离后如果是通过自身携带的推进剂实施变轨机动,此时的推进剂消耗量一般将占初始携带量的 2/3,剩余的 1/3 推进剂将为卫星寿命期内的轨道保持提供支撑。并且在寿命末期,卫星会利用最后剩余的推进剂自主机动至"坟墓轨道"完成退役。由此足以看出,和风号上面级的"摆渡"任务为减小推进剂损耗尤为重要,保证了 MEV-1 卫星有更多的推进剂应用于后续的在轨运行以及为其他卫星提供服务。

基于上述分析,将在轨服务系统的内涵概括如下：**在轨服务系统,是与在轨服务所涉及的一系列细分任务相关的各类系统的总称,各类系统承担着各细分任务执行所需的相应功能。在轨服务系统既包括空间系统(各类航天器),也包括支撑进入空间、保障在轨服务任务实施的各类辅助支持系统。**

对比上节有关在轨服务内涵的阐述,尽管 MEV-1 卫星在轨服务任务可以作为经典案例,但其无法完全涵盖在轨服务的宽泛内涵。综合在轨服务的内涵、在轨服务系统的内涵分析,将在轨服务系统细分成以下几类,并对其内涵进行分别阐述。

（1）接受服务的航天器(client spacecraft)：简述为"客户航天器",是在轨接受各类服务操作的航天器的统称,其突出特点是在轨接受服务。以哈勃太空望远镜为例,其五次在轨服务成功实施的关键在于,望远镜系统从研制之初就采用了"可接受在轨服务的设计"。最终由航天飞机和航天员协同实施,哈勃太空望远镜成功在轨接受了捕获对接、有效载荷及设备更换或升级、轨道抬升等服务操作。对于 MEV-1 卫星的服务任务,客户航天器 901 号通信卫星自初始入轨已有 16 年,此时由 MEV-1 卫星来适应客户航天器的状态,这是客户航天器接受服务的特殊情形。

（2）服务航天器(servicer spacecraft)：是在轨提供服务操作的航天器的统称。为了能够提供在轨服务,服务航天器需要配置与服务任务相适应的有效载荷系统,以确保客户航天器顺利接受在轨维修、维护或者是组装构建新的空间系统。这里的服务航天器有效载荷有以下几种类型,包括航天器飞机抓捕客户航天器的机器人或机械臂系统、为客户航天器实施具体服务操作的航天员,以及航天器维修维护所需的配套载荷设备。对于第三种有效载荷,典型的应用案例为,航天飞机为哈勃太空望远镜进行维护升级所携带的在轨可更换单元设备(ORU)及新型太阳电池阵等。

(3)运输航天器:是在轨服务任务中提供运输操作的航天器。运输航天器涵盖天地、在轨等多个空间层次,因此其包括两种类型,分别是航天器初始发射时的天地运输航天器(如运载火箭、航天飞机)以及轨道空间的转移运输航天器(如 MEV-1 卫星服务中的上面级系统)。特殊情况下,轨道运输航天器通过接受服务设计,在为客户航天器提供轨道运输服务之外,还需要能够接受推进剂加注、设备维护等服务,特别是对于轨道空间的运输航天器,可接受在轨加注是其为多个客户航天器提供轨道运输服务的基础。因此,从接受服务的角度来说,运输航天器是一种特殊的客户航天器。

(4)辅助支持系统:对比上述三类系统,辅助支持系统的内涵相对宽泛。从任务周期的角度,辅助支持系统的作用涵盖客户航天器接受服务的全过程,从运载火箭将服务航天器与客户航天器发射升空开始,直至客户航天器接受服务完成。从系统类型的角度,辅助支持系统包含在轨服务任务可能应用到的各类天基、地面辅助设施,包括中继卫星、空间态势感知卫星、发射场、航天控制中心和为保障在轨服务实施所搭建的平行系统等。

1.4 在轨服务发展现状

针对上述关于在轨服务各大系统的介绍,本节聚焦客户航天器、服务航天器和服务机器人有效载荷等方面,对国内外在轨服务领域研究现状进行总结。首先,对在轨服务领域几十年来的发展脉络进行概括介绍,展现在轨服务任务需求以及支撑技术的发展趋势。其次,阐述主要航天国家及组织的在轨服务发展现状与研究热点,突出显示其在轨服务领域的丰富研究成果。最后,从任务发展的角度呈现客户航天器与服务航天器的发展逻辑,以模块化航天器与空间机器人为例,两个技术领域不断发展,推动了客户航天器创新设计以及在轨组装大型空间系统领域的快速发展等。

1.4.1 美国

国际上最早关于在轨服务的研究,是 20 世纪 60 年代美国 Nimbus 卫星的开发。对于 Nimbus 卫星的在轨服务,当时是基于有人服务站所构建的在轨服务系统设想。受限于当时的载人航天水平,Nimbus 卫星实际飞行任务中并未实施在轨服务。随后几十年里,美国在客户航天器、服务航天器、服务机器人领域,均取得了长足的进展,有多个项目成功在轨飞行验证与应用。

在客户航天器领域,1976 年美国提出了多任务模块化航天器(MMS)及其模块化设计技术研究,旨在开发特殊的航天器模块化通用平台,实现模块化研制和在轨可接受服务。该项目成果在 1980 年代得到广泛应用,包括太阳峰年卫星(Solar Maximum Mission,图 1.9)和陆地卫星四号(Landsat 4)等。哈勃太空望远镜于 20 世纪 60 年代开始论证,采用了可接受在轨服务的设计理念。哈勃太空望远镜自 1990 年完成发射部署后,从 1993～

2009 年依托航天飞机成功实施了五次在轨服务任务,修复了主镜缺陷、完成了多项设备维护,实现了系统性能的显著提升。2003 年 NASA 开展了模块化、可重构、高能量(MRHE)项目,对模块化空间系统的机器人组装和可重构技术进行了研究。2007 年轨道快车计划(Orbital Express,OE)完成了一系列在轨服务技术验证,其中模块化设计技术支撑完成了机器人操作的设备模块更换试验验证。在前述模块化技术的基础上,2015 年 NASA 卫星服务能力办公室提出了可重构的科学探索型操作航天器(ROSE)的概念,旨在应用模块化和标准化设计来降低研发成本。据报道,ROSE 项目成果主要应用于 800 km 太阳同步轨道上的对地观测卫星。

(a) 基于模块化平台的太阳峰年卫星　　　　　(b) ROSE模块化卫星样机

图 1.9　基于模块化设计的航天器(图片来源:Wikipedia;Rossetti et al.,2015)

在大型空间系统领域,NASA 早在 20 世纪 80 年代就开展了相关研究,包括地球静止轨道科学平台以及高分辨率微波辐射仪。针对在轨组装的特殊途径,经历 11 年组装的国际空间站无疑是最杰出代表,并且突出了人机协作的关键技术支撑。在此过程中,2000 年 NASA 提出的空间后勤基地(space logistic base,SLB)聚焦航天员和物资进出太空以及支撑在轨任务的机器人操作技术。针对无人在轨组装技术应用,2003 年 NASA 提出太空港计划(Space Harbor),目的是依托机器人技术完成航天器在轨服务,包括推进剂加注、升级、维修、检查、重新部署及离轨处置等。2010 年太空港计划有了新进展,系统呈现为八边形构型,是基于国际空间站 P3/P4 桁架单元进行组装建造。太空港预计在建成后,可用于对各类服务航天器进行停靠补给。以蜘蛛制造计划(SpiderFab,2013 年提出)为代表的项目,推动了在轨组装大型空间系统领域的快速发展。SpiderFab 项目旨在研究一种在轨制造和组装航天器的新方法,能够实现大型部件的在轨制造,包括薄膜反射面、支撑结构、太阳电池阵等。除此之外,建筑师计划 Archinaut 自 2015 年提出以来,围绕在轨制造与组装技术,重点开展了大型反射面天线领域的应用研究,另外针对废弃卫星有效载荷部件的回收再利用等方面开展了技术探索。

在服务航天器领域,针对在轨服务领域的自主交会对接技术,美国空军研究实验室早在 2001 年就提出了实验卫星系统(XSS)计划,并在随后几年开展了多项技术的在轨验证。XSS 计划的核心任务是通过自主交会对接,验证在轨服务所需的交会抵近、绕飞及其自主控制技术。2010 年 NASA 提出包含 6 项任务的"在轨服务概念演示计划"(Notional Mission),涵盖了 GEO 卫星服务、LEO 航天器的人机协作服务以及 EML1、HEO 和 SEL2 的望远镜组装与人机协作服务等计划,全面探索了不同轨道空间的在轨服务以及大型空间望远镜系统在轨组装技术。

针对以服务机器人为核心的无人在轨服务领域,NASA 和美国国防部高级研究计划局(DARPA)开展了大量研究。2005 年海军太空技术中心(NCST)提出通用轨道航天器(SUMO)项目。服务航天器 SUMO 配备了空间机械臂 FREND,可以提供多种类型的在轨服务任务,并且无需客户卫星预留捕获接口,因此可以为合作目标和非合作目标提供服务。在此后研究中,SUMO 机器人操作技术已拓展应用于 Phoenix 和 RSGS 等在轨服务相关计划。DARPA 于 2012 年提出凤凰计划(Phoenix),该项目最初计划是对废弃卫星的天线载荷等进行重复利用,通过在轨组装技术形成新的航天器。此后,Phoenix 将任务目标调整为利用 FREND 机械臂对 GEO 卫星进行自主操作,实现相应的在轨服务任务。基于 Phoenix 计划的研究成果,DARPA 于 2015 年发起了蜻蜓计划(Dragonfly),专注于利用机器人为 GEO 通信卫星组装天线反射面。2014 年 DARPA 和 NASA 分别提出 GEO 卫星机器人服务项目(RSGS)和 Restore–L 两个计划。RSGS 计划通过机器人进行捕获目标卫星并对其进行加注、维护及轨道重置服务,因此该项目的技术复杂度比 Phoenix 和 Dragonfly 更高。Restore–L 计划是要开发一种提供在轨服务的卫星 ReSV(图 1.10),实现对目标航天器的在轨加注和轨道重置。美国诺斯洛普·格鲁曼公司(诺格公司)MEV 项目影响显著,旨在通过在轨服务延长在轨卫星寿命。自 2019 年以来已发射 MEV–1 和 MEV–2 两颗服务卫星。2020 年 2 月,MEV–1 与已经退役的国际通信卫星 901 号对接后将其重新部署于 GEO 工作轨道,使其重新运行至少 5 年。2021 年 4 月,MEV–2 卫星成功与国际通信卫星 10–02 号对接,将为后者提供 5 年的姿轨控接管服务。2022 年诺格公司发布最新的在轨服务研究计划,预计于 2024 年发射"MRV 任务机器人飞行器+MEP 任务扩展吊舱"的新型服务卫星(图 1.11),届时有望为各类在轨客户卫星提供更为经济实用的在轨服务。

图 1.10　Restore–L 服务航天器(图片来源:Ticker,2015)

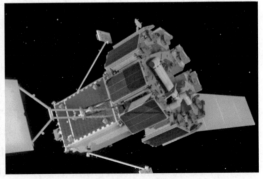

图 1.11　在轨服务推进增强模块 MEP 装置(图片来源:诺格公司网站)

在服务机器人领域,针对服务操作和在轨加注等单项操作技术,美国开展了大量研究与在轨测试。1996 年启动的 Ranger 遥操作机器人实验(RTSX)旨在针对以 ORU 单元维护为代表的在轨服务任务提供技术储备。RTSX 项目开展了多项地面模拟试验验证,包括机器人控制、机械手操作性能以及相关组件的设计优化验证等。NASA 机器人航天员计划 Robonaut 聚焦于在轨人机协作以及未来自主服务应用。第一代 Robonaut(R1)能够使用 EVA 工具和界面进行操作,Robonaut(R2)则进行了大量的改进设计,突出体现在灵巧操作、力感知和更大范围的自主操作等。2011 年,R2 产品在国际空间站上成功进行了应用测试。针对在轨加注任务,NASA 开展了相关单项技术研究。其中,机器人加注计划(RRM)是聚焦于不适合维修的目标航天器,开展了相应的在轨加注技术研究及其硬件开发。自 2011 年到 2014 年,RRM1 和 RRM2 两个阶段的研究成果相继在国际空间站 ISS 上进行了测试。随后的 RRM3 计划专注于 Restore - L 项目和火星探测等深空任务,重点开展了低温推进剂加注传输技术研究。此外,远程机器人氧化剂传输计划(RROxiTT)开发了特殊的推进剂传输系统(PTS),目的是改善 RRM 机器人的加注性能,满足长期运行航天器的加注服务需求。

在运输航天器领域,美国主要是开展了轨道机动飞行器 OMV 的概念研究,完成了航天飞机系统开发,在发射运输、轨道部署以及在轨服务领域发挥了重要作用。另外,美国还在特殊的运输航天器领域开展了研究,包括 X - 37B 飞行器、可重复使用运载飞行器(RLV)以及面向深空领域多项应用的深空门户(deep space gateway, DSG)运输飞行器等。

1.4.2　欧洲

欧洲在轨服务领域的研究发展迅速,提出了多个系统级项目,针对在轨服务航天器的系统设计以及空间机器人操作等相关支撑技术开展了探索研究,并且已完成了部分技术的在轨验证。

在客户航天器领域,2012 年德国宇航中心(DLR)提出智能模块在轨服务计划(iBOSS),目的是为模块化航天器以及大型在轨组装空间系统等提供一种"积木式"的创新设计思路。iBOSS 标准立方模块边长 40 cm,可兼顾大多数航天器的模块化设计需求。iBOSS 模块化技术应用设定了四个阶段:首先是使用标准 iBOSS 接口对传统卫星进行改进设计,实现故障设备以单个模块的形式完成在轨更换;其次,针对故障概率较高的分系统或单机设备进行模块化设计;再次,应用更大范围的模块化设计,直至获得完全模块化的卫星;最后,将"积木式"模块化设计推广应用至大型空间系统,实现各类大尺寸的空间系统在轨组装构建。

在服务航天器领域,DLR 早在 20 世纪 90 年代初就提出了实验服务卫星计划(ESS)。ESS 卫星配置了一个集成实时视频图像、激光测距仪和力传感器的专用捕获工具。DLR 曾计划开展三个月的 ESS 飞行验证,以运行在 GEO 轨道的自旋稳定 TVSat - 1 号卫星为目标,验证非合作目标交会、捕获对接和服务技术。1996 年,ESA 提出了 GEO 服务飞行器计划(GSV),实现对 GEO 目标航天器进行在轨监测,并可将废弃目标转移到"坟墓轨道"。GSV 配置了两套机械臂,分别用于捕获客户卫星以及捕获后的在轨操作。随后,为了对有故障的 GEO 卫星和大碎片进行捕获移除,ESA 提出 GEO 机器人服务计划(ROGER),系统有效载荷主要是飞网装置、绳索夹持装置(TGM)或者由两者组合的装置。与此同时,2002 年轨道恢复公司(ORC)提出了聚焦在轨卫星延寿服务的航天器寿命延长系统(SLES)。SLES 计划的主要服务目标是 GEO 通信卫星,同时兼顾初始入轨故障情形,SLES 可对目标卫星辅助入轨甚至是轨道重置。以此为基础,轨道恢复集团 ORG 和轨道卫星服务公司 OSSL 提出轨道寿命延长飞行器 OLEV 计划,分别是 ConeXpress – OLEV(CX – OLEV)和 SMART – OLEV(图 1.12)。其中,CX – OLEV 通过轨道机动完成与客户卫星(质量不大于 2 500 kg)对接,并能提供加注、模块更换及轨道重置服务。SMART – OLEV 通过特殊装置与客户卫星主发动机喷管对接以实现类似的服务操作。2004 年 EADS 公司提出空间系统演示和验证技术卫星(TECSAS)计划,拟开展覆盖整个在轨服务过程的技术验证,包括交会抵近、绕飞检查、编队飞行、目标捕获、姿轨控接管等。TECSAS 计划终止后,德国轨道服务计划(DEOS)作为延续性研究得以开展。DEOS 主要任务是为合作或非合作目标实施交会对接与在轨操作,并可对高轨或低轨客户卫星进行离轨处置。2005 年轨道 ATK 公司启动 HERMES 计划,从体系层面为在轨服务技术探索提供了新思路。HERMES 系统由五个部分组成,分别为多功能综合平台、运输飞行器、伴飞卫星、可独立飞行的推进飞行器和推进模块。通过各部分协同,HERMES 计划可为 GEO 目标提供轨道转移、在轨监视和相关的操作服务。

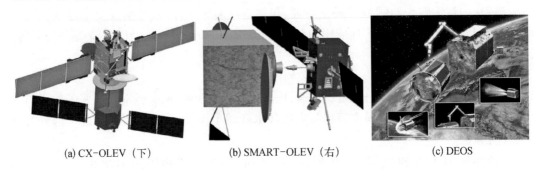

(a) CX–OLEV(下)　　　(b) SMART–OLEV(右)　　　(c) DEOS

图 1.12　欧洲发展的服务航天器(图片来源: Reintsema et al. , 2011; Kaiser et al. , 2008; Cougnet et al. , 2006)

在服务机器人方面,欧洲取得的进展主要是得益于其在空间机器人领域的研究基础。1993 年机器人技术实验(ROTEX)作为德国空间自动化和机器人技术发展的开端,通过空间实验室 D2 任务(Spacelab Mission D2)成功完成了在轨测试。欧洲机械臂(ERA)是一个包含 7 自由度长 11 m 的机械手,作为国际空间站俄罗斯舱的第一个机械臂,旨在为系统建造和维护提供服务。ERA 可提供的在轨操作涵盖了安装、部署和更换太阳电池阵、检查空间站、处理舱外有效载荷以及在宇航员撤离过程中提供支持等。此后,ESA 和 ASI 针对空间站服务共同开发了舱外维修检查装置(SPIDER)和机器人交互和校准装置(JERICO)。两套装置分别于 1995 年和 1998 年在国际空间站上开展了服务技术验证。1997 年,由 DLR 和 NASDA 联合在日本工程试验卫星七号(ETS – VII)计划中开展了 GETEX 技术试验。基于交互式自主机器人和计算机视觉辅助机器人,GETEX 计划通过在轨组装操作,分别验证了交互式自主控制以及基于视觉的机器人控制技术。2005 年 1 月国际空间站的罗克韦斯机器人(ROKVISS)随同进步号货运飞船(Progress M – 51)一起发射,最终安装于国际空间站的"星辰号"服务舱(Zvezda)。罗克韦斯机器人在其 5 年任务周期中,针对在轨服务的高精度操控技术完成了在轨验证。

在运输航天器领域,欧洲自动转移飞行器为国际空间站运行提供了支撑,包括各类设备和物资的运输和转移等。

1.4.3　日本

日本在轨服务领域的研究主要是得益于其工业机器人基础,相关进展聚焦于服务航天器及其服务机器人操控方向,部分技术已经完成了在轨验证。其中,最为突出的系统级项目包括 ETS‑Ⅶ 计划、HTV 运输航天器和国际空间站日本实验舱配置的机械臂系统。

瞄准在轨服务关键技术验证,ETS‑Ⅶ 双星由追踪星 Hikoboshi 和目标星 Orihime 构成(图 1.13),于 1997 年成功发射。ETS‑Ⅶ 的在轨服务试验主要包括以下几个方面,与地面控制中心大时延的遥操作、机械臂服务操作、机械臂与目标卫星操作及其过程中的动态协调控制,另外还有目标卫星的自主停泊试验等。ETS‑Ⅶ 机械臂系统的飞行验证包括对目标卫星预定位置监测、更换 ORU、推进剂补加、组装桁架结构和装配试验天线等。

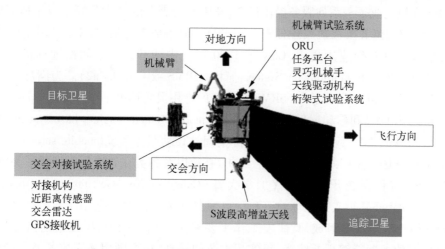

图 1.13　日本服务航天器(图片来源: Yoshida, 2003)

聚焦服务航天器领域拓展研究,2004 年日本国家信息和通信技术研究中心(NICT)提出了轨道维护系统(Orbital Maintenance System, OMS),目标是执行在轨监视、维护、救援以及废弃卫星或轨道碎片的清理等任务。NICT 还与三菱重工合作提出灵巧卫星一号(SmartSat‑1)计划,旨在针对自主导航、交会、停靠对接以及在轨维护操作等关键技术开展研究。此外,针对空间碎片减缓领域的服务航天器应用,日本宇宙航空研究开发机构(JAXA)等部门正在开展研究,重点是不同尺寸的空间碎片移除装置和服务航天器执行任务的适应性,具体移除手段包括机械臂和电动力绳等。

在服务机器人领域,除 ETS‑Ⅶ 双星任务的机械臂之外,JAXA 于 2008 年在国际空间站日本实验舱部署了远程机械臂(Japan Experiment Module Remote Manipulator System, JEMRMS)。JEMRMS 的具体组成包括一个主臂和安装在主臂末端执行器上的一个小型臂,用于支持和操作在实验舱外暴露平台上进行的实验。此外,JEMRMS 还可以支持空间站部分区域的舱外维护任务,以减轻航天员出舱活动的负担。

在运输航天器领域,针对国际空间站物资运送任务,日本开发了货物转移飞船 H-2 转移飞行器(H-Ⅱ Transfer Vehicle, HTV)。HTV 系统开发过程中充分继承了 ETS-Ⅶ 自主交会对接技术成果。据最新报道,新型货运飞船 HTV-X 计划于 2023 年发射并投入应用。

1.4.4 加拿大

空间机器人技术是加拿大航天领域最为突出的成就。目前加拿大已取得航天飞机和国际空间站上两代机械臂的成功应用。此外,加拿大围绕服务航天器及其加注和维修技术研究,目前也已经取得一定进展。

在服务机器人领域,早在 20 世纪 70 年代加拿大国家航天局(CSA)就已经开始研发航天飞机远程机械臂系统(Shuttle Remote Manipulator System,简称 SRMS 或 Canadarm1,图 1.14)。1981 年,SRMS 随哥伦比亚号航天飞机成功完成首飞。SRMS 是一个 6 自由度机械臂,可以在轨通过遥操作完成航天器抓捕、物体搬运等任务。伴随航天飞机的成功应用,SRMS 在轨完成了一系列服务操作任务,其中最为著名的是太阳峰年卫星抓捕服务以及哈勃太空望远镜五次在轨服务任务。在 SRMS 取得成功之后,针对国际空间站 ISS 在轨组装构建及其在轨应用需求,CSA 于 1990 年代中期开发了空间站远程机械臂系统(Space Station Remote Manipulator System,简称 SSRMS 或 Canadarm2)。为满足 SSRMS 各类操作需求,CSA 同时开发了与 SSRMS 相配套的专用灵巧操纵手(special purpose dextrous manipulator, SPDM)和移动远程服务基础系统(mobile remote servicer base system, MBS)。SSRMS 与 SPDM、MBS 组合,共同形成国际空间站移动服务系统(mobile servicing system, MSS)。MSS 在国际空间站的组装建造、维护、补给以及各类在轨应用中发挥了关键作用。2013 年 CSA 宣称正在开发下一代加拿大臂(Canadian Next-Generation Canadarm,简称 NGC 或 Canadarm3),以支持地球轨道和深空探测领域的机器人操作任务。据报道,整个 NGC 机械臂由大小双臂组成,其研发工作主要聚焦于负载能力、操控精度指标的提升。NGC 机械臂的大臂能够折叠收拢,可实现大范围移动,小臂则用来完成各类高精度的操控任务。文献调研显示,NGC 机械臂预计将应用于深空门户计划以及相关在轨服务项目。

图 1.14 加拿大三代空间机械臂(图片来源: Sallaberger, 2017; Moskvitch, 2013; NASA 网站)

　　在服务航天器领域,加拿大麦克唐纳公司(MacDonald Dettwiler and Associates, MDA)于 2003 年提出小型灵巧卫星服务计划(Smallsat)。Smallsat 聚焦于 GEO 轨道应用, 可为目标航天器执行更换动量轮等姿控系统部件、推进剂加注等服务任务。Smallsat 计划 着重发展低成本设计技术,确保以较小的卫星尺寸获得较高的设备布局效率。同时,针对 不同轨道倾角的客户航天器服务需求,MDA 公司开展了 Smallsat 系统的轨道机动策略研 究。最后,针对 Smallsat 对接捕获等技术难点,MDA 公司构建了由服务星和客户星组成的 硬件测试平台,已完成系统动力学仿真和半物理试验验证。2011 年 MDA 公司提出太空 基础设施服务(Space Infrastructure Servicing, SIS)计划,旨在开发在轨加注卫星系统。SIS 卫星发射质量为 2 000 kg,按计划对客户航天器实施一次加注可满足其寿命延长五年。除 此之外,SIS 卫星还可以执行轨道清理和辅助离轨任务,包括 GEO 轨道碎片移除以及将废 弃卫星转移至坟墓轨道等。

1.4.5　俄罗斯/苏联

　　俄罗斯在服务航天器和服务机器人领域取得了一定进展,但总体来说在轨服务领域 俄罗斯的研究报道不多。

　　在服务航天器领域,2014 年俄罗斯联邦航天局宣称启动空间碎片清除者计划 (Liquidator),旨在构建高轨碎片的主动清除系统。报道显示,Liquidator 的清除目标涵盖 了废弃卫星和其他轨道碎片,计划在十年服役期间共清理 200 个以上的大型空间碎片。 2015 年 Liquidator 被纳入《俄罗斯 2016~2025 年航天发展规划》。2017 年,俄罗斯利用宇 宙系列卫星(Cosmos)执行了目标航天器释放、机动、绕飞和抵近等多项试验,其近距离伴 飞时间长达 60 余天,最近伴飞距离小于 100 m。2019 年,俄罗斯发射 Cosmos-2535 和 Cosmos-2536 双星,再次开展了空间交会对接、伴飞服务等试验。

　　在服务机器人领域,瞄准暴风雪号航天飞机在轨应用,俄罗斯中央机器人与技术控制 研究所研制了一套机械臂系统(On-board Manipulator System,图 1.15)。该机械臂包含有 6 个关节,长 15 m,重 360 kg,其负载最大为 30 t,通过地面试验完成了目标抓取、转移以及 与航天员协作等各项关键技术的模拟验证。聚焦于国际空间站应用,俄罗斯提出了太空 机器人费多尔计划(FEDOR)。费多尔机器人采用了仿人设计,高 180 cm,重 160 kg,每只

图 1.15　俄罗斯机械臂与费多尔机器人(图片来源: Jones, 2018; Kulakov, 1996)

手上有五个手指。2019年8月22日费多尔机器人随国际空间站补给任务发射升空,在轨完成了电连接器插拔等技术验证。

1.4.6 中国

载人航天计划、月球与火星探测计划等任务的有序推进,为中国在轨服务领域发展提供了丰富积累。2016年神舟十一号与天宫二号完成自主交会对接,2017年天舟一号货运飞船与天宫二号完成了3次快速自主交会对接试验,并且开展了推进剂在轨补加等新技术验证。2022年,中国完成空间站系统的构建,其配套的空间站机械臂系统为系统飞行以及在轨各项试验任务提供支撑(图1.16)。中国提出的空间站巡天光学舱旨在开展宇宙观测,寻找暗物质、暗能量和系外行星,巡天光学舱按计划将与空间站共轨飞行,在任务周期内将与空间站对接并开展推进剂补加和设备维护等在轨服务。天源一号卫星于2016年搭载长征七号运载火箭升空,完成了国内首次卫星在轨加注试验,成功验证了微重力条件下流体管理与加注、高精度推进剂测量等关键技术。

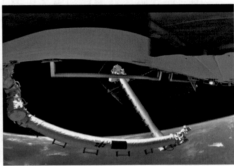

图1.16 中国空间站机械臂(图片来源:央视网;中国载人航天宫网)

参 考 文 献

包为民,2018-12-13.开发地月空间经济区新业态[N].中国科学报.

包为民,2018.发展太空经济 走向地月空间[J].高科技与产业化,270:10-13.

包为民,汪小卫,2021.航班化航天运输系统发展展望[J].宇航总体技术,5(3):1-6.

陈小前,袁建平,姚雯,等,2009.航天器在轨服务技术[M].北京:中国宇航出版社.

陈小前,张翔,黄奕勇,等,2022.卫星在轨加注技术[M].北京:科学出版社.

崔乃刚,王平,郭继峰,等,2007.空间在轨服务技术发展综述[J].宇航学报,28(4):805-811.

黄奕勇,李强,陈小前,等,2011.自主在轨服务航天器空间对接过程建模与仿真[J].计算机仿真,28(10):57-60.

景海鹏,辛景明,胡伟,等,2019.空间站:迈向太空的人类探索[J].自动化学报,45(10):1799-1812.

李强,黄奕勇,陈小前,等,2009.面向在轨服务的卫星对接过程建模与仿真分析[C].2009系统仿真技术及其应用学术会议,合肥.

刘进军,2020. 2020 年世界航天发射预报[J]. 卫星与网络,1&2: 24 - 39.

刘竹生,孙伶俐,2012. 航天运输系统发展及展望[J]. 中国科学: 技术科学,42(5): 493 - 504.

毛新愿,2020. 下一站火星[M]. 北京: 电子工业出版社.

欧阳琦,赵勇,陈小前,2010. 共面圆轨道航天器在轨服务任务规划[J]. 中国空间科学技术,30(1): 34 - 40.

庞之浩,2020. 2020 年世界火星探测概览[J]. 国际太空,500(8): 23 - 28.

裴照宇,刘继忠,王倩,等,2020. 月球探测进展与国际月球科研站[J]. 科学通报,65: 1 - 10.

谭春林,胡太彬,王大鹏,等,2011. 国外航天器在轨故障统计与分析[J]. 航天器工程,20(4): 130 - 136.

谭春林,刘永健,于登云,2008. 在轨维护与服务体系研究[J]. 航天器工程,3: 45 - 50.

王大鹏,谭春林,张柏楠,2010. 载人航天器在轨维修性系统设计[J]. 中国空间科学技术,5(10): 16 - 22.

杨维维,陈小前,赵勇,等,2010. 面向在轨服务的自主对接控制方法与试验研究[J]. 航天控制,28(4): 35 - 39.

于登云,孙泽洲,孟林智,等,2016. 火星探测发展历程与未来展望[J]. 深空探测学报,3(2): 108 - 113.

张飞,陈小前,曹璐,等,2022. 天基边缘计算系统设计及关键技术[J]. 上海航天,39(4): 139 - 146.

中华人民共和国国务院新闻办公室,2016 - 12 - 27. 2016 中国的航天(白皮书)[OL]. http://www. scio. gov. cn/37236/38180/Document/1626692/1626692. htm.

Barnhart D A, 2013. The Phoenix Project[R]. Report for the United Nations Committee on the Peaceful Uses of Outer Space, DARPA.

Benedict B L, 2013. Rationale for Need of In-Orbit Servicing Capabilities for GEO Spacecraft[R]. Report from Intelsat General Corporation.

Bluethmann W, Ambrose R, Diftler M, et al. , 2003. Robonaut: A Robot Designed to Work with Humans in Space[J]. Autonomous Robots, 14: 179 - 197.

Bosse A B, Barndsa W J, Brownb M A, et al. , 2004. SUMO: Spacecraft for the Universal Modification of Orbits[C]. Spacecraft Platforms and Infrastructure, Bellingham.

Carrington C, Howell J, 2006. Modular, Reconfigurable, High-Energy Technology Development[C]. IEEE Aerospace Conference, Big Sky.

Chen Y, Huang Y Y, Chen X Q, et al. , 2011. Development of Simulation Testbed for Autonomous On-orbit Servicing Technology [C]. 2011 IEEE 5th International Conference on Robotics, Automation and Mechatronics (RAM), Qingdao.

Cougnet C, Gerber B, Heemskrek C, et al. , 2006. On-Orbit Servicing System of a GEO Satellite Fleet [C]. Proceedings of the 9th ESA Workshop on Advanced Space Technologies for Robotics and Autonomation, Noordwijk.

David L, 2018. Military Micro-Sat Explores Space Inspection, Servicing Technologies[R]. NASA Report.

Didot F, Putz P, Dettmann J, et al. , 1998. JERICO: A Small and Dexterous Robot for Payload Manipulation on the ISS-Russian Segment[C]. IFAC Space Robotics, Quebec.

ESA, 2012. European Robotic Arm (ERA), Large relocatable symmetrical robotic arm with 7 degrees of freedom[R]. Report of Project: International Space Station, Document No. ESA - HSO - COU - 007.

Falkenhayn E, 1988. Multimission Modular Spacecraft (MMS)[C]. AIAA Space Programs and Technologies Conference, AIAA - 88 - 3513.

Gasiewski A J, Staelin D H, 1990. Science Requirements for Passive Microwave Sensors on Earth Science

Geostationary Platforms[R]. NASA Report N90 - 19251.

Gefke G G, Carignan C R, Roberts B J, et al. , 2002. Ranger Telerobotic Shuttle Experiment a Status Report [C]. Proceedings of SPIE, 4570: 123 - 132.

Gladun S A, 2005. Investigation of Close-Proximity Operations of an Autonomous Robotics On-Orbit Servicer Using Linearized Orbit Mechanics[D]. Tallahassee: University of Florida.

Goeller M, Oberlaender J, Uhl K, et al. , 2012. Modular Robots for On-Orbit Satellite Servicing[C]. 2012 IEEE International Conference on Robotics and Biomimetics, ROBIO, Guangzhou.

Gohd C, 2018 - 7 - 24. These Gun-Toting, Weight-Lifting Russian Robots Might Fly to Space in 2019 [OL]. https://www. space. com/41253 - russian-robots-fly-to-space. html.

Henry C, 2016. DARPA Seeking Private Partners for In-Orbit Servicing Program[R]. DARPA Report.

Henry C, 2017. MDA Restarts Satellite Servicing Business with SES as First Customer[R]. MDA Report.

Hirai M, Hein A, Welch C, 2014. Autonomous Space Colony Construction [C]. 65th International Astronautical Congress, Toronto.

Hirzinger G, Brunner B, Landzettel K, et al. , 1998. Preparing a New Generation of Space Robots — A Survey of Research at DLR[J]. Robotic Autonomous Systems, 23: 99 - 106.

Horsham G A, 2003. Envisioning a 21st Century, National, Spacecraft Servicing and Protection Infrastructure and Demand Potential: A Logical Development of the Earth Orbit Economy [R]. NASA/TM - 2003 - 212462.

Horsham G A, Gilland J H, 2010. Establishing a Robotic, GEO-to-LEO Satellite Servicing Infrastructure as an Economic Foundation for Exploration[R]. NASA/TM - 2010 - 216937, AIAA - 2010 - 8897.

Imaida T, Yokokohji Y, Doi T, 2001. Ground-Space Bilateral Teleoperation Experiment Using ETS - Ⅶ RobotArm with Direct Kinesthetic Coupling[C]. Proceedings of the 2001 IEEE International Conference on Robotics & Automation, Seoul.

Jones A, 2018 - 10 - 30. Rototic SPACE ARm in TESTing for Chinese Space Station [OL]. https:// gbtimes. com/robotic-space-arm-in-testing-for-chinese-space-station.

Kaiser C, Sjöberg F, Delcura J M, et al. , 2008. SMART - OLEV—An Orbital Life Extension Vehicle for Servicing Commercial Spacecrafts in GEO[J]. Acta Astronautics, 63: 400 - 410.

Kimura S, Nagai Y, Yamamoto H, et al. , 2006. Rendezvous Experiments on SmartSat - 1[C]. 2nd IEEE International Conference on Space Mission Challenges for Information Technology (SMC - IT'06), Pasadena.

Kimura S, Nishinaga N, Akioka M, 2006. SmartSat - 1, On Orbit Experiment Plan using Moni-Satellite [J]. Space Japaness Review, 48: 1 - 4.

Kulakov F, 1996. Some Russian Research on Robotics[J]. Robot Autonomous Systems, 18: 365 - 372.

Landzettel K, Brunner B, Hirzinger G, 1994. The Telerobotic Concepts for ESS[R]. DLR Report.

Li G Y, Huang Y Y, Han W, et al. , 2022. Space Liquid Transport Experiments in Tianyuan - 1[J]. Microgravity Science and Technology, 34, 100.

Li W J, Chen D Y, Liu X G, et al. , 2019. On-Orbit Service of Spacecraft: A Review of Engineering Developments[J]. Progress in Aerospace Sciences, 108: 32 - 120.

Lillie C F, 2015. Mirror Tech/SBIR/STTR Workshop 2015, Design for ON-ORBIT ASSEmbly and SERVICing, Design Guidelines for Future Space Telescopes[R]. Report from Lillie Consulting LLC.

Moskvitch K, 2013 - 7 - 26. Canada Eyes Deep Space with Next-Generation Robotic Arm[OL]. https://

www. space. com/22125-canada-new-robotic-space-arm. html.

NASA, 2010. On-orbit Satellite Servicing Study Project Report [R]. National Aeronautics and Space Administration Goddard Space Flight Center.

NASA, 2014. Nimbus: NASA Remembers First Earth Observations[R]. NASA Report.

Nelson B, Higashi M, Sharp P, 2012 - 04 - 26. Hubble Space Telescope Servicing Mission 4 Media Reference Guide[R]. Report from Lockheed Martin for NASA.

Northrop Grumman, 2017. Space Logistics Services[R].

Parrish J C, 1996. Ranger Telerobotic Flight Experiment: A Teleservicing System for On-Orbit Spacecraft [C]. Proceedings of SPIE, 2901: 177 - 185.

Polidan R S, 2018. In-Space Servicing and Assembly of Extremely Large Telescopes, Introduction and Overview[R]. Polidan Science Systems & Technologies, LLC.

Preusche C, Reintsema D, Landzettel K, et al., 2006. Robotics Component Verification on ISS ROKVISS-Preliminary Results for Telepresence[C]. Proceedings of the 2006 IEEE/RSJ, International Conference on Intelligent Robots and Systems, Beijing.

Reed B B, 2012. Satellite Servicing Capabilities Office[R]. In-Space Nondestructive Inspection Technology Workshop.

Reintsema D, Sommer B, Wolf T, et al., 2011. DEOS-The In-Flight Technology Demonstration of German's Robotics Approach to Dispose Malfunctioned Satellites[R]. DLR Report.

ROGER-Team, 2003. RObotic GEostationary Orbit Restorer ROGER Phase A [R]. Executive Summary, No. ROG-SIBRE-EXS.

Rossetti D, Keer B, Panek J, et al., 2015. Spacecraft Modularity for Serviceable Spacecraft[R]. AIAA Report.

Sallaberger C, 1997. Canadian Space Robotic Activities[J]. Acta Astronautics, 41: 239 - 246.

Shayler D J, Harland D M, 2016. Enhancing Hubble's Vision Service Missions That Expanded Our View of the Universe[M]. Chichester: Springer/Praxis Publishing.

Shayler D J, Harland D M, 2016. The Hubble Space Telescope From Concept to Success[M]. Chichester: Springer/Praxis Publishing.

Snead J M, 2004. Architecting Rapid Growth in Space Logistics Capabilities[C]. 40th AIAA/ASME/SAE/ASEE Joint Propulsion Conference and Exhibit, Fort Lauderdale.

Sorenson S E, Nurre Pinkley S G, 2022. Multi-Orbit Routing and Scheduling of Refuellable On-Orbit Servicing Space Robots[J]. Computers & Industrial Engineering, 12, 108852.

The HERMES On-Orbit-Servicing System Architecture for Inspection and Transportation Services at GEO [R]. Report of Kosmas GEO-ring Services.

Ticker R, 2015. Restore-L Mission Information [R]. Report for NASA Solicitation #NNH15HEOMD001 Spacecraft Bus Concepts to Support the Asteroid Redirect Robotic Mission and In Space Robotic Servicing.

Visentin G, Brown D L, 1998. Robotics for geostationary satellite servicing[J]. Robotic Autonomous Systems, 23: 45 - 51.

NASA, 2012. Voyager Telecommunications, DESCANSO Design and Performance Summary Series Article 4 Voyager Telecommunications[R]. NASA Report.

Waltz D, 1993. On-Orbit Servicing of Space Systems (Orbit a Foundation)[M]. Malabar: Krieger Publishing

Company.

Yoshida K, 2003. ETS-Ⅶ Flight Experiments for Space Robot Dynamics and Control: Theories on Laboratory Test Beds Ten Years Ago, Now in Orbit [J]. International Journal of Robotic Research, 22 (5): 321-335.

第2章
在轨服务体系架构

2.1 概　述

自20世纪60年代首次提出概念以来,在轨服务各类技术研究取得丰富进展,部分项目已成功在轨验证或应用,为后续发展与广泛应用奠定了基础。

相比较而言,传统航天器的研制约束仅来自用户要求。针对给定的任务需求分析得到系统指标,传统航天器以相应的支撑技术为基础,利用一定的研制成本完成系统开发。为实现用户要求,传统航天器有可能是研制单颗航天器即满足相应指标,也可能是采用多个航天器在轨组网的形式来实现系统特定的功能和性能。为实现该目标,总体部门在工程实施时会构建航天器工程任务的整个大系统架构。以通信卫星为例,其工程大系统由以下五个部分组成,分别为卫星系统、运载火箭系统、发射场系统、地面测控系统和应用系统。对于载人航天任务,其工程大系统还应包括航天员系统、回收场系统,形成载人航天工程的七大系统。

对于在轨服务航天器,一方面与传统航天器呈现出较大的共通性。从任务需求角度,在轨服务航天器系统开发具有很强的任务需求约束特征,以特定的有效载荷与平台相结合来完成既定的系统任务;从系统组成角度,在轨服务航天器的工程大系统划分与组成应该与传统航天器工程的五大系统一致(此处仅对无人服务任务而言);从支撑技术组成角度,在轨服务航天器系统开发也应包含系统工程、总体技术、有效载荷与平台相关的支撑技术等。另一方面,在轨服务航天器与传统航天器又呈现出显著不同。在轨服务航天器既要完成系统设定的任务,例如通信卫星的通信功能,同时还应从提供服务或接受服务的角度,围绕服务任务所需的有效载荷与相关设备,来构建在轨服务相关的各类系统,以满足提供服务或接受服务的任务需求。

体系架构(system architecture)适用于分析、研究、决策指导和开发复杂系统。对于体系架构的定义和应用,国内外工程技术领域多部经典著作均有论述。《系统系工程》(*Systems of Systems Engineering*)指出,系统架构是由系统的各组成部分、各组成部分之间的相互关系、各组成部分与环境的关系以及指导系统设计和演进的原则所体现出来的一个系统的基本架构。《体系架构:复杂系统策略与产品开发》(*System Architecture: Strategy and Product Development for Complex Systems*)阐述,架构是系统的DNA,体系架构就是对系统中的实体以及实体之间的关系所进行的抽象描述,并指出美国阿波罗计划最初良好的架构设计保障了项目成功实施,并贯穿于阿波罗巨大工程计划的全过程。系统架构广泛应用于各工业领域,例如人们所熟知的信息领域以及信息系统各类软硬件的开发。1978 年钱学森在《组织管理的技术——系统工程》一文中阐明了复杂系统工程的概念、内容、基本组成及应用前景,强调"系统工程就是处理系统的工程技术",指导着我国航天器系统研制及体系开发与应用实践。

对于在轨服务的体系架构的研究并非新课题。1999 年美国空军大学从方法论角度出发剖析研究了 GPS 的在轨服务系统设计和解决方案,而且从成本建模角度开展了在轨服务的价值灵敏度分析,为特定技术状态下在轨服务体系架构的合理设计提供了参考。2006 年美国麻省理工学院从更宽的范围界定和研究了在轨服务的体系架构。研究人员提出,在轨服务的体系架构应该包括在轨服务系统、支撑技术、相关的政策及经济性,并以客户航天器为核心,研究制定了在轨服务的典型体系架构。

关于系统和体系,结合第 1 章关于在轨服务系统的内涵分析,可将在轨服务领域两者的范畴进行界定。"系统"是实现在轨服务领域某一或某几类特殊功能的内部元素紧密耦合的整体,如客户航天器、地面综合试验验证系统等。"体系"是从顶层视角出发,概括在轨服务各类系统以及相关各类要素,形成一个围绕在轨服务系统开发与任务实施所构成的整体。体系强调在轨服务各类系统的相互关联,良好的体系设计确保了在轨服务系统有序开发及任务顺利实施全过程的紧密联系。

本章从在轨服务任务需求、系统体系和技术体系角度出发,勾勒出在轨服务完整的体系架构,从逻辑层面搭建自任务需求至支撑技术各维度的核心元素组成,并阐明各组成之间的关联关系。

2.2 任务需求

历经 50 多年的研究与发展,国内外在轨服务领域各项技术攻关、在轨验证与应用进展显示,在轨服务的任务需求并不是单一类型。第 1 章在介绍在轨服务内涵时,已将在轨服务任务需求主要归纳为在轨维护、在轨组装两大类,并且对在轨维护和在轨组装的具体内涵进行了阐述。本节主要从架构组成的角度,详细介绍在轨维护和在轨组装这主要的两类任务需求的特点(图 2.1)。

2.2.1 维护类需求

关于在轨维护,其任务需求的架构组成丰富,包括在轨模块更换和在轨补加等 7 个方面。在轨维护的核心在于,服务航天器对客户航天器提供各类维护服务,完成故障修复或系统升级,最终延长客户航天器的在轨寿命。

(1) 在轨感知:是指服务航天器通过各类传感器对客户航天器进行在轨感知,获取客户航天器的在轨状态,这是服务航天器实施在轨服务的前提。2005 年 NASA 马歇尔航天飞行中心实施自主交会技术演示计划(Demonstration of Autonomous Rendezvous Technology, DART),如图 2.2 所示。借助所携带的光学系统、计算机、推进系统,DART 卫星完成对多波束超视距通信微小卫星(multiple paths beyond-line-of-sight communications,

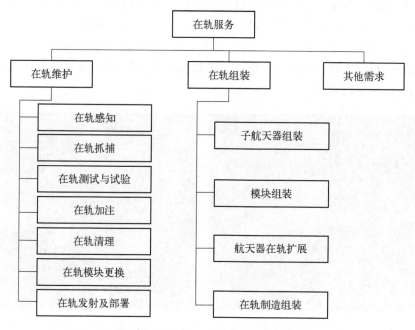

图 2.1　航天器在轨服务任务需求体系

MUBLCOM)的在轨状态感知,为飞行验证过程中的一系列自主交会、抵近和绕飞操作提供了支撑。

（2）在轨抓捕：涵盖广义上航天器对接以及特定在轨服务任务中的抓捕操作等任务范畴,是指服务航天器在对客户航天器实施具体在轨维护操作（如模块更换、在轨补加等）之前,采用标准或特制的捕获对接机构对客户航天器进行捕获对接,形成组合体并在必要情况下建立统一的飞行姿态,为后续进一步的在轨操作奠定基础。图 2.3 所示为 Restore‒L 项目的修复服务航天器（restore servicing vehicle，RSV）（图中左侧航天器）,通过双机械臂协同操作完成对客户航天器（项目假定为陆地卫星七号）实施抓捕。

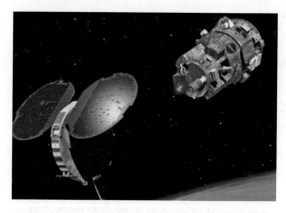

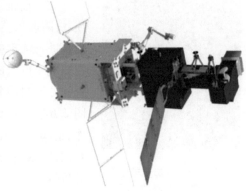

图 2.2　DART 计划在轨自主交会过程中的目标感知示意图（图片来源：徐菁,2006）

图 2.3　Restore‒L 项目中飞行器在轨抓捕概念图（图片来源：Ticker, 2015）

（3）在轨测试与试验：是指服务航天器通过抵近或对接后组合飞行，对客户航天器开展一系列在轨测试或试验操作，按照任务需要完成星上载荷或设备的性能检测、测试及试验。如图 2.4 所示，通过测试与试验能够准确获得客户航天器的在轨状态，为下一步的在轨服务操作提供支撑。这里的在轨测试与试验不同于广义上的卫星在轨测试，例如卫星交付用户前的在轨测试等。

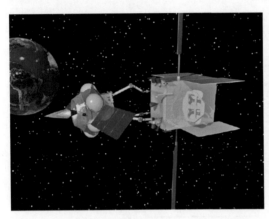

图 2.4　通用轨道修正航天器对目标航天器服务后的在轨测试示意（图片来源：Bosse et al., 2004）

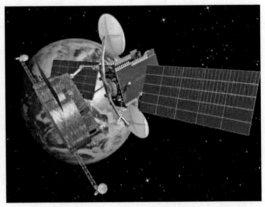

图 2.5　概念演示计划中的 GEO 加注航天器对客户航天器实施在轨加注示意（图片来源：NASA 戈达德中心报告，2010）

（4）在轨加注：是指对目标航天器进行消耗品补加。在轨加注既包括服务航天器为客户航天器实施在轨推进剂补加，同时对于复杂的在轨加注任务，还包括服务航天器自身接受推进剂补加，进而为后续的客户航天器补加任务提供推进剂储备。以 NASA 概念演示计划为例，如图 2.5 所示，GEO 加注服务任务提出，加注航天器每次携带的可补加推进剂为 100 kg，按计划能为 5 颗目标卫星每次加注 20 kg。在完成加注任务后，加注航天器通过与存贮星对接并接受推进剂补加，可以继续为其他目标卫星实施加注服务。

图 2.6　欧洲静止轨道机器人移除计划清理故障卫星示意图（图片来源：Visentin 和 Didot, 1999）

（5）在轨清理：是指服务航天器对空间目标（如轨道碎片、故障航天器等）实施移除，或对客户航天器舱表载荷或相关设备进行清理操作。地球轨道碎片数量庞大，对航天器正常运行造成了巨大威胁，同时轨道碎片的存在也占据着宝贵的轨道资源。通过服务航天器的专用装置可对轨道碎片实施清理，如图 2.6 所示。此外，对客户航天器的载荷及设备进行清洁操作，也属于在轨清理的范畴，例如对受污染的光学载荷表面进行清洁，或者是对星表热控多层受损造成其他设备遮挡的清理处置等。

（6）在轨模块更换：是指服务航天器通过空间机器人系统对客户航天器进行模块更换，既可以是对故障设备模块进行更换,也可以是通过更换新的设备模块实现设备升级。根据客户航天器的模块化设计状态,在轨模块更换的应用范围很宽,包括较小尺寸的设备单元、太阳电池阵等大尺寸设备模块以及集成度较高的功能组件单元。图 2.7 为 NASA 卫星服务能力办公室提出的在轨模块更换设想。

（7）在轨发射及部署：是指服务航天器将自身携带的航天器进行在轨发射,为这一类客户航天器提供发射和部署服务。典型应用案例包括凤凰计划在轨部署细胞星完成新系统"重生"、轨道转移飞行器将客户航天器部署至任务轨道,以及通过微小卫星在轨构建可重构口径的空间望远镜系统等,如图 2.8 和图 2.9 所示。

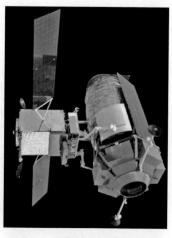

图 2.7　美国合作服务计划服务航天器对客户航天器实施模块更换示意图（图片来源：Reed B B, 2015a）

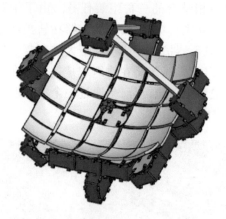

图 2.8　美国可重构口径空间望远镜计划的微小卫星携带望远镜单元完成特定口径的望远镜系统构建示意图（图片来源：Ennico, 2015）

图 2.9　航天器寿命延长系统 SLES 实现哈勃太空望远镜轨道重置示意图（图片来源：Wingo, 2020）

2.2.2　组装类需求

关于在轨组装,是作为在轨服务任务需求中的一种过程形式或者服务方式,可概括为四种类型：子航天器的组装、模块组装、航天器在轨扩展和基于在轨制造的组装。其中,子航天器是指具有独立飞行能力的组装单元;模块则是按照模块化的设计理念,将航天器拆分成不同的功能模块,如机械系统的结构模块、控制系统的敏感器模块、推进系统的推力器模块以及电源系统的蓄电池模块等。通过不同形式的在轨组装,可以保证子航天器单元的性能发挥、实现航天器技术和产品在轨升级及大型空间系统在轨构建。

（1）子航天器组装：是指两个或多个能够独立飞行的航天器在轨组装形成一个更大规模的航天器组合体。新的系统具备子航天器组装集成后的功能与特点,从而实现新的任务需求。例如,MEV-1 卫星与其客户航天器 901 号通信卫星对接形成组合体,MEV-1 卫星为组合体提供姿态与轨道控制功能,原来的 901 号通信卫星则继续执行通信功能以及所需的支撑平台功能(除姿态与轨道控制功能以外),最终双星组装构建形成新的航天器继续在轨服役,实现 901 号通信卫星应用效能的最大化发挥。

图 2.10　DLR iBOSS 项目通过多个模块组装构建航天器示意图(图片来源: Goeller et al., 2012)

(2)模块组装:是指将数个功能模块通过在轨组装形成具有一定功能的航天器系统。模块组装既可以形成传统航天器类似的系统,也可以通过一定数量的模块单元组装构建形成大型空间系统。例如,图 2.10 所示 DLR 在研的"用于卫星在轨服务的智能模块建造系统"(iBOSS)项目通过多个模块组装完成航天器在轨智能重构与建造,空间太阳能电站大型支撑桁架、大型太阳电池阵及天线组装最终形成电站系统。

(3)航天器在轨扩展:是指子航天器组装和模块组装相结合的一种组装任务。由于子航天器具有独立飞行功能,因此航天器在轨扩展是指将原有航天器作为基础平台,通过模块组装将原航天器扩展形成规模更大或更复杂的航天器系统,以满足新航天器系统的任务要求。大口径天线载荷在轨组装是航天器在轨扩展的典型场景,如图 2.11 所示。对于大型空间望远镜在轨组装,是通过一个独立航天器并结合若干个望远镜单元模块进行在轨组装构建而成。

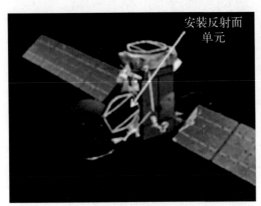

图 2.11　蜻蜓计划航天器在轨组装反射面天线单元实现大口径天线构建(图片来源:蜻蜓计划报告,2016)

图 2.12　蜘蛛机器人在轨制造组装大型反射面载荷示意图(图片来源:Ditto 和 Lane, 2014)

(4)在轨制造组装:是指基于各类在轨制造技术完成组装构建基本单元的制造,然后再利用上述几类组装形式完成航天器系统的在轨组装。目前,在轨制造组装技术已涵盖在轨增材、减材和等材等方式。例如大型空间桁架结构的在轨制造组装,首先是完成桁架杆的制造,桁架组装可通过焊接方式实现连接,然后依托桁架结构完成各类功能模块的组装。蜘蛛机器人计划(SpiderFab)的大型系统构建方案如图 2.12 所示,桁架结构通过在轨增材制造获得,结构连接采用局部加热固化的方式获得。在桁架结构完成组装制造后，系统继续通过增材制造方式完成大型薄膜天线反射面结构的敷设。

2.2.3 其他需求

为全面认识在轨服务任务需求的体系架构，除上述在轨维护与在轨组装之外，还需要从以下维度出发进行阐述，主要包括服务频次、服务依托平台、任务所在轨道空间、服务技术途径、组装任务目标和人的参与等。

（1）从服务频次的维度：服务频次是指客户航天器接受服务航天器在轨服务的频率。考虑到在轨服务需要一定的代价，正常情况下服务航天器并不能按需提供服务。因此，服务频次可以划分为按计划的定期服务和计划外的应急服务两种类型。定期服务是指按照既定的计划，在一定周期内实施在轨服务。应急服务是指紧急情况下的在轨服务，主要包括两种情形。一种是客户航天器在轨发生紧急情况，例如关键设备发生故障且无备份可用，系统面临无法正常工作或者整星失效等较大风险，需要服务航天器紧急实施在轨服务。另外，还有一种应急情况是服务航天器出现故障，在其失效之前尽可能对客户航天器实施服务，从而将服务航天器的效能发挥到最大化。

（2）从服务依托平台的维度：类似船舶救援，在轨服务有可能是客户航天器在其轨道位置上"就地"接受服务（称为"原位服务"），还有可能是客户航天器自主进行轨道转移并停靠至服务航天器接受服务，或者是由服务航天器将客户航天器捕获并转移至服务平台进而接受在轨服务（类似船舶停靠港口接受服务，称为"进驻服务"）。

（3）从任务所在轨道空间的维度：国内外关于在轨服务的飞行任务以及远期规划涵盖了多个轨道空间，包括地球轨道及月球轨道等。按照所在轨道空间的不同，可将在轨服务任务划分为近地空间的在轨服务、地月空间的在轨服务以及行星空间的在轨服务。近地空间可定义为客户航天器是围绕地球做轨道运行所涵盖的轨道空间，包括地球轨道空间的高、中、低轨。地月空间是除近地空间以外的整个地月轨道空间，包括环月轨道和月球星体的空间。行星空间是指地月空间以外的轨道空间，例如美国 NASA 概念演示计划提出的通过在轨组装在日地拉格朗日 L2 点轨道（sun-earth Lagrange 2，SEL2）建造大口径空间望远镜系统。

（4）从服务范畴的维度：在轨服务实施过程中，根据客户航天器的服务需求程度、可接受服务设计的支撑程度以及服务航天器在轨可提供服务的能力程度等方面，可对在轨服务任务需求进行分类。此时，主要有以下几种类型的细分任务需求：① 系统外部状态不变的服务，如软件升级、推进剂补加等；② 系统状态发生较小规模变化的服务，如局部的故障设备拆除、故障设备维修、设备更换等；③ 系统状态发生较大规模变化的服务，如推进舱移除或更换、有效载荷更换或重置等；④ 整星状态的服务，如系统各类软硬件维护、升级，或者在轨任务扩展所实施的结构组装扩展、有效载荷或相关设备在轨组装扩展等。

（5）从组装任务目标的维度：从组装任务所要实现目标的维度，可将在轨组装划分为以下层次：① 航天器结构等各类构件的组装，如杆系结构组装形成桁架组件；② 设备模块的组装，如依托发射携带的已成形的构件并结合在轨制造技术，获得典型设备模块的各类组成零部件,通过在轨组装形成设备模块并可按需投入应用;③ 有效载荷的组装,如大口径光学望远镜通过各类模块在轨组装形成;④ 系统的组装,如空间太阳能电站在轨构建需要借助各类模块,包括发射携带的模块、在轨制造组装形成的模块,通过相应的组装手段最终完成超大尺寸的电站系统在轨构建。

(6) 从机器人与航天员参与的维度:可将在轨服务任务划分为有人服务、机器人自主服务、人机协作服务。以哈勃太空望远镜为例,在成功实施五次在轨服务之后,未来关于哈勃太空望远镜通过机器人实施的设想早有学者提出。2009 年哈勃太空望远镜最后一次在轨服务任务中,航天员通过机械臂系统辅助完成了在望远镜舱尾的低冲击捕获机构安装工作。随着服务机器人技术发展,未来哈勃太空望远镜服务既可以通过轨道转移至国际空间站接受有人参与的人机协作服务,还可以通过服务航天器及其机器人系统实施无人服务。

(7) 其他维度:除上述划分维度之外,在轨服务任务需求还可以从以下特殊维度进行解读。例如:① 从服务任务规划方面,可划分为"一对一""一对多"及"多对多"的服务,还可以是客户航天器接受一次在轨服务、计划内的多次服务,也可能是客户航天器系统能力或任务层面的重构等;② 从服务航天器相对客户航天器的抓捕或捕获方式的角度,常规的服务需要通过专用捕获装置实现抓捕,对于废弃航天器或各类碎片为目标的轨道清理,则有多种抓捕方式,包括机械臂抓捕、飞网式、鱼叉式甚至电动力系绳方式等;③ 从在轨服务的具体操作方面,如能源系统的应急服务,可能是通过无线能量传输方式(类似手机"无线充电"),还比如信息系统的修复与维护操作,可能是通过无线网络的接入与重构等方式;④ 客户航天器接受服务可能是各类常规的维护操作,还可能是客户航天器相关构件或设备的重复利用(如凤凰计划),也可能是整个航天器的完全清理(如作为废弃目标)。

2.3 系 统 体 系

2.3.1 基本组成

在轨服务系统包括客户航天器、服务航天器、运输航天器和辅助支持系统,如图2.13 所示。在开展在轨服务任务规划时,需要按照工程实现的各项约束条件以及实施途径,详细界定上述各系统的功能项或能力项,进而形成一个完整的适应在轨服务任务的系统体系。

对于客户航天器、服务航天器以及运输航天器的具体组成,参考传统航天器的系统划分方法,可进一步细分为有效载荷、结构与机构、电源、姿态与轨道控制、测控数传与数管等分系统。除有效载荷之外,上述其他分系统是为有效载荷提供机械、电源、信息等支持功能,因此可统称为平台分系统。近年来,随着航天器能力需求越来越复杂,特别是各类大型航天器,科研人员对于分系统的划分与定义有了更新的理解。例如,通信卫星系统架构中与信息相关的分系统,其自身已经是由复杂的架构、单机及设备组成。此时,它既是组成航天器系统的关键分系统,又从下一层级表现为"保障卫星总体正常运行的一类支撑

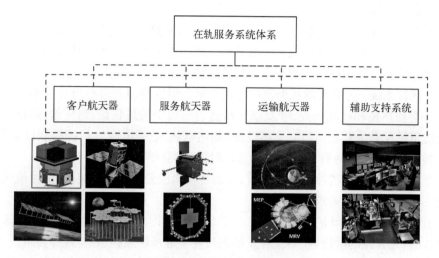

图 2.13 在轨服务系统体系

系统"。从这个角度,科研人员将和与信息相关的分系统总称为"信息系统"。类似地,航天器上述各类分系统统一概括为:有效载荷系统、机械系统、控制系统、推进系统、信息系统、电源系统以及热控系统。本书后续章节中,将以此维度介绍在轨服务各类系统的组成与特点。

(1)有效载荷系统:实现航天器系统在轨运行的特定任务,包括布局于星表及星内的有效载荷的各类配套设备。

(2)机械系统:为航天器系统提供可靠的承载以及各类配套设备提供必要的安装支撑,包括系统构型布局、结构(含主结构和次级结构)和机构(如星箭分离机构、太阳电池阵的压紧释放机构和展开机构等)。

(3)控制系统:实现航天器系统的姿态控制与轨道控制,包括控制系统的输入确定设备(如姿态测量与确定的各类设备)、控制策略的分析计算设备(如控制系统的中心计算机),以及各类控制执行设备(如动量轮、控制力矩陀螺 CMG、姿态控制推力器和用于轨道控制的大推力发动机)。

(4)推进系统:采用特定的推进体制,为航天器的姿态调整以及轨道机动提供动力。根据推进体制不同,航天器将配置不同的推进设备。对于化学推进,包含有贮箱(对于双组元推进则分为氧箱和燃箱)、气瓶、推进管路、各类阀体以及推力器或发动机。对于电推进,包含有气瓶、气路系统、各类阀体、电推力器以及按需配置的推力器矢量调节机构。对于核电推进,包含空间核反应堆电源系统、电源管理与分配系统、大功率电推进系统以及热排放系统。

(5)信息系统:随着空间信息技术发展,日益复杂的航天器系统对空间信息系统的要求也越来越高,因此相对统一的空间信息系统架构需求迫切。信息系统既涵盖从信息获取、处理、存储和传输等在轨信息产生、处理与传输的各个环节,同时也包括了航天器系统自身基础运行所需测控通信至载荷信息传递的各类信息途径。信息系统包括测控通信子系统、星上数据管理子系统、有效载荷数据传输子系统等,具体组成包括上述子系统的各类软件和硬件配套。

(6) 电源系统：为航天器稳定运行提供必要的能源保障，包括航天器自身携带的一次电源设备以及由太阳电池阵收集能量并转化成电能的配套设备，包括蓄电池、太阳电池阵、电源控制器、电源均衡管理器和电源传输线缆等。

(7) 热控系统：为航天器各类硬件提供必要的温度环境并进行可靠控制。热控系统可划分为主动热控和被动热控，涉及航天器运行过程中的热收集、热传输、热排散等。热控系统的组成配套主要包括温度采集设备(如热电偶、热敏电阻)、热控控制设备(如控温仪)、热控执行设备(如热管、流体回路、热辐射器)以及相关热控软件等。

在介绍在轨服务系统体系架构之前，应结合在轨服务任务需求架构，把握航天器系统设计的一些基本思维与要求。

(1) 航天器系统设计的基本原则：主要是要满足用户与任务需求，以及系统整体的优化设计、系统开发的阶段性、系统开发的创新性与继承性兼顾、效益性等要求。

首先，对于在轨服务各类航天器系统，最根本的是要实现在轨服务的任务需求，通过服务航天器与其他支持系统，对客户航天器实施在轨服务，以实现其在轨维修维护或组装需求。围绕在轨服务的具体任务目标，需要支撑用户制定详细的总体方案，确定各航天器的研制要求，包括系统自身的工程技术要求、系统地面开发周期与成本、在轨任务实施的周期及风险控制要求等。其次，航天器系统开发是一项复杂的系统工程，其功能实现需要各组成系统相互关联，其系统设计需要遵循整体优化原则，避免追求局部高性能或将系统分解成简单的局部加减。例如，关于客户航天器星表的优化布局设计，需要兼顾服务航天器提供服务的可操作性、在轨加注的推进系统特殊设计需要兼顾两器对接或机械臂操控约束等。再次，在轨服务系统开发涵盖了多个组成系统和支撑技术，每项工作的实现都是在一定工程技术基础上进行。针对在轨服务任务及其系统的特殊性，需要面向任务需求进行在轨服务系统的适应性设计。同时，在轨服务系统开发需要兼顾其继承性与创新必要性，而非一味地追求"新"和"难"，既要保证系统先进性，又要在一定的成本约束下保证系统开发的可行性。最后，在轨服务系统开发需要统筹考虑以下因素，包括阶段周期性、成本需求与效益最大化等。

(2) 航天器系统设计的基本要求：适应空间环境、满足各系统间的相互约束、满足任务所需的寿命与可靠性要求、考虑安全性与风险性、具有一定的自主控制功能、系统开发兼顾公用平台设计等。

在轨服务各类航天器与传统航天器类似，开发工作同样需要适应上述基本要求，同时又体现出一些特殊性。首先，在轨服务航天器系统在面对空间环境适应性方面需要重点考虑服务操作过程中的特殊要求。由于在轨运行过程中系统状态相对确定，传统航天器针对空间环境适应性的设计都是地面研制一次完成，相比而言在轨服务航天器的要求会有较大区别。以故障模块维修为例，地面开发时不可能完全设计在轨服务操作状态，因此在轨服务过程中的系统临时保护需要进行特殊设计。此外，对于在轨制造的航天器结构零部件，在其投入系统构建之前应采取必要的防护措施。其次，在轨服务系统的开发过程中，在分析各类设计约束、运行寿命和可靠性要求等方面，需要考虑在轨服务实施过程中的各项风险因素，如出现故障需要进行补充的服务操作等。因此，在轨服务系统开发时，需要考虑合理的风险控制措施。对于无人自主服务操作,须关注在轨各类突发情况的适应性,以获得系统合理的健壮性设计。最后,尽管在轨服务包含了在轨维护与在轨组装等多种任务需求,但其航天器系统的基础平台应具有较好的公用性。对于各类模块更换操作的服务航天器系统,其机械臂操作、模块装载、在轨状态检测等都应具有良好的可继承性。

2.3.2　客户航天器

如 1.3 节所述,客户航天器是在轨接受各类服务操作的航天器。按照在轨服务的任务需求架构,客户航天器划分为可接受在轨维护的航天器、通过在轨组装构建形成的航天器两大类。其中,以涉及设备模块维护的客户航天器为代表,模块化是其突出特征之一。客户航天器的模块化区分于传统航天器的模块化设计,详见 1.2 节。一般来说,常规尺寸航天器本体一般在数米量级,在轨运行状态系统尺寸可能达到十米甚至几十米量级。对于未来大尺寸航天器,本体尺寸达到数十米甚至更大,有效载荷尺寸可达到数百米,因此在轨组装将是其构建实现的重要途径,此时航天器系统及各支撑系统的状态将与传统航天器显著不同。本节概括介绍客户航天器的模块化可接受服务的主要特征,并对常规尺寸的客户航天器和大型在轨组装的客户航天器分别进行阐述。

在轨服务领域的模块化航天器,是专门针对可接受在轨服务任务需求所提出的一种航天器设计理念。模块化航天器主要是指对系统进行模块化设计,将星上载荷及各类设备进行特殊布局。例如,将故障概率较高、一旦发生故障对整星运行影响较大的设备布局到相应的独立模块,以便于在轨对该类模块进行整体维护操作,包括模块拆装、设备维修、升级等,最终达到对航天器系统实施在轨服务的目的。关于模块化航天器设计理念,最早提出是在 20 世纪 60 年代美国 Nimbus 卫星平台开发任务中,后来在哈勃太空望远镜研制时获得了大范围应用。对于哈勃太空望远镜的模块化设计,主要体现在望远镜设备舱设计,多台仪器设备被设计成“模块”形式,并按照舱体径向和轴向空间进行有序布局,以便于各模块的整体安装或拆卸。哈勃太空望远镜多次在轨服务任务成功正是得益于模块化设计的理念,多台设备完成了拆装维修、更换或升级。除此之外,典型的模块化航天器项目还包括“多任务模块化航天器”(MMS)、“可在轨重构与服务操作的空间科学探索项目”(ROSE)、“模块化、可重构、高能量技术项目”(MRHE)和“用于卫星在轨服务的智能模块建造系统”(iBOSS)等。归纳起来,实现航天器模块化设计需要同时具备三大核心要素:① 具有相对简单接口的模块单元,可以方便地在轨拆卸和更换;② 将设备组件分组配置到这些单元中,形成独立的设备模块;③ 模块单元的标准化设计,特别是接口的标准化与通用化,便于开展模块维护与模块运输的配套系统设计。

如图 2.14 所示,传统航天器均为高度集成化设计,各类设备以单独组件的形式装配集成到航天器平台。并且在设计时,设备组件、航天器平台均从各自功能与性能、尺寸和质量特性等各方面分别进行了优化。对于少量模块化设计的航天器平台,其一般设计为数量较少、体积较大的模块,就是通常所说的航天器舱段。舱段形式的设计在一定程度上简化了装配集成流程,不同模块的集成测试往往可以并行开展,因此已经实现了集成与测试成本的改善,然而这类模块化设计并不能满足在轨服务实施需求。相比之下,哈勃太空望远镜和国际空间站具有显著的模块化特征,并且包含了一部分的标准接口设计。这种模块化设计虽然已经是瞄准在轨服务应用,但哈勃太空望远镜和国际空间站仅仅是对部分设备组件进行了模块化设计。当模块化设计上升到分系统或单机设备层面,其标准模块和标准接口设计使得整个航天器的模块化程度显著提高。此时,航天器的大多数设备组件可以集成到独立的模块当中,各模块可以在地面集成测试阶段和在轨飞行时实现拆卸和更换维修,典型案例包括 MMS 计划(图 2.15)和 ROSE 计划。

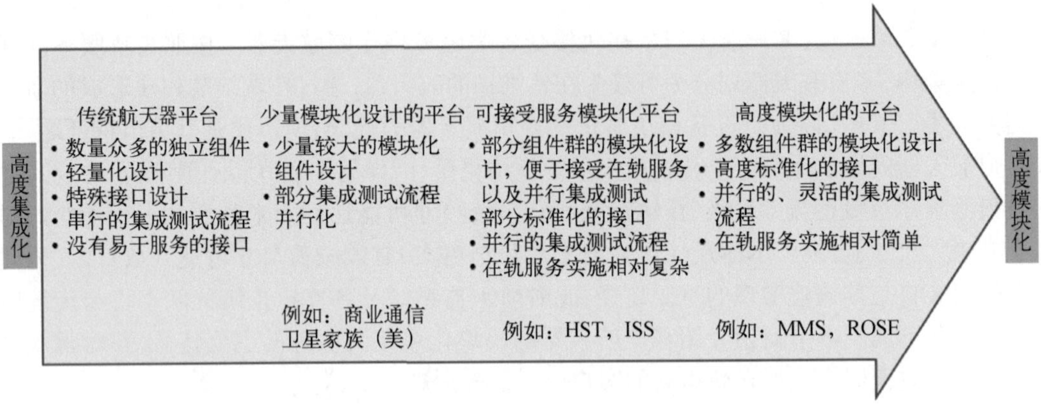

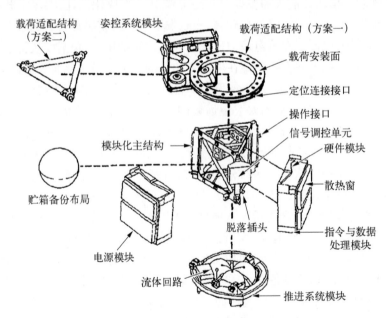

图 2.14 航天器集成化设计与模块化设计对比(图片来源:Reed,2015b)

图 2.15 多任务模块化航天器 MMS 平台(图片来源:Falkenhayn,1988)

对于常规尺寸的客户航天器,模块化设计突出表现在以下几个方面。

(1)系统模块化需求规划:客户航天器模块化设计的目的在于便捷地接受在轨服务。在航天器系统方案设计之初,应根据在轨服务的任务需求、在轨服役期内预定的接受服务方案、应急情况下的服务操作等多个方面,开展系统模块化需求规划分析,提出系统模块化设计的顶层要求。

（2）系统模块化构型布局设计：客户航天器模块化设计的第一步就是系统构型布局设计。对于模块化构型布局设计，首先是要进行良好的开敞性设计。由于服务航天器为客户航天器提供服务时应满足安全包络约束，因此针对模块更换等相关服务操作需要对构型布局提出明确的操控空间要求。其次，应针对系统的构型设计、各类模块的优化布局等方面进行统筹考虑，以获得相对优化的模块化构型布局方案。对此，从构型优化的角度首先应确保系统主传力路径合理、结构承载条件以及各模块设备力学环境相对较优，同时应兼顾系统在轨接受服务的便捷性设计，保障必要的操作包络等相关要求。因此，客户航天器和传统航天器都需要开展系统主动段承载适应性设计。同时在面向在轨服务任务需求，客户航天器构型布局设计时应将故障概率高的设备模块优先布局于星表或靠近星表的位置，以便于在轨接受服务。客户航天器最终构型布局方案应是易于接受在轨服务操作，并且要兼顾相对较优的系统承载设计和设备模块的力学环境适应性。

（3）各支撑系统的模块化设计：有效载荷、机械、控制等支撑系统应根据客户航天器总体要求开展设计，既要满足各支撑系统常规的功能与性能指标，又要适应模块化设计和在轨服务操作要求。

对于在轨组装构建的大尺寸客户航天器，例如大型空间望远镜、空间太阳能电站等，其系统模块化设计与上述常规尺寸客户航天器有所不同。由于在轨组装、大尺寸等突出特点，系统方案设计应首先解决模块分级、在轨组装规划和在轨接受服务规划等问题。在系统方案进入详细设计阶段时，应明确多个方面的要求，包括运载条件、在轨组装操作中的机器人条件（特指无人自主组装）、组装模块存放条件、组装模块转移途经、组装周期及组装完成后的系统运行与服务设计等。

2.3.3　服务航天器

如 1.3 节所述，服务航天器是在轨提供各类服务操作的航天器。按照系统开发与工程研制的一般原则，服务航天器为实现相应的在轨维护或组装等服务任务，系统组成包含 2.3.1 节介绍的各类支撑系统。

服务航天器有效载荷一般包括在轨感知载荷（如交会对接感知载荷、服务操控感知载荷等）、服务操控载荷（如服务机器人、捕获对接装置、目标清理装置），以及为实现特定服务任务的配套设备。其中，第三类有效载荷相对特殊，主要类型包括在轨加注任务的加注装置、模块更换任务的待更换设备模块、在轨组装任务的组装设备和结构件等各类组装单元等。服务航天器典型的有效载荷系统如图 2.16 与图 2.17 所示。机械系统同样是服务航天器平台系统的基本组成之一。控制系统在保障服务航天器与目标交会对接、对接后和服务操控过程中的组合体稳定运行等方面发挥重要作用。推进系统为服务航天器任务实施全过程提供必要的推进保障，包括交会过程中的轨道机动、在轨加注服务任务中的推进剂传输、必要的系统姿态稳定保障等。信息系统的主要作用在于：保障服务航天器获取客户航天器的状态信息（如借助机械臂手眼相机对航天器局部位置的状态感知）、服务过程中及时进行信息传输、通过各类信息的获取与分析进而支撑完成服务效果的评估。

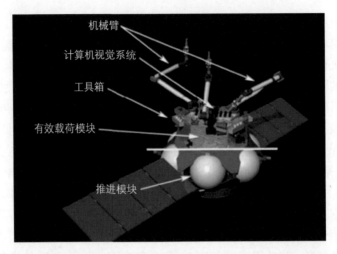

图 2.16　DARPA 通用轨道维修航天器 SUMO(图片来源：Bosse et al.，2004)

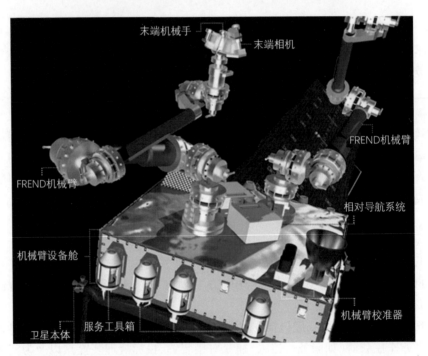

图 2.17　美国 RSGS 服务航天器的操控载荷(图片来源：Henry，2016)

2.3.4　运输航天器

如 1.3 节所述,运输航天器是为在轨服务任务提供运输服务的航天器。运输航天器提供的运输功能,包括从地面至空间以及不同空间轨道之间的运输,还包括客户航天器初始辅助入轨和轨道重置等多个方面。在整个在轨服务系统的体系架构中,运输航天器的类型可从不同维度进一步细分。

(1) 从运输空间的维度,运输航天器包括天地间的运输以及轨道间的运输两种类型,不同的轨道空间还可以继续进行划分。除常规的运载火箭之外,目前可实现天地间运输的航天器还包括航天飞机和空天飞机。在航天飞机领域,美国取得的成就最为突出。一共有五架航天飞机先后获得应用,分别为哥伦比亚号(Columbia,其首飞和最后一次飞行年份分别为: 1983/2003)、挑战者号(Challenger, 1983/1986)、发现号(Discovery, 1984/2011)、亚特兰蒂斯号(Atlantis, 1985/2011)和奋进号(Endeavour, 1992/2011)。苏联也曾开发了暴风雪号航天飞机,并于 1988 年成功首飞,也是暴风雪号的唯一一次飞行。除此之外,欧洲和中国分别提出了自己的航天飞机概念,并曾开展过一定的论证工作,分别为赫尔墨斯号(HERMES)和长城一号(Changcheng‑1)。对于轨道间的运输,参考 2.2.3 节关于不同轨道空间的在轨服务任务需求,运输航天器也可划分为近地空间、地月空间以及行星空间运输航天器等不同类型。美国轨道机动运输飞行器 OMV 就是为近地空间开发的典型运输航天器,如图 2.18 所示。

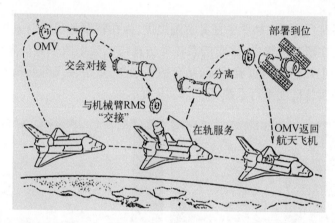

图 2.18　美国轨道机动运输飞行器 OMV 及其与航天飞机联合开展目标对接捕获/回收/服务/轨道重置的任务场景(图片来源: Huber 和 Cramblit, 1984)

(2) 从运输任务目标的维度,可以将运输航天器的任务划分为客户航天器的初始部署、客户航天器的轨道重置、在轨服务配套模块的转移运输等。美国航天飞机曾完成过多项航天器在轨发射与部署任务,包括在轨发射伽利略号木星探测器、在轨部署哈勃太空望远镜等。对于客户航天器的轨道重置任务,包括对初始入轨出现故障的航天器进行再部署,以及对失效航天器的离轨处置(例如 GEO 转移至"坟墓轨道"或 LEO 转移至再入轨道)。对于在轨服务配套硬件的转移运输,是为在轨服务任务实施提供必要的配套运输支撑,如大型空间系统在轨组装需要多次运输配套模块等需求。

(3) 从运输周期的维度,可以将运输航天器划分为快速运输、大范围长周期运输等类型。从这个维度划分,主要是根据运输航天器推进系统所应用的不同推进体制。化学推进体制可实现快速轨道运输,电推进体制可在一定周期内实现较大范围的轨道运输。此外在满足空间政策前提下,应用核动力推进将为未来轨道运输提供更为高效的选择。

(4) 从使用次数的维度,可以将运输航天器划分为一次性运输以及重复运输类型。对于一次性运输航天器,目前主要是指各类运载火箭。对于重复运输航天器,包括可重复使用的天地往返飞行器、轨道间的重复使用运输航天器等。

2.3.5 辅助支持系统

如 1.3 节所述,辅助支持系统是参与在轨服务任务、上述各类航天器以外的相关系统的总称。辅助支持系统主要包括天基信息支持系统(主要为支撑在轨服务实现的信息支援系统)、地面支持系统、支撑在轨服务系统研制的仿真与试验验证设施,以及保障在轨服务实施的平行系统等。

(1)天基信息支援系统:在轨服务任务实施前后及其过程中,提供在轨服务任务相关航天器的天基态势感知、在轨服务实施所需要的中继通信支持等。

(2)地面支持系统:为在轨服务任务提供全面的地面系统支持,主要包括发射场、回收场(主要是针对于天地往返类的运输航天器)、飞行控制中心、测控系统和地基的空间态势感知系统等。

(3)平行系统:支撑在轨服务任务实施提供,为在轨服务目标与效果提供预测评估。在轨服务各系统在研制过程中,需要依靠各类仿真与试验手段来验证系统设计的合理性和正确性。基于上述仿真与试验验证,结合数字孪生、数字伴飞等新技术应用,可为特定的在轨服务任务实施搭建平行系统,如图 2.19 所示。

图 2.19 美国 SUMO 航天器地面试验验证及日本 ETS‑Ⅶ卫星在轨对准操作时的实施状态反馈(图片来源: Bosse et al. , 2004; Visentin 和 Didot, 1999)

2.4 技 术 体 系

技术是实现某一领域特定任务的有效途径、方法及规则的全称。工程强调技术的应用,是在尊重和利用自然科学规律基础上,通过各类技术手段完成具体生产过程并形成一定的结果,同时将相关技术整合形成某一领域特有的技术脉络体系。从航天器系统工程的视角,航天器开发是一门应用技术,同时也是从用户需求到产品开发的系统工程方法论。基于这项技术及方法论,通过系统规划、研究、设计、制造、试验和使用等,最终完成航天器系统的开发,满足全生命周期的系统使用要求,并且系统综合性能达到最优。

在轨服务各项任务实现,是来自一个庞大的各类系统组成的系统体系的支撑,是通过各系统的协同实施完成。对于在轨服务每个系统的开发,是依赖于各系统所需的相应技术体系的支撑。关于在轨服务的技术体系架构,可从任务需求及各组成系统这两个体系维度进行剖析,并且所建立的技术体系架构将具有交互性。

2.4.1　基于系统的技术体系

在轨服务航天器系统的体系架构涵盖了体系总体、系统总体以及支撑系统。关于在轨服务的技术体系架构,可概括为由体系总体相关技术、航天器系统及其支撑系统的相关技术组成。

(1)体系总体方面:钱学森创建的航天系统工程的方法论在航天器研制中得到了广泛应用,包括总体方案设计、技术抓总与协调、型号工程管理、科研生产组织体系强化、技术状态控制、质量保证等。在轨服务体系总体的技术包括三个方面的内容,分别是在轨服务体系规划与动态任务调整技术、多航天器轨道部署与交会策略、多航天器协同及其天地一体的通信技术。

(2)系统总体及其支撑系统方面:首先,对于在轨服务系统体系中的各类航天器系统,其通用技术包括:航天器系统任务规划技术、空间环境分析与评估技术、航天器动力学分析技术、航天器姿态与轨道控制技术、航天器结构与机构技术、航天器热控制技术、航天器电源技术、航天器遥测遥控与空间数据系统技术、航天器天线技术、航天器电磁兼容技术及航天器地面总装、测试与集成(AIT)技术等。对于配置服务机器人的服务航天器,还应包括空间机器人及其操控技术。对于在轨组装大型空间系统,其系统构建相关的技术、适应在轨组装构建的系统适应性设计与验证技术等,也是系统开发过程中必须攻克的问题。

(3)辅助支持系统方面:对于在轨服务系统体系中的辅助支持航天器,如天基态势感知系统等,应包括感知载荷、信息系统技术(包括信息存储、处理与传输)等态势感知技术。对于地面支持系统,如地面发射场、回收场和飞行控制中心等,应涵盖其相应的技术体系。以地面试验为例,主要包括零重力卸载技术、参数测量与数据处理技术、等效试验验证技术等。

2.4.2　基于任务的技术体系

从在轨服务任务需求架构的角度,可归纳在轨服务任务所需要的关键支撑技术。本节从在轨组装和在轨维护任务需求出发,介绍相应的核心技术及其主要内涵,对于航天器系统的常规技术则不做赘述。

1) 航天器在轨组装领域

对于通过在轨组装实现构建的航天器(比如大型空间望远镜系统、空间太阳能电站系统等),其与在轨组装相关的技术如下所列。除此之外,还应包括支撑系统正常运行的各类平台技术以及有效载荷运行保障技术等。

a. 大型空间系统在轨组装任务规划技术;

b. 大型组装航天器的模块化构型与布局技术;

c. 大型空间系统在轨组装序列设计与优化技术;

d. 在轨组装机器人及其操控技术;

　　e. 在轨组装机器人标准化系列化工具技术；

　　f. 在轨组装模块化有效载荷技术；

　　g. 有效载荷在轨精密测量、标校与精调技术；

　　h. 标准化组装结构技术；

　　i. 组装异构过渡结构设计优化及其系列化技术；

　　j. 标准组装多功能集成接口技术；

　　k. 快速组装机械接口技术；

　　l. 组装模块标准抓持接口技术；

　　m. 组装模块标准装载接口技术；

　　n. 组装模块标准测量接口技术；

　　o. 在轨高精度测量与评估技术；

　　p. 组装过程系统动力学特性辨识技术；

　　q. 组装过程系统姿态控制技术；

　　r. 组装过程低时延通信技术等。

　　机器人操控、组装结构与接口等是实现大型空间系统在轨组装的基础。通过对组装结构和组装接口进行标准化、系列化设计，并开展在轨组装系统级的任务规划及组装序列设计，可实现大型空间系统低成本与高效的地面开发、发射上行和在轨转移与组装实施。在轨测量是保障系统在轨组装过程顺利推进和在轨组装效果评价的关键技术。通过对组装过程进行高精度测量和高置信度的测量数据处理，可以及时把握组装过程状态、支撑必要时的调整实施，最终获得满足系统应用需求的组装效果。依据大型空间系统的配套组成、构型与布局特点、几何尺寸、组装过程实施等，应识别影响组装效果的关键参数类型并制定合理的在轨测量方案。由于大型空间系统及其组装过程的复杂性，需要开展测量装置的布局优化设计，纳入系统组装方案并明确对组装单元和组装过程的接口要求。在轨测量的手段包含多种类型，例如摄影测量、激光雷达、光纤测量等。对于大型空间系统在轨组装过程中的测量，既可以采用相应测量装置与组装单元进行集成设计的方式，也可以通过漂浮机器人或伴飞卫星的方式实施测量。

　　对于在轨组装各类模块单元，从地面到在轨组装之间的运输转移也涉及相关支撑技术。以货物运输航天器系统为例，其主要支撑技术包括以下四个方面：

　　a. 运输系统组装模块装载接口技术；

　　b. 组装模块主动段装载技术；

　　c. 组装模块在轨转移技术；

　　d. 组装模块在轨管理技术等。

　　在轨组装各类模块通过运输航天器上行、运输入轨后，按照组装任务规划，将通过组装机器人依据一定的序列实施系统组装。其中，对于尺寸达到公里级的空间太阳能电站等超大型空间系统，将表现出复杂的组装模块类型与组装操作过程。这一过程可表述为在轨组装前的模块准备，组装过程中的模块临时放置、转移，直至最终按序列完成组装操作。因此，针对在轨组装超大型空间系统，其主要支撑技术应包括组装模块在轨管理技术,该技术以信息技术为基础,通过先进的传感器、数据存储、处理与传输技术,形成组装模块的在轨管理系统。目前,国内外在轨组装大型空间系统领域的研究中,鲜有涉及组装模块在轨管理技术。这主要有两个方面的原因:首先是当前服务机器人技术发展仅聚焦于在轨维护的任务需求,对于模块更换的具体服务任务操作,也仅涉及数量较少的模块;其次,对于在轨组装大型空间系统的研究大多处于概念阶段,随着在轨组装大型空间系统研究不断成熟,组装模块在轨管理技术将成为系统进入工程研制阶段的重要内容。并且,借助各类先进传感器技术和信息技术,组装模块在轨管理技术研究及其软硬件配套研制将为在轨组装大型空间系统方案优化设计提供重要支撑。

对于通过在轨制造实现的组装技术,除上述在轨组装领域的共性技术以外,还应包括以下几个方面:

a. 在轨减材制造技术;

b. 在轨等材制造技术;

c. 在轨增材制造技术;

d. 在轨构件修复技术;

e. 在轨制造环境保障技术等。

近年来,关于在轨增材制造技术及各类空间系统制造与组装的概念研究层出不穷。首先,地面各类增材制造技术开发与应用发展迅速,相关产品在地面工业及航天器上获得了良好应用。其次,美国蜘蛛机器人计划 SpiderFab 利用国际空间站开展了增材制造技术探索,试制了力矩扳手等构件,验证了增材制造技术从地面搬到天上的可行性。最后,空间机器人智能操控及种类丰富的在轨制造技术发展和组合应用,推动着大型空间系统及其应用需求的快速发展。与地面各类系统制造类似,空间系统在轨制造应包含制造领域的各类技术支撑,概括起来就是减材、等材和增材技术。对于各类制造技术应用,首先是以构件形式成型,然后进入空间系统的后续应用流程。因此,针对大型空间系统所需大量的制造构件需求,提出了构件修复技术,以保障大量制造构件的损坏后修复与重复利用,实现空间资源的循环利用和空间环境的有效保护。对于在轨制造环境保障技术,和地面制造实现过程类似但要求更为复杂。上述各类在轨制造技术应用,需要适应轨道空间的高真空、高低温交变、空间辐照等复杂环境及其耦合作用。通过在轨制造环境保障技术研究,可获得必要的在轨制造保护装置,并应用于在轨制造实施。最终,可确保在轨制造产品质量可控、在轨环境风险可控,支撑实现后续的在轨组装,直至形成各类组件、功能系统以及大型航天器系统。

2) 航天器在轨维护领域

(1) 在轨感知任务方面,相关支撑技术包括以下四项内容。其中,在轨测量与跟踪技术是实现在轨感知的关键,通过光学、雷达等传感手段,包括单一传感应用和多传感手段结合,在对客户航天器实施在轨服务前对其进行状态感知。在轨感知的具体过程是从服务航天器远距离交会开始,直至对客户航天器完成交会抵近,在此过程中以服务航天器携带的感知手段为主、辅助支持系统的感知手段为辅,持续感知客户航天器的状态。在轨测量的具体物理量主要包括双器相对位置关系、客户航天器的相对姿态、星表特性等。基于测量数据,通过在轨自主分析与评估或依靠地面飞行控制中心等辅助支持系统的保障,获得客户航天器位姿、星表及尽可能丰富的整星状态,为接下来的捕获对接与在轨维护提供支撑。关于服务航天器在交会过程中感知手段的选择,由于在轨飞行过程中的轨道动力学特性,往往需要分阶段进行感知手段选择或者多种手段配合使用。按照服务航天器的交会抵近过程,具体可按以下阶段进行确定:① 在交会初期,由于双器距离一般达千米及以上,服务航天器除采用特殊敏感器外,一般是依靠其他感知系统(包括辅助支持系统中的天基或地基态势感知系统)进行测量,通过星间或星地数据传输或间接通过 GPS 系统,实现对客户航天器感知信息的获取;② 在交会距离为数百米及百米时,主要是通过服务航天器的感知手段直接进行目标感知,主要感知手段包括微波雷达、激光测距仪、红外敏感器、可见光跟踪相机等;③ 在几十米至米级的近距离交会阶段,此时感知测量的精度要求增大,由于雷达手段容易和客户航天自身信号发生干涉影响,因此优选光学手段。

  a. 服务航天器轨道机动技术;

  b. 服务航天器绕/伴飞姿态机动技术;

  c. 在轨测量与跟踪技术(包括光学、雷达等传感手段);

  d. 在轨测量分析与评估技术等。

  (2) 在轨抓捕任务方面,相关支撑技术包括以下几项内容。其中,对于无人在轨服务,较为常见的应用场景之一是机械臂辅助抓捕操作。服务航天器在抵近客户航天器至数米范围并满足机械臂可靠抓捕的距离要求时,服务航天器的机械臂对客户航天器实施抓捕,然后引导对接直至双器建立稳定的组合体姿态。因此,除机械臂操控技术之外,在轨抓捕任务方面的核心技术还包括抓捕接口以及双器组合体的姿轨控。对于客户航天器的可接受服务设计,其目的是在地面研制状态实现客户航天器的可接受服务接口与服务航天器的服务操控装置相匹配,包括机械臂的抓捕接口、对接装置的对接接口等。因此,对于一般情况下的在轨服务任务,客户航天器是服务航天器的“合作目标”。例如 MEV-1 项目尽管以在轨服役多年的 901 号通信卫星作为服务目标,但在 MEV-1 卫星地面研制过程中,通过考察 901 号通信卫星主发动机喷管以及星箭对接环状态,并适应性地完成了抓捕接口设计,因此 901 号通信卫星仍然是 MEV-1 卫星的合作目标。对于特殊情况下的在轨服务任务,需要针对状态未知的“非合作目标”进行充分的在轨状态感知,并结合服务航天器配置的目标适应性强的抓捕装置,最终对服务目标完成抓捕,如概念演示计划 NM1 的高轨卫星服务任务。在捕获对接过程中,为减小对接冲击以降低对双器局部甚至整星姿态影响,必要时需要在服务航天器的对接捕获装置中增加减振缓冲功能设计。

  a. 服务航天器姿态机动控制技术;

  b. 服务航天器机械臂操控技术;

  c. 服务航天器标准对接接口技术;

  d. 客户航天器标准操控接口技术;

  e. 客户航天器标准对接接口技术;

  f. 服务航天器非合作目标抓捕接口技术;

g. 组合体姿态与轨道控制技术等。

(3) 在轨测试与试验任务方面,相关支撑技术包括以下几项内容。关于服务航天器对客户航天器实施在轨测试与试验的研究,目前的在轨服务进展中鲜有报道。对于正常运行的客户航天器,一般不需要对其开展在轨测试与试验。对于在轨故障航天器或者"坟墓轨道"上的失效航天器,通过服务航天器对其开展在轨测试与试验,可获得故障航天器或失效航天器的飞行状态,为下一步的在轨服务策略制定与任务实施奠定基础。随着在轨测试与试验技术发展,可实现对目标航天器配套设备开展详细的测试或试验,使得目标航天器完好载荷及设备的回收再利用成为可能。

a. 服务航天器标准测试与试验接口技术;

b. 客户航天器标准测试与试验接口技术;

c. 服务航天器集成测试技术;

d. 服务航天器测试系统与数据处理技术等。

(4) 在轨加注任务方面,相关支撑技术包括以下几项内容。其中,服务机器人操控、抓捕等技术已在上述任务中阐述。对于加注任务中的加注对接环节,需要关注加注接口在服务全过程的可靠对接,包括机械连接的高刚度与高精度、液路接口的连接与密封性等。对于加注过程中的推进剂状态监测与管理环节,需要关注推进剂加注传输速度、压力以及传输各环节的状态监测。推进剂在轨加注和地面加注操作类似,需要严格精细化的操作实施,将推进剂泄露风险降至最低。

a. 服务航天器姿态机动控制技术;

b. 服务航天器机器人操控技术;

c. 服务航天器标准对接加注接口技术;

d. 推进剂在轨传输与监测管理技术;

e. 客户航天器标准操控接口技术;

f. 客户航天器标准加注接口技术等。

(5) 在轨清理任务方面,相关支撑技术包括以下几项内容。对于故障或失效航天器以及各类空间碎片的清理,主要聚焦于目标抓捕与处置。对于客户航天器的载荷及设备进行清洁操作,主要关注服务机器人清洁装置等相关技术。在轨清理任务实施过程中,服务航天器系统的稳定运行对任务完成极为关键,因此需要解决其系统姿态快速、准确测量与确定以及可靠控制等问题。

a. 服务航天器姿态机动控制技术;

b. 服务航天器空间小型碎片清理装置及其回收处置技术;

c. 服务航天器空间中大型碎片清理装置及其回收处置技术;

d. 服务航天器在轨清理过程动力学与控制技术等。

(6) 在轨模块更换任务方面,重点关注客户航天器的模块更换能力,相关支撑技术包括以下几项内容。首先,客户航天器系统的构型布局应进行"模块化"设计。客户航天器要满足在轨接受服务时的开敞性操控需求,同时应兼顾结构高效承载设计与设备高效布局设计。其次,客户航天器模块化特征应兼顾"标准化"设计。标准化的模块要求各类设备须适应标准化的模块集成。对于标准模块的设计重点,主要包括低成本设计、设备模块的功能集成、模块接口的功能集成等。再次,客户航天器标准模块应兼顾"系列化"设计。标准模块将涉及星上不同设备的尺寸、功耗等需求,以及模块接口的不同功能连接需求,包括机械连接、机械/电源集成连接、机械/电源/热控/信息集成连接等。因此,系列化的标准模块设计,为客户航天器系统的优化设计以及在轨服务任务实施提供支撑。最后,客户航天器系统实现模块更换还应关注先进的平台支撑技术,包括模块之间的无线能源传输、星内模块之间的无线网络连接等。

  a. 服务航天器姿态机动控制技术;
  b. 服务航天器机器人操控技术;
  c. 服务航天器标准对接接口技术;
  d. 组合体姿态与轨道控制技术;
  e. 客户航天器标准操控接口技术;
  f. 客户航天器标准对接接口技术;
  g. 客户航天器模块化构型与布局技术;
  h. 客户航天器标准化模块设计技术;
  i. 客户航天器标准模块多功能集成接口技术;
  j. 客户航天器模块化平台技术(包括机械、信息、热控等)。

(7) 在轨发射及部署任务方面,相关支撑技术包括以下几项内容,主要是支撑服务航天器实现在轨发射与部署客户航天器的功能。首先,服务航天器须开展适应客户航天器在轨发射的构型布局设计,满足服务航天器在主动段过程中的承载和在轨发射过程中的可靠连接分离。其次,针对特定客户航天器的在轨发射需求,应为服务航天器配置相应的连接分离装置,包括组合体主动段过程中为客户航天器提供必要的压紧支撑和在轨发射过程中的可靠解锁、释放与分离。最后,为确保在轨发射过程中的安全距离,服务航天器应具备发射过程姿态控制能力,还应在必要时通过姿态机动实现与客户航天器的安全规避。

  a. 服务航天器发射系统布局技术;
  b. 服务航天器发射接口技术;
  c. 服务航天器在轨发射过程系统姿态控制技术;
  d. 服务航天器姿态机动与控制技术等。

2.5 典型应用

本章从任务需求、系统体系、技术体系等维度分析和介绍了在轨服务的体系架构,在开展工程应用时,上述体系架构的研究与设计是开展在轨服务体系规划和系统开发的前提。在轨服务体系和系统的设定以及各项技术开发与应用等,应根据在轨服务的实际任务需求进行分析确定。本章将从多系统体系应用、常规系统体系应用两个维度,概括介绍国外在轨服务领域体系架构设计方面的典型案例。其中,多系统体系是指在轨服务系统体系组成中,某一种系统具有多个细分类型的组成,比如赫尔墨斯计划的服务航天器系统包含了多种类型,以实现同一任务下的多个细分需求。常规系统体系是指在轨服务体系的各类系统组成均为单一类型,本节选取目前均已完成在轨验证或应用的三个案例进行介绍,分别是轨道快车、工程试验卫星七号和任务延长飞行器一号。以轨道快车为例,在其在轨服务系统体系中,客户航天器、服务航天器、运输航天器等均由单一类型的系统组成。

2.5.1　在轨服务多系统体系应用

赫尔墨斯计划由欧洲 Kosmas Georing 公司负责开发,ESA 和 DLR 共同参与,旨在研发一种应用于 GEO 卫星在轨服务的系统,该计划早在 2005 年已有公开报道。

HERMES 服务航天器系统包含多功能平台、执行航天器、伴飞器、推进模块等,可为客户航天器提供在轨监视、轨道转移、轨道修正与位保等多种类型的服务。因此,从在轨服务体系架构角度,其服务航天器由多个细分系统组成,形成在轨服务的多系统体系应用。其中,多功能平台是 HERMES 计划的核心部分,是 HERMES 系统的综合服务站。通过系统设计,多功能平台可为 HERMES 系统其他部分提供基础服务(图 2.20),包括推进剂加注、高压气体补给、电池充电等。执行航天器可以是运输航天器,也可以是携带机械臂的服务航天器,可为客户航天器完成推进模块安装、推进剂在轨加注等任务。伴飞器由运输航天器携带,一般是单个配置或成对飞行,为捕获对接等操作提供视觉辅助。推进模块由运输飞行器完成运输和部署,针对有效载荷工作正常但推进剂不足的客户航天器,可以通过装载推进模块实现系统恢复运行。借助 HERMES 服务航天器系统的特殊配置与开发设计,其推进模块可重复使用。

图 2.20　针对目标卫星进行推进模块的安装
(图片来源: Kosmas C S, 2005)

2.5.2　在轨服务常规系统体系应用

2.5.2.1　轨道快车

轨道快车计划由美国 DARPA 和波音合作开发。该计划于 1999 年 11 月提出,并于 2002 年正式启动。2007 年 3 月,轨道快车的两颗卫星通过宇宙神五号运载火箭从肯尼迪航天中心完成一箭双星发射,轨道高度约为 490 km×498 km。轨道快车计划的目的在于,通过在轨交会对接、在轨维修与模块更换等操作,验证星载机器人为目标卫星提供在轨服务技术的可行性。2007 年 7 月轨道快车双星在轨停止运行,宣告一系列在轨服务验证项目顺利完成。

轨道快车计划包括两颗卫星,如图 2.21 所示,分别为提供在轨服务的太空自动化运输机器人卫星(Autonomous Space Transfer and Robotic Orbiter, ASTRO)和接受在轨服务的客户卫星"未来星"(Next Generation of Satellite, NEXTSat)。同时,针对轨道快车计划完整的体系设计,DARPA 还提出了轨道货物存储站的概念(Commodities Spacecraft, CSC,或 Commodities Space Depot)。

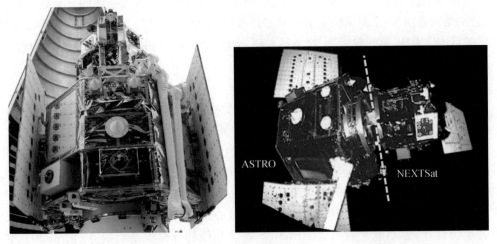

图 2.21 轨道快车计划双星组合体地面总装与在轨飞行状态(图片来源：
LeCroy et al. , 2008; Christiansen 和 Nilson, 2008)

根据轨道快车计划的任务实施方案,其地面研制与在轨飞行验证共划分为 12 个阶段,如图 2.22 所示,分别包括：① 任务规划与发射准备;② 发射;③ 远距离交会;④ 近距离交会;⑤ 接近与捕获;⑥ 对接操作;⑦ 释放与分离;⑧ 停泊轨道;⑨ 释放/回收小卫星;⑩ 与 CSC 交会及捕获;⑪ 与 CSC 对接操作;⑫ 离轨处置。

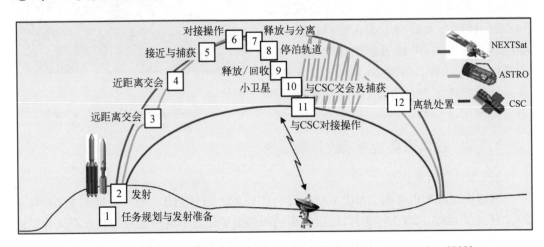

图 2.22 轨道快车双星在轨交会对接示意(图片来源: Shoemaker et al. , 2003)

ASTRO 卫星作为服务航天器如图 2.23 所示,包络尺寸为 1.78 m×1.65 m×1.8 m,整星重 953 kg(推进剂占 700 kg),太阳电池阵长 5.08 m,整星功率 1 560 W。ASTRO 卫星配备一套六自由度机械臂系统,其收拢状态尺寸为 65 cm×49 cm×186 cm,在轨展开后臂长可达 3 m。机械臂总重 71 kg,功耗为 131 W。此外,机械臂还配置有自主交会与捕获传感器装置,具体组成包括：① 可见光相机 2 台,其指标参数分别为量程 200 km/视角 6.5°、量程 100 km/视角 40°;② 长波红外成像仪 1 台,量程 20 km;③ 激光测距仪 1 台,量程 10 km。通过上述配置,ASTRO 能够在 500 m 范围内对 NEXTSat 卫星通过多手段成像确定其姿态。ASTRO 卫星的轨道机动和姿态调整系统由 16 个 3.6 N 推力器及相应的反作用轮配套组成。

(a) ASTRO   (b) NEXTSat

图 2.23　轨道快车计划单星的地面试验状态(图片来源: Shoemaker et al. , 2003)

NEXTSat 卫星作为客户航天器,因其可接受在轨服务的特征被定义为"下一代卫星"。并且在飞行试验过程中,NEXTSat 卫星除接受 ASTRO 卫星提供的服务以外,同时还作为 ASTRO 卫星提供服务的"硬件存储仓库"。NEXTSat 卫星的包络尺寸为 2.51 m×0.98 m× 1 m,整星重 226 kg,功率 500 W。NEXTSat 卫星在 DARPA RS‐300 平台基础上进行了适应性的改进设计,具体包括与 ASTRO 卫星的交会抓捕设备(被动对接敏感器、反向反射器和对接机构被动端等)、分离机构、在轨更换单元和推进剂加注模块等。

在整个在轨服务验证过程中,服务卫星 ASTRO 和客户卫星 NEXTSat 所配备的交会与伴飞感知装置、在轨加注接口与推进剂传输系统、可更换模块及其接口、双星捕获对接机构以及机械臂操控系统,为双星试验成功提供了关键支撑。迄今,轨道快车计划在无人自主在轨服务及其飞行验证的项目方面最为完整。轨道快车计划的成功实施,包括其关于在轨服务任务规划设计、双星系统配置、单星系统开发及其软硬件配套、关键技术攻关与在轨试验验证等,对于在轨服务系统开发与技术发展极具参考价值。

2.5.2.2　工程试验卫星七号

工程试验卫星七号(Engineering Test Satellite‐VII, ETS‐VII)是世界上首颗装载机械臂的卫星,由日本宇宙事业开发事业集团所抓总研制,于 1997 年 11 月 28 日通过一箭双星成功发射。ETS‐VII 计划的双星分别为追踪卫星(Hikoboshi,又称"牵牛星")与目标卫星(Orihime,又称"织女星")。追踪卫星是 ETS‐VII 计划的主体,装载了机械臂系统,目标卫星则相对较小。ETS‐VII 计划双星总重达 2 860 kg,其中追踪卫星重 2 500 kg。双星功率分别为 2 360 W 和 650 W。ETS‐VII 计划的双星初始入轨在高度为 350 km、倾角为 35°的圆轨道。在轨服务验证时,通过轨道抬升,ETS‐VII 计划的双星飞行在高度为 550 km 的圆轨道。

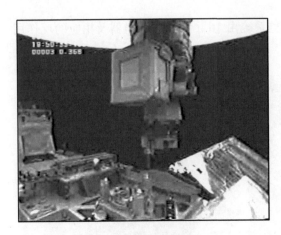

图 2.24 ETS - VII 计划机械臂在轨操作状态
（图片来源：Papadopoulos et al., 2012）

ETS - VII 计划开展了机器臂与卫星姿态的协同控制试验、大时延状态下空间机械臂的遥操作试验、在轨服务操作试验等，如图 2.24 所示。其中，在轨服务的各项验证试验包括：① 追踪卫星对目标卫星交会对接；② 利用机器臂摄像头对目标卫星进行感知；③ 机器臂更换 ORU；④ 推进剂加注；⑤ 组装桁架结构；⑥ 装配试验天线。

ETS - VII 遥操作系统由星上机械臂系统和地面控制系统组成。追踪卫星 Hikoboshi 的机械臂重约 45 kg，主要包括机械臂、视觉系统和控制系统。另外，星上针对在轨服务操作还专门配置了 ORU、任务板和目标卫星操作工具（TSTL）等，如图 2.25 与图 2.26 所示。追踪卫星 Hikoboshi 的机械臂长 2 m，有 6 个自由度，末端安装有长约 0.15 m 的三指灵巧机械手系统。在轨服务飞行验证过程中，ETS - VII 计划首次尝试了完全自主交会对接试验和空间机械臂遥操作试验，验证了多自由度、多传感器机械手用于在轨服务高精度操作的可行性，并在大时延通信条件下验证了机械臂遥操作技术。对于地面控制系统，是通过数据中继卫星通信链路完成对追踪卫星 Hikoboshi 机械臂的远程控制。ETS - VII 计划的在轨服务验证过程中，机械臂系统应用了两种远程控制模式，分别是非间隔命令的远程编程模式、利用时间间隔命令的远程操作模式。

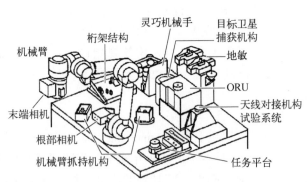

图 2.25 ETS - VII 计划双星地面振动试验状态以及追踪卫星的机械臂布局
（图片来源：Imaida et al., 2001；Visentin et al., 1999）

2.5.2.3 任务延长飞行器一号

MEV 由美国诺格公司开发，定位于为地球静止轨道卫星提供商业在轨服务。MEV 的

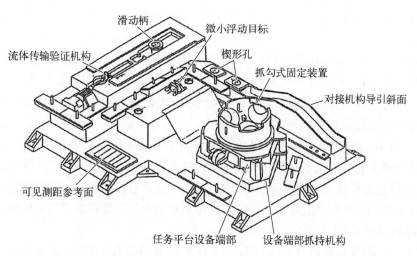

图 2.26　追踪卫星顶部任务平台布局(图片来源：Imaida et al.，2001)

在轨服务主要是为客户航天器进行推进剂加注、姿轨控接管等,以延长其在轨寿命。此外,MEV 通过适应性修改设计还可以扩大在轨服务的任务范围,包括对客户航天器实施轨道重置或开展一定程度的在轨组装,最终实现客户航天器在轨性能最大发挥或对客户航天器功能进行在轨拓展。

通过质子号运载火箭与和风号上面级,MEV‐1 采用一箭双星的方式于 2019 年 10 月从哈萨克斯坦科努尔航天发射场发射升空,同时搭载发射的是欧洲通信卫星 5 号西 B。2020 年 2 月 MEV‐1 通过机动至"坟墓轨道"与国际通信卫星公司(Intelsat)的 901 号通信卫星成功对接。作为 MEV‐1 的客户航天器,其姿轨控功能被 MEV‐1 接管,如图2.27 所示。MEV‐1 与 901 号通信卫星组合体转移至 GEO 的任务轨道并完成定点后,后者将继续发挥有效载荷性能,预计将服役 5 年。任务到期后,由 MEV‐1 将组合体轨道转移至"坟墓轨道"并分离 901 号通信卫星。再进入"坟墓轨道"后的 901 号通信卫星完成

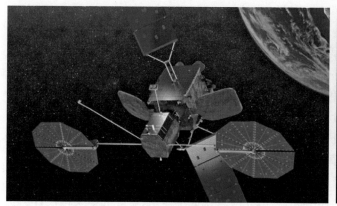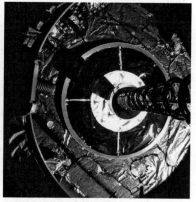

图 2.27　MEV‐1 在轨服务任务示意及其与 901 号通信卫星在轨对接状态
(图片来源：诺格公司网站;国际航天动态,2020)

退役,而 MEV-1 将继续为下一颗目标卫星提供在轨服务。按照预定计划,MEV-1 将为其他客户卫星相继提供两个 5 年的延寿服务,此时总的可提供服务的周期达到 15 年。2020 年 8 月 MEV-2 成功发射,将为停留在 GEO 轨道的国际通信卫星 10-02 号(IntelSat 10-02)提供服务。报道显示,当前 MEV-3 尚未开始研制,但承研方已经开始研制一种新型服务卫星,将"身背"多个电推进模块。MEV-3 入轨后,通过为客户卫星安装一个电推进模块从而提供姿轨控功能,实现客户卫星继续工作达 6 年。此后,MEV-3 可以继续为多颗客户卫星提供延寿服务。

MEV-1 执行服务的过程主要包括:① 自身星箭分离后先后转移至 GEO 及"坟墓轨道",并进行服务任务准备;② 进行轨道机动,对客户卫星实施绕飞检查;③ 在客户卫星后方 80 m 位置悬停准备;④ 在客户卫星后方 20 m 位置悬停准备;⑤ 在客户卫星后方 1 m 位置悬停准备;⑥ 对客户卫星实施捕获对接形成组合体;⑦ 接管客户卫星的姿轨控功能;⑧ 组合体转移至 GEO 实现定点和服役。

MEV-1 采用了轨道 ATK 公司的 GEO 3 号卫星平台(GEOStar 3),其机器人操作技术已于 2011 年通过国际空间站的 STS-135 任务完成在轨验证。MEV-1 配置的抓捕机构长约 1 m,可对目标卫星的远地点发动机喷管进行抓捕,随后再由机械臂对客户卫星的星箭对接环实施捕获、夹持,最终实现双星组合体的高刚度连接。除此之外,MEV-1 还配置了一组视觉成像仪、红外摄像机和侧扫式激光雷达,可以实现交会抵近及抓捕过程中对 901 号通信卫星的位姿测量与确定。

2.6 小　　结

通过介绍在轨服务在任务需求、系统体系以及技术体系等各方面的体系架构,汇总形成在轨服务的总体体系架构组成图,如图 2.28 所示,总结分析可以看出,在轨服务体系架构具有以下特征。

(1)在轨服务任务需求体系繁杂,需要从在轨维护、在轨组装、服务频次、服务依托平台、服务轨道等多个维度进行分析,制定在轨服务的任务架构,这是在轨服务系统开发及技术攻关的顶层输入。

(2)在轨服务系统体系复杂,包括了客户航天器、服务航天器、运输航天器以及辅助支持系统,其中每个系统又可以再进行下一层级系统的划分,如客户航天器由有效载荷系统和平台各支撑系统组成。相比于传统航天器,在轨服务航天器在系统开发至在轨运行方面有着一定的相似性,并且这种相似性涵盖了整个工程大系统顶层任务分析、在轨服务各系统开发至在轨运行等各个阶段。

(3)在轨服务的技术体系可以从系统体系、任务需求两个维度进行划分,前者从系统组成角度输出系统总体、有效载荷、机械和信息等平台技术体系,后者则是从特定的任务需求出发分解得到相应的支撑技术体系。

(4)在轨服务体系架构除上述组成之外,还应重视成本体系,做好成本架构设计与优化,以回答"在轨服务的经济性",这部分内容将在第 8 章单独进行介绍。

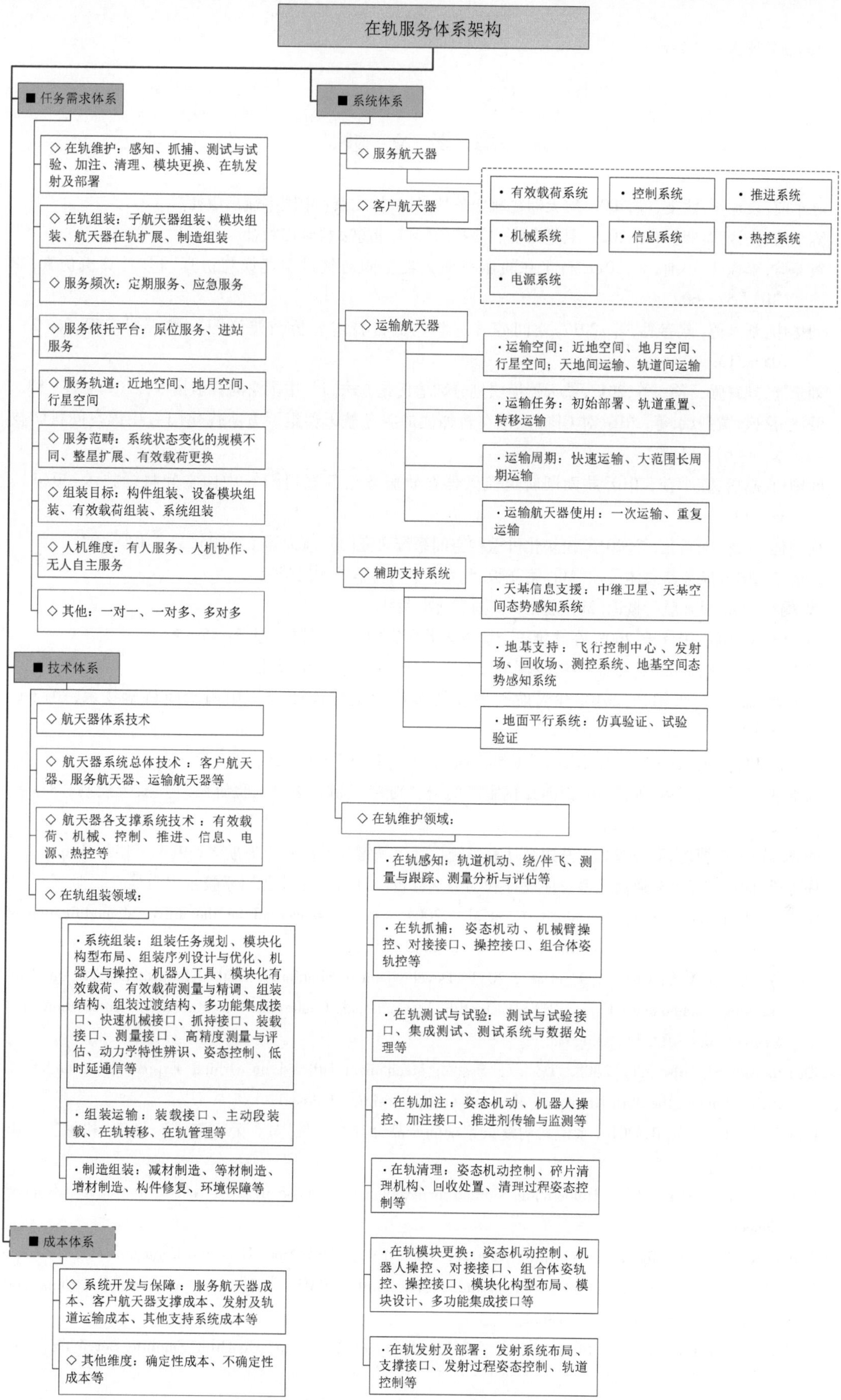

在轨服务体系架构

■ 任务需求体系

- ◇ 在轨维护：感知、抓捕、测试与试验、加注、清理、模块更换、在轨发射及部署
- ◇ 在轨组装：子航天器组装、模块组装、航天器在轨扩展、制造组装
- ◇ 服务频次：定期服务、应急服务
- ◇ 服务依托平台：原位服务、进站服务
- ◇ 服务轨道：近地空间、地月空间、行星空间
- ◇ 服务范畴：系统状态变化的规模不同、整星扩展、有效载荷更换
- ◇ 组装目标：构件组装、设备模块组装、有效载荷组装、系统组装
- ◇ 人机维度：有人服务、人机协作、无人自主服务
- ◇ 其他：一对一、一对多、多对多

■ 技术体系

- ◇ 航天器体系技术
- ◇ 航天器系统总体技术：客户航天器、服务航天器、运输航天器等
- ◇ 航天器各支撑系统技术：有效载荷、机械、控制、推进、信息、电源、热控等
- ◇ 在轨组装领域：
  - ·系统组装：组装任务规划、模块化构型布局、组装序列设计与优化、机器人操控、机器人工具、模块化有效载荷、有效载荷测量与精调、组装结构、组装过渡结构、多功能集成接口、快速机械接口、抓持接口、装载接口、测量接口、高精度测量与评估、动力学特性辨识、姿态控制、低时延通信等
  - ·组装运输：装载接口、主动段装载、在轨转移、在轨管理等
  - ·制造组装：减材制造、等材制造、增材制造、构件修复、环境保障等

■ 成本体系

- ◇ 系统开发与保障：服务航天器成本、客户航天器支撑成本、发射及轨道运输成本、其他支持系统成本等
- ◇ 其他维度：确定性成本、不确定性成本等

■ 系统体系

- ◇ 服务航天器
- ◇ 客户航天器
  - · 有效载荷系统 · 控制系统 · 推进系统
  - · 机械系统 · 信息系统 · 热控系统
  - · 电源系统
- ◇ 运输航天器
  - ·运输空间：近地空间、地月空间、行星空间；天地间运输、轨道间运输
  - ·运输任务：初始部署、轨道重置、转移运输
  - ·运输周期：快速运输、大范围长周期运输
  - ·运输航天器使用：一次运输、重复运输
- ◇ 辅助支持系统
  - ·天基信息支援：中继卫星、天基空间态势感知系统
  - ·地基支持：飞行控制中心、发射场、回收场、测控系统、地基空间态势感知系统
  - ·地面平行系统：仿真验证、试验验证
- ◇ 在轨维护领域：
  - ·在轨感知：轨道机动、绕/伴飞、测量与跟踪、测量分析与评估等
  - ·在轨抓捕：姿态机动、机械臂操控、对接接口、操控接口、组合体姿轨控等
  - ·在轨测试与试验：测试与试验接口、集成测试、测试系统与数据处理等
  - ·在轨加注：姿态机动、机器人操控、加注接口、推进剂传输与监测等
  - ·在轨清理：姿态机动控制、碎片清理机构、回收处置、清理过程姿态控制等
  - ·在轨模块更换：姿态机动控制、机器人操控、对接接口、组合体姿轨控、操控接口、模块化构型布局、模块设计、多功能集成接口等
  - ·在轨发射及部署：发射系统布局、支撑接口、发射过程姿态控制、轨道控制等

图 2.28　在轨服务体系架构

参 考 文 献

陈小前,袁建平,姚雯,等,2009.航天器在轨服务技术[M].北京:中国宇航出版社.

陈小前,张翔,黄奕勇,等,2022.卫星在轨加注技术[M].北京:科学出版社.

黄奕勇,李强,陈小前,等,2011.自主在轨服务航天器空间对接过程建模与仿真[J].计算机仿真,28(10):57-60.

刘华伟,刘永健,谭春林,等,2017.空间碎片移除的关键技术分析与建议[J].航天器工程,26(2):105-113.

刘永健,刘育强,石军,等,2012.航天器模块划分数值优化方法[J].中国空间科学技术,32(1):77-83.

蒙波,徐盛,黄剑斌,等,2016.对GEO卫星在轨加注的服务航天器组网方案优化[J].中国空间科学技术,36(6):14-21.

欧阳琦,赵勇,陈小前,2010.共面圆轨道航天器在轨服务任务规划[J].中国空间科学技术,30(1):34-40.

庞羽佳,李志,陈新龙,等,2016.模块化可重构空间系统研究[J].航天器工程,25(3):101-108.

彭成荣,2011.航天器总体设计[M].第2版.北京:中国科学技术出版社.

钱学森,2008.星际航行概论[M].北京:中国宇航出版社.

谭春林,刘永健,于登云,2008.在轨维护与服务体系研究[J].航天器工程,3:45-50.

谭维炽,胡金刚,2009.航天器系统工程[M].北京:中国科学技术出版社.

王大鹏,谭春林,张柏楠,2010.载人航天器在轨维修性系统设计[J].中国空间科学技术,30(5):16-22.

徐菁,2006.美国"自主交会技术演示"卫星提前"收工"[J].国际太空,6:28-32.

杨维维,陈小前,赵勇,等,2010.面向在轨服务的自主对接控制方法与试验研究[J].航天控制,28(4):35-39.

张飞,陈小前,曹璐,等,2022.天基边缘计算系统设计及关键技术[J].上海航天,39(4):139-146.

周志成,曲广吉,2013.通信卫星总体设计和动力学分析[M].北京:中国科学技术出版社.

Bosse A B, Barndsa W J, Brownb M A, et al., 2004. SUMO: spacecraft for the universal modification of orbits[C]. Spacecraft Platforms and Infrastructure, Bellingham.

Chen Y, Huang Y Y, Chen X Q, et al., 2011. Development of Simulation Testbed for Autonomous On-Orbit Servicing technology [C]. 2011 IEEE 5th International Conference on Robotics, Automation and Mechatronics (RAM), Qingdao.

Christiansen S, Nilson T, 2008. Docking System Mechanism Utilized on Orbital Express Program [C]. Proceedings of the 39th Aerospace Mechanisms Symposium, Louisville.

Crawley E, Cameron B, 2016. 系统架构复杂系统的产品设计与开发[M].爱飞翔,译.北京:机械工业出版社.

Ditto T D, Lane D P, 2014. Holographic Method for Exoplanet Spectroscopy[R]. NASA Innovative Advanced Concepts.

Ennico K, 2015. Configurable Aperture Space Telescope[R]. NASA Ames Research Center.

Falkenhayn Jr. E, 1988. Multimission Modular Spacecraft (MMS)[C]. AIAA Space Programs and Technologies Conference, Houston.

Goeller M, Oberlaender J, Uhl K, et al., 2012. Modular Robots for On-Orbit Satellite Servicing[C].

2012 IEEE International Conference on Robotics and Biomimetics, Guangzhou.

Henry C, 2016. DARPA Seeking Private Partners for In-Orbit Servicing Program[R]. DARPA Report.

Huber W G, Cramblit D C, 1984. Orbital Maneuvering Vehicle (OMV) Missions Applications and Systems Requirements[C]. Proceedings of the 21st Space Congress, Cocoa Beach.

Imaida T, Yokokohji Y, Doi T, et al., 2001. Ground-Space Bilateral Teleoperation Experiment using ETS－Ⅶ Robot Arm with Direct Kinesthetic Coupling[C]. Proceedings of the 2001 IEEE International Conference on Robotics & Automation, Seoul.

Jamshidi M, 2013. 系统系工程原理和应用[M]. 曾繁雄,洪益群,等,译. 北京：机械工业出版社.

Kosmas C S, 2005. The HERMES On-Orbit-Servicing System Architecture for Inspection and Transportation Services at GEO[R]. Kosmas GEO-Ring Services.

LeCroy J, Hallmark D, Scottet P, et al., 2015. Comparison of Navigation Solutions for Autonomous Spacecraft from Multiple Sensor Systems[C]. The International Society for Optical Engineering, Orlando.

Leisman G A, 2000. Analysis of On-Orbit Servicing Architectures using Microsatellites, Advanced Propulsion, Secondary Payload Opportunities and the Military Spaceplane Concept[C]. Space 2000 Conference and Exposition.

Leisman G A, Wallen A D, 1999. Design and Analysis of On-Orbit Servicing Architectures for the Global Positioning System Constellation[D]. Dayton : Air Force Institute of Technology.

Leisman G A, Wallen A D, Kramer S, et al., 1999. Analysis and Preliminary Design of On-Orbit Servicing Architectures for the GPS Constellation[C]. Space Technology Conference and Exposition, Albuquerque.

Li W J, Chen D Y, Liu X G, et al., 2019. On-Orbit Service of Spacecraft: A Review of Engineering Developments[J]. Progress in Aerospace Sciences, 108: 32－120.

Luu M, Hastings D E, 2022. On-Orbit Servicing System Architectures for Proliferated Low-Earth-Orbit Constellations[J]. Journal of Spacecraft and Rockets, 59(3): 1－20.

NASA TDM Team, 2016. In-Space Robotic Manufacturing and Assembly (IRMA) Update for NAC TI&E Committee[R].

National Aeronautics and Space Administration Goddard Space Flight Center, 2010. On-Orbit Satellite Servicing Study Project Report[R].

Papadopoulos E, Paraskevas I, Flessa T, 2013. Miniaturization and Micro/ Nanotechnology in Space Robotics [M]. New York: Springer.

Reed B B, 2015a. On-Orbit Servicing and Refueling Concepts[R]. Satellite Servicing Capabilities Office, NASA.

Reed B B, 2015b. Spacecraft Modularity for Serviceable Spacecraft[C]. AIAA SPACE 2015 Conference and Exposition, Pasadena.

Richards M G, 2006. On-Orbit Serviceability of Space System Architectures[D]. Cambridge: Massachusetts Institute of Technology.

ROGER-Team, 2003. ROGER Phase A Executive Summary [R]. No. ROG-SIBRE-EXS, EADS Space Transportation.

Rousso P, Samsam S, Chhabra R, 2001. A Mission Architecture for On-Orbit Servicing Industrialization [C]. IEEE Aerospace Conference, Big Sky.

Shoemaker J, Wright M, Sivapiragasam S, 2004. Orbital Express Space Operations Architecture Program [C]. 17th Annual AIAA/USU Conference on Small Satellites, Orlando.

Ticker R, 2015. Restore-L Mission Information [R]. NASA Solicitation #NNH15HEOMD001 from NASA Headquarters.

Tsiotras P, Nailly A, 2005. Comparison Between Peer-to-Peer and Single-Spacecraft Refueling Strategies for Spacecraft in Circular Orbits [C]. Infotech@ Aerospace, Arlington.

Visentin G, Didot F, 1999. Testing Space Robotics on the Japanese ETS-Ⅶ Satellite [J]. ESA Bulletin, 99: 61 - 66.

Waltz D, 1993. On-Orbit Servicing of Space Systems (Orbit a Foundation) [M]. Malabar: Krieger Publishing Company.

Wingo D, 2020 - 6 - 26. Project Overview-Hubble Telescope Autonomous Rescue Vehicle (HTARV) [OL]. https://vdocuments. mx/.

第 3 章
客户航天器

3.1 概　述

　　客户航天器是在轨服务任务的接受方,其与传统航天器的最大不同在于可接受在轨服务,能够实现系统在轨效能最大程度发挥或新技术在轨应用等。按照在轨服务体系架构的阐述,客户航天器接受在轨服务的任务类型包括在轨加注、测试与试验、清理维修、模块更换、轨道重置,以及通过在轨组装构建大型空间系统等。因此,客户航天器是一类特殊的航天器系统,例如接受 MEV - 1 卫星接管姿轨控任务的901 号通信卫星、可接受在轨模块更换等服务任务的轨道快车计划未来星 NEXTSat、通过在轨组装构建形成的具有超大尺寸的空间太阳能电站系统及大型空间望远镜系统等。

　　根据有效载荷种类的不同,客户航天器可划分为不同类型,包括通信、导航或遥感卫星,以及执行深空探测或空间科学任务的其他探测器等。基于传统航天器的设计思路,客户航天器需要针对特定任务需求、按照一定的研制流程进行开发,完成从航天器系统至各支撑系统的地面研制,直至发射入轨并交付使用。对于可接受在轨服务的特殊需求,无论是从系统或是从任务需求的技术体系角度,还是从系统总体至各支撑系统组成的角度,客户航天器都将呈现出不同的特点。对于客户航天器系统总体,需要从顶层制定系统开发的相关要求、明确各类大接口及各项指标与参数分配等。对于客户航天器的有效载荷系统,需要重点关注其可接受在轨服务的设计。对于机械、控制等平台支撑系统,客户航天器系统开发时既需要保障系统可接受在轨服务的任务实施,同时还需要甄别各支撑系统自身接受在轨服务的需求,并开展适应性设计。

　　本章聚焦客户航天器,基于传统航天器的共性特征,从可接受在轨服务设计的角度对客户航天器系统总体、有效载荷和各支撑系统的组成与特点进行阐述。考虑到在轨组装大型空间系统目前仅为概念研究阶段,本章对其进行简要描述,仅以常规尺寸的航天器为主线。最后,介绍不同类型客户航天器的应用实例。相比于传统航天器和在轨服务体系中的其他系统,客户航天器系统总体和支撑系统将呈现相应的不同特点,因此本章以较多的篇幅对客户航天器组成与特点进行详细介绍。

3.2 系统概况

3.2.1 基本组成

客户航天器的基本组成包括系统总体、有效载荷及各支撑系统(包含机械、控制、推进、信息、电源、热控等)。按照我国航天器的研制经验,从航天器一般任务的生命周期角度出发,在通常情况下客户航天器自用户需求提出,需要先后历经以下六个阶段,分别是任务需求分析、可行性论证、方案设计、工程研制(包括初样及正样研制)、发射及在轨运行、离轨或返回。上述研制过程一般应遵守标准的研制流程,在上一阶段研制工作全部结束后,进入下一阶段的研制工作。特殊情况下,可能会存在以下两种情形:一是随着航天器各专项技术的飞速发展,可以对上述研制阶段进行适当裁减,例如将总体、载荷或其他支撑系统状态变化不大的航天器任务调整其工程研制阶段划分,如取消初样研制、采用一步正样研制模式;二是由于航天器各支撑系统的研制进展各不相同,部分系统的研制需要提前开始,例如其关键技术攻关与长周期工作,也有部分系统研制相对滞后,其相对整星系统研制会跨越两个研制阶段,如方案设计阶段部分工作延续至初样阶段等。

对于传统航天器,系统全周期将经历地面开发、发射入轨、在轨应用直至离轨处置等阶段。相比而言,客户航天器作为一类特殊的航天器系统,其全周期尽管也涵盖自地面开发、在轨应用至服役结束,但通过服务航天器实施服务,可实现其寿命延长与功能升级。因此,客户航天器的研制阶段又会呈现出不同。其中,对于以功能升级为目的的系统功能模块更换服务,功能模块在地面研制中将与在轨飞行的客户航天器存在阶段交叉的特殊特征。此时,客户航天器系统在轨运行,待更换的功能模块在地面正处于研制阶段。因此,对客户航天器系统及其各支撑系统进行特点分析,既要遵循其在地面研制过程中的技术开发与系统集成的完整过程,又要注意区分部分功能模块的独立开发、系统总体与支撑系统为适应特定在轨服务任务所做出的研制调整。

对于常规尺寸的客户航天器,比如轨道快车计划未来星(NEXTSat)既是作为在轨服务任务的客户航天器,又在系统开发中瞄准了未来下一代航天器的在轨示范应用。除传统航天器的基本组成以外,NEXTSat还包括了各类特殊设计,包括如图3.1所示的对接结构被动端、在轨可更换单元ORU的模块配置等。对于大型在轨组装空间系统,比如地月拉格朗日L1点轨道(Earth-Moon Lagrange point 1,EML1)在轨组装大型空间望远镜,如图3.2所示,其基本特征方面还需关注系统在轨组装的特殊设计,包括基础平台、组装模块单元划分、模块单元发射上行与在轨转移、组装所需周期等。

综上,客户航天器是一类特殊的航天器系统。本章将从系统总体、有效载荷及各支撑系统的角度逐一介绍。

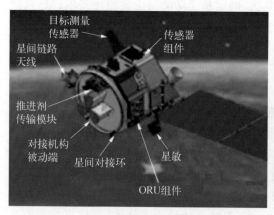

图 3.1　轨道快车计划未来星 NEXTSat
（图片来源：Stengel，2016）

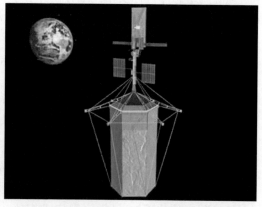

图 3.2　EML1 在轨组装大型空间望远镜系统
（图片来源：NASA 报告,2010）

3.2.2　系统特点分析

客户航天器在系统开发过程中,可接受在轨服务的特征将贯穿始终。对于客户航天器系统总体的特点分析,本节将分别介绍其相对传统航天器的共性特征、作为在轨服务接受方的个性特征。在完整介绍系统总体开发特点基础上,本节关于客户航天器各组成系统的特点分析也将逐步展开,包括有效载荷系统、机械、控制等平台各支撑系统。

3.2.2.1　系统总体

1）任务与需求分析

客户航天器的系统总体开发与传统航天器系统类似,首先应来源于工程任务的设计与分析,然后根据特定的任务需求,开展系统总体设计工作。关于在轨服务的任务需求,在第 2 章的架构分析中已经详细介绍。对于客户航天器,其任务与需求分析主要包括两个方面的内容,分别是与传统航天器类似的系统运行任务需求、与在轨接受各类服务相关的任务需求。在此基础上,提出客户航天器的初步方案设想和初步技术指标,并开展航天器系统的可行性论证,输出客户航天器系统的可行性方案。

客户航天器通过配置特定的有效载荷实现特定应用目标,从而符合其用户需求。从这个角度,客户航天器与传统航天器具有相同的需求特点。在对用户需求进行分析时,要求客户航天器系统开发遵循一定的约束条件,并且应覆盖系统开发与运行的全生命周期。这些约束条件既包含了任务与技术方面的约束,也将包含经费、进度甚至政策等其他方面的约束。

客户航天器一般性的研制要求与传统航天器相似,主要包括航天器系统功能与主要使用要求、总体主要性能指标及工程大系统主要接口要求等。① 系统功能与主要使用要求：包含航天器任务使命、在轨运行服役功能和主要使用要求；② 总体主要性能指标：包含载荷能力指标、系统发射重量、测控体制、轨道参数与系统寿命等；③ 工程大系统接口：一般包括与运载火箭、发射场、地面测控系统的接口要求。

以测绘领域光学遥感卫星为例,系统任务与需求分析包括三个方面的内容。首先,分析资源测绘总体目标及相关细分任务要求;其次,确定系统功能与主要使用要求;最后,制定系统在轨运行服役规划及相关的成像能力架构,确定载荷分辨率、图像定位精度、幅宽要求、区域图像拼接周期、重访能力、数传要求以及特定情况下的侧摆机动成像要求等;在此基础上,分析获得卫星总体主要性能指标、有效载荷对平台的要求、平台承载与供电等主要技术指标、工程大系统接口指标等。

从接受在轨服务的特殊设计角度,客户航天器系统的任务需求有以下四个方面,如图3.3所示分别为:① 系统服役与在轨服务任务的协调,包括飞行程序初步规划、有效载荷工作与在轨服务任务的交替甚至重叠设计、系统运行轨道与在轨服务实施轨道、系统服役生命周期与在轨服务延寿预期设计、系统服役最低研制成本与在轨服务的效费评估等;② 系统接受在轨服务的功能,包括必要的服务轨道机动、交会对接时必要的姿轨控、交会对接过程中的被感知、可靠停靠与捕获对接等;③ 系统总体的主要性能,包括可接受服务的构型布局、适应推进剂在轨补加的特殊接口和推进系统设计、适应设备模块在轨维护的各支撑系统模块化设计、便于维护的机电热多功能集成接口等;④ 工程大系统接口,包括服务对接接口、服务组合体星间通信、服务过程中客户航天器的测控、可能的服务硬件回收接口等。

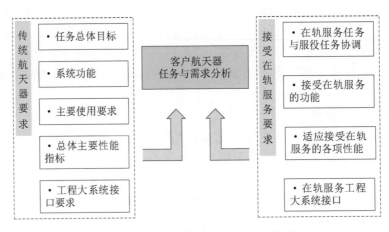

图 3.3　客户航天器任务与需求分析框图

综上,与传统航天器的工程开发类似,客户航天器任务与需求分析的目的在于细化和准确表征用户的目标,确定系统开发的基础框架,指导和约束系统总体、有效载荷系统与各支撑系统的工程开发实现。

2) 系统功能与组成分析

传统航天器系统功能来源于用户要求,通过配置特定的有效载荷予以实现。对于在轨服务领域各类航天器,其系统组成需要根据总体任务与需求分析及功能界定。参考第2章的系统架构分析,梳理有效载荷及航天器平台各支撑系统的具体组成,包括有效载荷系统、机械系统、控制系统、推进系统、信息系统、电源系统和热控系统等。

3) 有效载荷类型选择与分析

客户航天器的有效载荷选择取决于系统功能定义,有效载荷的具体类型选择取决于任务目标和需求。航天器有效载荷与用户任务需求直接关联,其性能指标分析与系统运行轨道选择的关联较大。

常见的有效载荷包含以下几类：① 遥感有效载荷，是利用接受遥感目标反射或辐射的电磁波来获取目标的尺寸、形状、性质等特征信息。遥感载荷的核心性能主要包括空间分辨率、光谱分辨率、辐射分辨率及时间分辨率等。从任务层面，载荷性能还包括覆盖特性、重访时间间隔以及机动特性等。根据有效载荷工作频段不同，可将遥感载荷划分为光学遥感载荷（主要包括可见光、红外、紫外等频段）和微波遥感载荷（主要包括 L、S、C、Ku、Ka 等频段）。根据特定任务不同，遥感有效载荷又可划分为对地观测、气象、电子侦察和导弹预警等类型。② 通信有效载荷，是通过接受一方通信端的上行信号，经放大等处理后转发给另一方通信端。通信有效载荷的核心性能主要包括工作频段、通信容量、等效全向辐射功率、星上处理功能、多址方式等。通信有效载荷组成一般包括转发器和通信天线，对于激光通信系统还包括跟踪捕获瞄准系统。根据通信业务范畴，通信有效载荷可划分为通信广播、移动通信、宽带通信、激光通信等类型。③ 导航有效载荷，是利用星载导航发射机无线电信号的传播特性获取导航的位置或速度等信息。导航有效载荷的核心性能包括导航定位、授时、测速等。导航有效载荷一般包括导航双频发射机、高稳定度振荡器或原子钟、导航信息生成器等。根据具体功能不同，导航有效载荷可概括为导航子系统及导航天线子系统等。④ 科学类有效载荷，一般包括空间环境探测、天文观测等。⑤ 其他有效载荷。

从接受在轨服务的角度，客户航天器有效载荷选定还需关注系统接受在轨服务过程中的载荷工作模式，包括载荷是否开机、姿控精度影响等。对于围绕大型有效载荷组装构建的空间系统，应详细制定载荷在轨组装构建策略、系统运行与控制方案等。在此基础上，开展客户航天器有效载荷方案选择与指标分析，并兼顾客户航天器系统可靠运行、有效载荷系统接受服务或组装构建、与服务航天器的大系统接口匹配等。

4）轨道选择与分析

根据系统任务与需求分析及有效载荷选择，客户航天器的初始入轨以及运行轨道得以确定。针对接受在轨服务时所进行的必要轨道机动与服务停泊，客户航天器的轨道选择还应包括机动过渡轨道和服务停泊轨道。

对于围绕地球轨道运行的航天器，其运行轨道可划分为：① 低地球轨道（LEO），距地面 200~2 000 km；② 中地球轨道（middle earth orbit，MEO），距地面 2 000~30 000 km，由于存在两个范艾伦辐射带，因此 MEO 实际可用空间居于两个辐射带之间，高度为 8 000~12 000 km；③ 地球同步轨道（GSO），距地面 35 786 km，当轨道倾角为零即与赤道平面重合时称之为地球静止轨道 GEO，此时航天器与地面的位置保持相对不变；④ 大椭圆轨道（HEO），偏心率满足 $0.25 < e < 1$。在进行轨道分析时，主要是求解一组具有几何意义的 6 个参数，即轨道六要素：轨道半长轴 a、轨道偏心率 e、轨道倾角 i、升交点赤经 Ω、近地点辐角 ω、真近点角 f 或经过近地点的时刻 τ。在实际轨道设计时，需要特别关注轨道摄动问题，其中的轨道摄动力主要来自地球形状摄动、大气阻力摄动、天体引力摄动以及太阳光压摄动等。

国内外在轨服务领域研究进展表明，客户航天器从轨道空间角度涵盖了上述各类型的地球轨道和月球等深空轨道，包括地月平动点轨道（又称为地月拉格朗日点轨道）、日地平动点轨道(又称为日地拉格朗日点轨道)等。客户航天器在面临轨道选择和设计时须重点分析其轨道特性,包括阴影区、测控数传弧段、轨控策略等。客户航天器的轨道设计主要包含以下内容:轨道类型与要素选定、轨道分析、速度增量预算、轨道控制策略、测控数传弧段和光照条件分析等。对于深空轨道应用的客户航天器,目前有两类轨道引起较多关注,分别是地月拉格朗日点轨道 EML1 和日地拉格朗日点轨道 SEL2。报道显示,两类深空轨道上部署的客户航天器均为超大型空间望远镜系统(如口径达到 $\phi 30$ m,用于宇宙空间探测),并且都是通过在轨组装方式完成系统构建。上述大型系统在完成构建并进入运行阶段以后,通常规划了定期的在轨服务(如 5 年一次),以保障高价值系统在轨长期可靠运行。

上述关于客户航天器轨道均是从单航天器轨道的角度进行选择分析与设计。对于由多个航天器群体共同完成某一项特定任务的体系称之为星座。从对地角度,应用星座体系可以满足探测所需的覆盖范围、重访周期和连续覆盖等特殊要求,例如人们所熟知的导航卫星星座。对于星座覆盖性能指标设计,一般包括覆盖百分比、最大覆盖间隙、平均覆盖间隙、时间平均间隙和平均响应时间等。星座设计本质上是一个优化的问题,需要反复迭代,相应的优化设计方法包括 Walker 法、覆盖带法、四面体法等。此外,还应注意"分布式卫星系统"这一类特殊的星座系统,它与传统星座相比最大不同在于,各星之间存在紧密的信息互联和协同控制。分布式卫星系统表现为多颗卫星的编队飞行,能够为对地遥感、侦察监视及空间探测等应用提供较长的探测基线,从而整个系统从功能上等效为一颗"虚拟卫星"。

航天器的轨道设计应遵从任务需要,同时还需兼顾运载发射能力。轨道机动能力是航天器轨道设计的重要组成部分,如地球轨道航天器从停泊轨道机动至地球同步轨道、近地轨道转移至深空探测轨道等。对于接受在轨服务的客户航天器,通过运载发射进入运行轨道后,在特定任务需求下需要进行变轨设计,包括实施轨道机动主动与服务航天器轨道交会、与大型在轨服务平台对接停靠从而接受在轨服务等。航天器通过施加冲量从一条轨道转移至另一条轨道的行为称为"变轨",又称轨道转移或机动。客户航天器无论是从发射初始入轨点转移至运行轨道,还是通过交会转移至服务实施轨道,都是在进行变轨。

按照轨道转移的一般划分,可包括共面变轨和复合变轨,如图 3.4 所示。共面变轨中最常见的是霍曼转移,还包括双椭圆转移、半切线转移和兰伯特转移等。霍曼转移是共面同心圆轨道之间两冲量转移时能量消耗最小的变轨方式,但存在转移时间最长的突出缺点。双椭圆变轨需要三次冲量,对速度增量要求高,但可以实现较短时间变轨。半切线转移是通过一次较大的速度增量(超过霍曼转移所需速度增量)获得两次与目标交会的机会,在交会抵近时通过第二次速度增量可实现变轨及与目标交会对接。对于兰伯特变轨,实际是一个约束求解问题,在转移时间一定的约束条件下,寻优两个目标之间的轨道转移规划。在进行轨道设计时,往往会面临轨道面异面、轨道高度及形状均不同的变轨需求,因此三维霍曼转移和复合变轨方式经常得到应用。其中,三维霍曼转移可分解为一个共面的霍曼转移和一个轨道平面改变的机动,复合变轨则是轨道面和轨道高度同时改变。除此之外,还应注意航天器推进系统实际工作所提供的速度增量并非在一个点上作用,而是作用在一个运行弧段上,因此变轨所需速度增量设计还应考虑上述因素引起的转移偏差。综上,开展变轨设计需要兼顾航天器推进系统能力、变轨周期需求、航天器实际任务需求、变轨参数偏差等多重因素。

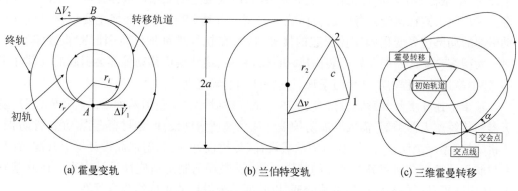

图 3.4　常见的变轨方式

　　上述关于轨道选择适用于运行轨道设计、服务航天器与客户航天器所需的服务轨道机动,同样适用于在轨服务过程中的伴飞运行轨道设计、在轨发射与部署轨道设计等。客户航天器在进行轨道分析时,需要根据运行轨道要求和接受服务的轨道需求进行综合规划,分析系统的推进剂预算,以确保运行轨道维持及变轨机动所需的速度增量。同时,还应考虑在轨服务过程中的不确定因素,为客户航天器推进剂预算留出必要的余量。

　　关于系统所需推进剂估算,可根据齐奥尔科夫斯基公式进行求解:

$$m_p = m_f(e^{\Delta v/I_{sp}} - 1) = m_0(1 - e^{-\Delta v/I_{sp}}) \tag{3.1}$$

式中, Δv 为所需的速度增量; m_p 为获得所需推进剂的质量; I_{sp} 为推进系统的比冲; m_0 为航天器初始质量; $m_f = m_0 - m_p$ 为航天器轨道机动结束后的总质量。

　　5) 环境影响分析

　　客户航天器地面开发、在轨运行以及接受在轨服务过程中,将面临一系列环境影响,可划分为外部空间环境和航天器内部环境。

　　对于客户航天器经受的外部空间环境,与传统航天器类似,一般包括地面环境、发射环境及在轨环境。地面环境主要包含地面自然环境、航天器的制造环境、操作环境、贮存环境、运输环境、地面试验环境。地面环境的具体组成包括重力、大气压、温度、湿度、腐蚀和污染、航天器地面制造、装配和试验过程中的力学环境等。地面发射环境主要包括发射过程中的力学环境、热环境、压力环境和电磁环境等。发射时的力学环境极为严苛,是航天器系统开发需要重点开展适应性设计的环境约束。发射过程力学环境的具体组成包括地面噪声环境、最大气动载荷环境、稳态飞行环境、级间分离环境、整流罩分离环境、航天器与运载火箭分离环境。航天器在轨环境组成复杂,主要包括空间环境(如太阳活动、带电粒子辐照、微流星体与空间碎片、深空环境等)、热环境(如太阳辐射、地球反照、地球红外辐射等)与力学环境(大气阻力矩、太阳光压、重力梯度力矩、地磁力矩等),因此需要在系统开发过程中采取必要的防护设计。

关于系统所面临的内部环境,客户航天器与传统航天器类似。以力学环境为例,在轨运行过程中的内部力学环境一般包括星表附件展开锁定冲击载荷、姿轨控发动机工作产生载荷、动量轮等活动部件工作产生的微振动,以及推进剂贮箱内液体晃动产生的干扰力等。客户航天器在接受服务时还会面临一些复杂环境,其中力学环境主要包括机械臂移动引起的局部边界变化和操控引起的接触碰撞,在轨推进剂加注将引起贮箱液体晃动。对于大型客户航天器的在轨组装构建,机械臂移动、组装模块移动等都会引起的局部冲击等,特别是组装过程力学环境将呈现时变特征和不确定性等。

基于上述环境及其影响,客户航天器的适应性设计主要包括两个方面。首先,客户航天器与传统航天器类似,需要开展防护设计和系统适应性设计,如材料选择、元器件防护、单机防护、系统级防护等,以及结构承载设计、热控设计、抗辐射加固设计等。其次,针对客户航天器接受在轨服务所经受的特殊环境,需要提前制定适应性设计方案。在此基础上,还应开展必要的地面模拟试验验证,以验证系统设计的正确性与合理性。

6)工程大系统接口分析

按照客户航天器系统总体的任务与需求分析,结合传统航天器共性特点、客户航天器接受在轨服务要求等,需要从以下六个方面分析客户航天器系统开发相关的工程大系统接口。

(1)与运载火箭系统的接口。运载火箭的主要任务是按照一定的参数条件将航天器发射进入预定轨道,并且按照一定的分离参数将航天器在轨释放分离。航天器与运载火箭系统的接口一般包括以下四个方面:① 入轨方式,包括运载直接入轨、运载上面级直接入轨、航天器自主变轨入轨等;② 发射窗口与在轨分离要求,包括分离点轨道参数、入轨精度、航天器初始速度、初始姿态角、初始角速度及其精度、分离后防碰撞和运载钝化要求等;③ 机械接口,包括整流罩包络、航天器与运载连接方式、一箭多星的构型布局、分离面的详细接口、发射段力学环境等;④ 电气接口,包括航天器与运载电气连接要求(如脐带电缆)、航天器测试与地面支撑设备电气接口、有线测控接口、无线遥测接口、分离信号、电磁环境及其兼容要求等。

与传统航天器类似,客户航天器系统开发过程中需要针对运载系统接口要求开展设计验证。具体来说,包括航天器与运载火箭的对接试验、航天器与运载的电缆对接试验以及电磁兼容(EMC)试验等。

(2)与发射场系统的接口。发射场的主要任务是提供发射场所,为发射之前的航天器与运载火箭系统的总装、测试等提供保障,并为发射任务提供必要的天气预报、遥测与安全控制等。发射场一般由技术区、发射区、指挥控制中心、跟踪测量与通信系统、推进剂加注系统、气象预报系统等组成。其中,发射场的遥测与安全控制一般仅为运载火箭提供保障,与航天器系统无直接接口关系。客户航天器和发射场系统接口与传统航天器类似,主要涵盖场地、供电、通信与加注等。关于接口的具体类型,覆盖了发射场技术区的航天器转载、测试、总装和贮存,以及发射区航天器在塔架上的测试、电磁兼容等星箭联合测试、大系统联合总检查等。上述相关接口的验证工作,主要包括发射场各状态检查、航天器研制过程中必要的发射场合练等。

对于客户航天器接受在轨服务的特殊设计,其系统开发与发射场接口应纳入大系统接口设计与验证范畴,具体包括三个方面的内容。首先,应考虑客户航天器特殊的在轨服务任务,明确发射场测试要求。例如客户航天器在轨加注设计,需要在研制期间确定是否要在发射场开展相关的技术测试。其次,针对客户航天器在轨服务配套的硬件,需要明确发射场接口及其验证需求。例如客户航天器相关设备模块的更换维护设计,则要明确发射场工作期间的相关测试内容及其具体要求。最后,对于在轨组装大型空间系统的发射场接口,则需要按照标准化系列化的组装模块配套开展发射场技术测试,并且应兼顾特定情况下在发射场工作期间的系统任务重构,由此提出发射场贮存与测试配套相应的要求。

(3)与地面测控系统的接口。地面测控系统的主要任务是在航天器发射后对其进行跟踪测轨、确定,从而预报其轨道参数,按照遥测遥控的具体需求监测航天器工作状况,对航天器进行必要的控制和管理,并按需完成星地校时。测控系统一般由地面测控网(包括航天器测控中心)、地面测控站(包括固定测控站、活动测控站及远洋航天测量船等)、数据通信系统及其测控体制(包括统一载波测控体制、扩频测控体制)等组成。

客户航天器在开展测控系统接口设计时,与传统航天器类似,需要确定其射频通道接口和遥测遥控接口。其中,测控接口设计应特别考虑地面测控网布局、测控体制、射频通道相关的信道指标、遥测遥控相关的信道约束、格式协议,以及加解密与时间同步等要求。针对接受在轨服务,特别是在轨组装构建需求,客户航天器系统开发时需要关注地面测控系统的分阶段工作及相关特殊要求,包括组合体测控协调、信道切换等。关于测控大系统的接口验证,主要是通过测控系统对接试验完成。

(4)与应用系统的接口。应用系统主要任务是通过与航天器建立有效载荷数据链接,对接收到的有效载荷数据进行存储与处理,完成对航天器业务调度与综合管控、各类数据产品生产与分发等。对于传统应用领域的客户航天器,其与应用系统接口和传统航天器类似。对于遥感卫星,主要接口包括数据传输任务要求、数传体制、传输通道与接口协议、传输数据加解密和星地时间同步等。对于通信卫星,主要接口包括通信任务要求(如固定通信、移动通信或多媒体通信等)、通信体制、频率计划、覆盖范围、通信带宽等。

(5)与在轨服务其他系统的接口。客户航天器系统开发时,需要兼顾与服务航天器、运输航天器的接口设计。具体来说,主要是需要满足在轨服务全过程中的相应接口需求,包括感知接口、捕获与对接接口、操控接口(各类维护、组装操作)、服务结束后的释放分离接口等。

客户航天器作为合作目标或非合作目标时,与在轨服务其他系统的接口要求有显著不同。① 当客户航天器作为合作目标时,在轨服务任务初期的交会抵近时的感知接口一般默认为客户航天器自身的特征部位。对于在轨模块更换操作以及在轨组装构建任务,客户航天器感知接口则需要设置独特的感知靶标,以符合服务航天器的感知测量需求。对于合作类的客户航天器的抓捕及操控接口,包括单一的机械接口及机/电/信息等多功能集成接口,需要在客户航天器系统开发之初就配置相应的"被动端"接口。② 当客户航天器作为非合作目标时,上述感知与抓捕操控接口完全依靠客户航天器自身的特征部位。在轨服务实施前的交会抵近或绕飞过程中,由服务航天器对客户航天器进行感知操作(或借助其他感知手段,如天基态势感知等),以确定下一步实施服务操作的接口。

对于客户航天器与运输航天器的接口,从需求角度应包含在上述与服务航天器系统的接口要求范围之内,需要根据具体的任务需求进行相应接口的配置与开发。

关于客户航天器与在轨服务其他系统的接口验证,无论是合作类还是非合作类任务状态,一方面需要客户航天器自身的系统验证,另一方面则依赖于服务航天器、运输航天器等开发过程中的地面模拟验证,包括仿真分析和模拟试验等。

(6)其他大系统接口。按照在轨服务系统体系的分析,不同的在轨服务任务对于各大系统的需求不尽相同。客户航天器系统开发应根据实际在轨服务的任务需求,开发上述相应的大系统接口。此外,有两类特殊情况需要关注。首先,客户航天器系统需要按照任务要求开发与中继卫星、回收场系统的相适应的接口配套,如可能的服务后硬件回收等。其次,客户航天器与其他大系统接口配置时,需要针对在轨特殊情况下的服务需求进行备份考虑。

关于在轨服务体系中可能协同应用的天基态势感知系统、地基态势感知系统等,客户航天器将作为被动方接受"被感知"。对于地面平行系统的协同应用,客户航天器需要在开发之初就明确平行系统的设计约束框架,包括仿真建模、等效试验配套,以及与测控系统、应用系统相协调的平行系统构建规范等。平行系统对于客户航天器的支撑作用,将包括客户航天器系统开发过程中的仿真验证、试验验证,尤其是在轨服务任务过程中的协同应用。

7)总体参数设计

客户航天器系统的总体参数主要包括系统总体的基本技术指标、系统总体的基础参数预算及其分配等。

(1)总体技术指标。

① 总体指标:为整个航天器系统的总体指标参数,包括质量、尺寸、轨道、工作寿命、可靠度等。其中,轨道参数包括初始入轨、服役运行、离轨指标、发射窗口等。以某对地遥感卫星为例,其标称轨道指标参数项包括轨道平均高度、轨道半长轴、偏心率、轨道倾角、近地点辐角、降交点地方时、交点周期、每天(交点日)运行圈数及重访周期等。客户航天器与传统航天器的不同之处在于,其上述总体指标项的组成一部分涵盖了以正常运行为目的的基础参数,同时按照在轨服务任务规划及实施,客户航天器总体指标的部分项将会出现变化,一般会涉及系统质量特性、尺寸包络、工作寿命甚至运行轨道等。

② 有效载荷指标:不同有效载荷的对应技术指标组成不同,如通信卫星的天线波束指向精度、通信发射/接收波束等,以及遥感卫星的分辨率、探测幅宽等。具体来说,以某对地遥感卫星为例,其有效载荷指标参数项主要包括星下点成像分辨率(与轨道相关)、覆盖带宽(与轨道相关)、光谱段、最大信噪比、MTF 静态传函、定标精度、成像时间、定位精度、配准精度、图像压缩率及图像传输实时性等。

(2)总体参数预算。

总体参数预算是指在航天器系统总体性能指标分析和初步方案确定基础上,为各支撑系统进行性能指标分配,形成航天器系统总体对各支撑系统的设计约束。本节前述内容介绍了航天器系统任务与需求分析、总体与有效载荷的主要指标参数分析。在此基础上,系统总体的参数预算主要概括为以下几个方面:总体质量预算、有效载荷关键特性预算、总体功率预算、总体推进剂预算、总体遥控指令与遥测参数、总体数据计算与存储能力预算、总体力学特性预算、可靠性预算等。

本节仅概括介绍总体质量、可靠性这两个方面的总体参数预算,其他方面的总体参数预算将在各支撑系统小节中进行介绍。

① 总体质量预算。与传统航天器类似,客户航天器发射质量是基于系统任务与需求分析确定,并兼顾运载火箭能力和轨道设计的约束。客户航天器在系统开发与服役运行的不同阶段,均需要进行总体质量预算分析与分配。系统的总体质量主要包括有效载荷与平台各支撑系统的质量、系统总装直属件质量、推进剂质量等。

针对发射状态,客户航天器总体质量预算与传统航天器类似需要按上述组成进行分析。在进行质量分配时,需要预留一定余量,以应对单机或部件质量估算不准、设备性能设计不足以及各支撑系统设计更改引起质量调整等风险。按照我国航天标准规定,在方案阶段总体质量预算余量一般取值为 4%~8%。

针对在轨运行状态,客户航天器的总体质量预算同样重要。系统在轨飞行过程中,因推进剂消耗引起质量发生变化,需要将此纳入系统运行状态确定的依据。同时,对于在轨服务任务的不同阶段,客户航天器总体质量预算存在较大不确定性。这种不确定性来源于在轨服务任务规划至具体实施之间可能会发生一定范围内的调整。对于在轨服务的典型操作,包括推进剂加注、设备模块更换甚至在轨扩展构建等,客户航天器都有可能面临故障不可预测性、在轨接受服务的策略更改、按需优化,导致系统在轨质量分配需求发生变化。因此,客户航天器总体质量预算需要分阶段进行考虑,兼顾在轨服务各系统的开发状态,并且应特别关注在轨状态的不确定性。

② 可靠性预算。客户航天器能够接受在轨服务,但并非意味着客户航天器设计不需要可靠性。客户航天器作为一类特殊的航天器,其可靠性设计应该与传统航天器同等重要。对于航天器的可靠性,是起因于从地面发射至在轨运行全周期过程中的恶劣环境对产品使用与系统运行所造成的各类风险。可靠性设计的目的在于识别系统各类产品的单点故障、设计和制造缺陷等可靠性薄弱环节,并予以消除或采取预防措施,确保产品固有可靠性达到规定的可靠性要求。

客户航天器的可靠性设计应涵盖地面开发阶段和在轨运行阶段,还应兼顾在轨接受服务至系统恢复或升级运行等特殊阶段。可靠性设计主要包括可靠性建模和预计与分配、简化设计、冗余设计、降额设计与裕度设计、避错设计与容错设计、环境适应性设计、元器件与原材料及工艺的选择与控制、可靠性设计验证等。可靠性分析方法主要有故障模式及影响分析(FMEA)或故障模式影响及危害性分析(FMECA)、故障树分析(FTA)、概率风险评估(PRA)、潜在电路分析(SCA)等。

系统可靠性预计是根据组成系统的元件、部件、设备、下一级系统的可靠性数据及可靠性模型,自下而上逐级进行估算,直至预计出系统可靠性的系统综合过程。航天器系统的可靠性预计方法主要包括元器件计数法、应力分析法和可靠性框图法等,这里要注意各类故障或失效之间相互独立等特定假设。可靠性分配是将系统可靠性指标按照一定原则和方法,自上而下逐级分配到下一级系统、设备/部件及更低层次的过程。航天器可靠性分配方法主要包括比例组合分配法、评分分配法和按失效率比的分配方法等。对于客户航天器这一类特殊航天器,特别是在其大范围应用之初,由于针对接受在轨服务的可继承设计较少、各类可靠性数据缺乏等,应关注采用评分分配方法。按照重要性、复杂性、环境条件及任务时间等可靠性影响因素,对客户航天器系统各组成单元的可靠性进行评分与比值分析。

8)总装、测试与试验

对于客户航天器系统的总装、测试与试验,需要从地面开发与在轨服务两个任务阶段进行设计。

(1)地面开发阶段:总装设计是根据系统总体要求把各支撑系统集成为整个航天器,包括各类仪器设备的安装固定、电路和管路安装连接,直至系统舱段等各部分集成等。其中,总装设计须保证系统质量特性、各精度指标都满足总体要求。系统综合测试是检查相关功能、性能指标是否符合总体设计要求,主要包括电性能、各个支撑系统之间接口、遥测参数和遥控指令传递、火工装置性能、系统级电磁兼容性及发射和飞行程序等。在航天器的不同研制阶段,系统综合测试又可细分为不同的综合测试阶段。环境试验是指对航天器产品按照规定的各种环境条件进行各种适应性试验,如主动段的力学环境、在轨段的温度交变环境、真空环境等。环境试验的目的在于,验证产品设计方案和工艺方案的正确性和合理性,验证产品的质量和性能是否满足特定环境下的使用要求。

(2)在轨服务阶段:针对客户航天器在轨服务任务实施,包括常规性的服务和特殊情况下的应急服务等,又可进一步细分为地面准备阶段、在轨实施阶段、地面平行支持阶段。① 地面准备阶段:涉及服务相关配套的集成测试与试验验证,以客户航天器接受服务的 ORU 模块为例,服务任务实施之前需要开展 ORU 模块的测试与试验,并且在地面借助模拟航天器进行集成测试、系统级试验验证等。② 在轨实施阶段:涉及接受相关服务后,客户航天器在进入正常运行模式之前,需要针对在轨服务带来的系统局部新状态开展测试。针对未来大型空间系统的组装构建需求,部分环境试验工作可通过在轨试验平台进行验证。③ 地面平行支持阶段:是基于地面平行系统、针对在轨服务实施情况的参数反馈,完成地面平行系统实时构建,并对在轨服务状态开展实时仿真验证和预测与评估。关于平行系统搭建,目前在轨服务领域研究尚处于起步阶段且在轨验证报道不多。以日本 ETS‐Ⅶ 卫星在轨服务试验任务为例,借助在轨服务过程中的机械臂末端相机获取目标信息,地面快速仿真建模并优化操作方案,最终利用遥操作系统引导机械臂完成服务操作,如图 3.5 所示。1970 年 4 月阿波罗 13 号在飞向月球过程中发生服务舱氧气罐爆炸的严重事故,天地联合制定了关键的应急措施,并且通过已有的模拟器系统及时开展地面验证评估,以指导在轨航天员同步执行,包括利用舱内有限器件拼接形成二氧化碳过滤装置等,最终保障返回舱成功返回。

9)其他方面

(1)系统动力学分析。对于传统航天器,系统动力学分析主要包括柔性结构耦合动力学分析(如航天器本体与大尺寸太阳电池阵柔性结构的耦合)、充液航天器液体晃动分析(如姿态机动下的贮箱液体的显著晃动情况)、航天器羽流效应分析(发动机工作对星表部件影响)、系统微振动分析(微振动对遥感卫星成像质量影响)等。对于客户航天器,

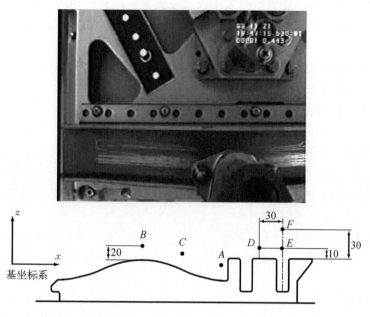

图 3.5 ETS -Ⅶ机械臂末端相机在轨拍摄组装部位以及地面实时构建仿真状态
（图片来源：Imaida et al., 2001）

还应关注在轨接受服务时的多体动力学分析,包括客户航天器被服务航天器机械臂抓捕、双器捕获对接、机械臂服务操控,以及更为复杂的大型系统在轨组装构建过程等。关于客户航天器接受服务时的多体动力学特性,应重点关注关于大型系统组装构建时的动力学时变特性,前述已在"环境影响分析"小节介绍。

（2）系统开发技术流程与飞行程序。客户航天器系统总体开发过程中,需要根据各阶段任务特点制定技术流程,以明确具体工作内容、顺序及主要的关联关系。以此作为总体约束,各支撑系统及所属单机也需要制定相应下一层级的技术流程。技术流程不仅确定了各开发阶段的技术程序,还可作为制定计划流程的依据。对于客户航天器的飞行程序,是按时间顺序梳理出各项重要飞行事件,明确不同飞行阶段的工作内容,包括星箭分离初始入轨时的关键处置、在轨接受服务的全过程飞行程序等,如图 3.6 所示。关于客户航天器的飞行程序,可参考"2.5.2.1 轨道快车"飞行任务的 12 个任务阶段。

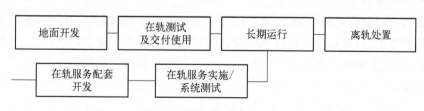

图 3.6 客户航天器技术流程与飞行程序的特殊性

（3）系统好用易用性。传统航天器系统开发聚焦功能与性能的符合性。对于用户隐形要求的挖掘以及用户体验的深度适应,是航天器系统开发步入新阶段的重要特征。实现系统的好用易用性,需要在已有用户需求基础上不断迭代与反馈更新,并在系统开发过程中予以闭环。客户航天器系统开发不仅关系到正常运行周期内的用户使用要求,同时还需重点考虑在轨服务对于系统能力的修复、提升或重构的可达性。首先,需要在地面开发过程中进行充分论证并制定合理周详的服务任务规划。其次,在轨服务任务实施全过程(前、中、后),需要与用户联合更新论证,重点针对航天器故障与风险、已有运行过程中反映出的性能改进需求等进行分析,最终确定在轨服务实施方案。

3.2.2.2　有效载荷系统

1) 有效载荷设计概述

有效载荷功能由用户需求决定。对于有效载荷的设计,还应关注航天器系统的运行轨道、平台能力、地面应用系统能力等方面的约束。在此基础上,根据有效载荷状态,提出其对航天器平台机械承载、姿轨控制、数据传输、测控通信、供电、热控等各支撑系统的设计要求。

按照"系统总体"小节关于有效载荷系统选择分析,有效载荷系统开发可概括为三个方面的工作,分别为功能和性能指标要求分析、方案设计及外部接口设计、地面测试与试验验证。

对于遥感卫星有效载荷,首先应根据用户需求确定载荷能力,明确观测范围以及数据传输指标;其次,开展载荷指标分析、定位精度、观测图像的压缩质量分析评价等,提出载荷对航天器平台各支撑系统设计约束,例如机动成像时的姿态控制要求、结构热稳定性要求等;最后,开展有效载荷系统方案设计,确定详细的工作模式、载荷组成及详细设计与验证等。

对于通信卫星有效载荷,首先是分析用户系统的通信业务需求,确定通信系统规划,包括通信服务类型、业务量分配等;其次,开展有效载荷指标分析、方案设计、机电热等各类支撑系统之间的接口设计、与工程大系统的接口设计、地面验证与测试等。

2) 可接受服务有效载荷的分类及特点

按照应用领域划分,航天器有效载荷包括遥感、通信、导航、科学等类型。参考国内外在轨服务领域研究进展,可将客户航天器有效载荷的可接受服务设计概括为三种类型,分别是维护型有效载荷、组装型有效载荷、制造型有效载荷。

(1) 维护型有效载荷。在轨服务任务需求架构概括了在轨维护与在轨组装等类型,有效载荷的在轨维护主要包括模块更换、对光学有效载荷镜头等精密器件的清洁、光学系统的在轨标定测试等。

根据有效载荷种类的不同,其维护任务包括对于光学相机主镜的维护、通信天线反射面与馈源的维护、有效载荷结构或热控设施的维护等。对于光学遥感载荷,在实施维护操作后,载荷的光学精密特性还需要进行标定。对于温控要求高的局部位置,如高分相机局部温控精度±0.5℃,需要注意有效载荷热控多层或电加热片等设施维护后的效果检测等。

不同类型的有效载荷具有不同的设备配套。例如,光学遥感载荷包含电子学系统等(图3.7),电子侦察载荷包含信号接收机和处理器等,通信载荷包含转发器、接收机和各类放大器等。对上述载荷配套进行维护,最为简便的方式是将其布局在舱体外侧,基于模块化设计便可实现维护。对于载荷配套布局在舱内的情形,由于舱内布局、安装、设备连接、维护操作等各方面因素,增大了在轨维护的实施难度,因此需要进行特殊的模块化设计,并且需要与舱内其他设备布局设计协同考虑。以哈勃太空望远镜舱内成像系统维护为例,通过系统模块化构型、舱内设计径向与轴向的多个布局分区、模块化单元设计等,实现了舱内多个设备的维护,并且对其他设备不产生影响。

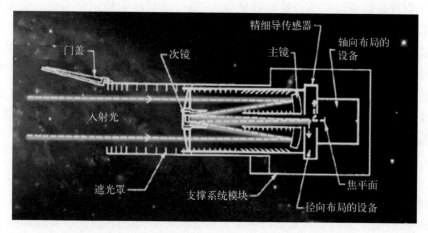

图 3.7　哈勃太空望远镜光学有效载荷的光路传递示意(图片来源:Nelson et al.,2009)

（2）组装型有效载荷。随着空间机器人技术迅速发展与应用,对于大型空间有效载荷的需求不断得以期待。增大有效载荷尺寸是其性能提升的重要途径之一。大口径的光学系统可以获得更宽的视场、更高的分辨率,解决对地高分辨率大幅宽的遥感需求,而大尺寸空间望远镜则广泛应用于类地行星的探测。对于天线有效载荷,电子侦察卫星通过增大天线口径可显著提升侦收的信号频率范围以及信号强度。通信卫星天线口径增大可提升天线增益,在轨接收信号强度也将得到提升。因此,相比短期内的运载能力约束和大型空间系统发展的迫切需求,在轨组装成为获得大尺寸有效载荷的重要途径。

从可实现的角度,通过在轨组装能够获得十米量级甚至百米的超大尺寸的空间望远镜。科研人员提出了大型空间望远镜的口径演进序列,如图 3.8 所示,为方便对比,图中给出了哈勃太空望远镜、詹姆斯·韦伯太空望远镜等载荷口径。对于百米量级载荷的工程实现,已明确采用机器人在轨组装的途径,并且突出了系统的模块化设计特征。

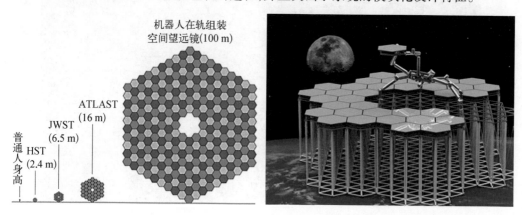

图 3.8　不同空间望远镜项目的口径变化及空间机器人在轨组装望远镜有效载荷示意

对于组装型望远镜有效载荷自身的模块化设计,主要包括镜体、支撑结构等。同时,客户航天器应围绕有效载荷在轨组装进行设计,包括基础平台、组装机器人部署与移动规划。在对望远镜系统实施组装前,应开展组装任务规划设计。对于超大口径(几十米至百米),由于组成有效载荷系统的单元数量较大,需要围绕单元镜组装对接易实现(如分区分类组装)、单元镜转移至组装过程便捷、组装过程中系统动力学与控制最优、机器人移动与组装实施等开展模块化设计。此外,通过单元镜精确部署及其与支撑系统组装构建,以及稀疏孔径系统通过系统焦平面干涉实现成像的方案,也有可能获得与上述集光式成像系统相近的成像效果。因此,从成像机理角度,大型空间望远镜有效载荷的在轨组装构建有着多个实现途径。对于大型天线类有效载荷,和上述光学系统的组装实施与服务相似。对此,美国蜻蜓计划提出了天线反射面的在轨组装设想,为相关有效载荷开发提供了实现途径。

(3) 制造型有效载荷

在轨增材制造技术为未来新概念航天器带来了无尽的遐想,其中也包括有效载荷系统。如图 3.9 所示,通过对比发射段重量和包络需求,凸显出在轨制造实现大型空间系统在轨构建的巨大优势。对于新世界望远镜计划的大型遮阳帆,在消耗同样的发射重量代价情况下,蜘蛛制造计划 SpiderFab 提出在轨制造需要的发射段体积包络需求要小得多,并且通过在轨制造可获得两倍于原尺寸的遮阳帆,即面积增大为 4 倍。此外,相对于传统大尺寸系统的可展开结构技术,在轨制造可以获得多个维度按需制造的结构形式,如图 3.10 所示,可获得合理的结构刚度设计。对于复杂系统自身构建、支撑系统方案优化、整个航天器系统在轨稳定运行等,在轨制造都具有较大优势。随着在轨制造工艺的日趋成熟与应用,在轨等材、减材和增材制造技术可获得全面开发和应用。对于未来在轨制造技术发展,一是在宏观上能够满足不同系统在轨制造需求,二是可以适应不同材料与结构的制造成型任务。因此,综合考虑时间、费用、可靠性与安全性等因素,未来复杂航天器在轨制造将通过各类制造工艺优化组合获得实现。

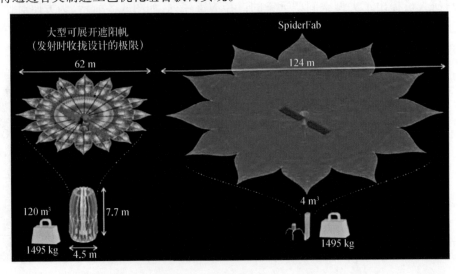

图 3.9 新世界望远镜任务大型遮阳帆的制造效果比对(图片来源: Hoyt et al. , 2013)

图 3.10 在轨制造可以获得复杂结构形式为系统方案优化提供支撑
(图片来源: Hoyt et al., 2013)

对于有效载荷在轨制造,其所需支撑系统和注意事项主要包括:① 初始基础平台:为制造系统提供基础支持,在轨制造无法真正做到"零基础",需要依托基础的飞行器平台。基础平台一是为制造任务提供物理支撑,而且应在轨稳定飞行,二是为制造系统提供能源等其他功能的支持。对于未来地外天体表面原位资源制造与利用,其所需的基础平台系统将更为复杂。② 制造系统:从材料或基础结构阶段开始,成型实现系统构件的最小单元。制造系统在轨应用之前,应适应发射段力学环境及在轨空间环境。③ 原材料及其供应系统:对于大型空间系统的在轨制造,其所需的基础原材料将包含多种类型,因此将涉及制造原材料的包装与供应系统。为便于发射上行与在轨转移运输和应用,可开发模块化的原材料包装单元、快速便捷的制造"物料"供应系统等。④ 制造环境要求:对于在研的增材制造技术及常见的等材、减材技术,在轨状态下的温度条件影响将最为显著,此外还需关注真空、空间辐射等环境的影响。制造环境保障对制造系统与基础平台提出了严苛要求。⑤ 制造后的组装:制造后的构件需要通过各种在轨组装动作完成上一层级系统的构建直至整个系统实现,因此在轨制造与后续组装环节需要顺利衔接。⑥ 其他方面:主要包括制造过程中的多余物及其他废弃物控制与回收,避免污染系统和空间环境。另外,对于制造构件的运输传递、存放甚至检测等,都是在轨制造需要解决的问题。

本部分介绍了可接受服务有效载荷的分类及特点,接下来将从维护型、组装型、制造型三种类型,介绍可接受服务有效载荷在设计方面的基本要素。

3)维护型有效载荷设计

根据维护型有效载荷特点分析,其设计要求主要包括:① 载荷维护的可达性;② 载荷配套设备维护的可操作性;③ 载荷及其配套设备的模块化设计;④ 载荷系统的可重构设计;⑤ 系统的再标定设计等。对于遥感及通信等不同类型载荷,载荷本体及配套设备需要具备可维护能力。在轨维护实施时,载荷本体既可以接受维护操作,同时又不会对载荷功能产生负面影响。此外,对于局部的操作空间、环境约束等,需要根据具体维护操作进行分析确定。例如对某光学设备污染物清理,要求其周边物件无遮挡以便于维护操作,还应注意维护工作不会对其工作环境产生影响,如原有的温度环境、杂散光条件等。

关于载荷及其配套设备的模块化设计,相比较而言,舱内设备设计要难于舱外设备。舱内有效载荷设备的模块化计,需要关注以下内容:① 设备外形相对规整,如整体为长方体,便于维护时仅需单一方向运动或朝少数方向进行拆装。② 按照设备模块的详细组成,设备模块内部设计需要兼顾的因素较多。一般来说,需要关注承载、热控、电源和信息传输、一定空间内的安装操作(仅对地面开发时的需求)、对应外部接口布局等。最终,设备模块整体表现为内部集成化、对外模块化的特征。③ 对于模块内部局部位置的集中质量设备,应注意局部结构的承载设计,并兼顾集中质量设备的安装及其与模块主体结构连接、电源、信息等功能连接需求。④ 模块外部接口布局简单、接口标准化以适应便捷操作。连接接口须适应模块维护时的可靠机械连接,并兼顾配套电源、信息等功能连接。各类连接的细分接口可布局于不同界面,但须确保机械连接到位后功能连接同步或提前完成。⑤ 进行导向设计,包括整个模块外形的导向以及局部接口的导向及其容差设计。对于整个模块的导向,是适应较大尺寸设备模块安装时的粗定位,特别是设备模块惯量较大时,通过导向设计可降低服务航天器机械臂操作末端的负载要求,为维护操作提供滑移平面,并且为高精度连接提供初始条件。哈勃太空望远镜利用舱内多个设备的模块化布局设计,如图3.11所示,围绕某一主载荷进行其配套设备的局部集成设计,近红外照相机和多目标分光仪(near-infrared camera/multi-object spectrometer, NICMOS)形成独立模块,实现了有效载荷系统的易维护设计,最终通过在轨服务恢复或提升了系统性能。对于局部接口的高精度连接,聚焦于对接时的大容差设计以及初始对准时必要的导向功能。⑥ 与外部接口匹配设计,对于较大尺寸的载荷设备模块在轨拆装操作时,尽管开敞的外表面与机械臂易于实现高精度配合,但是其内侧表面(拆装时靠近航天器舱体内部一侧)则属于"盲对接"状态。因此,上述导向设计还需要与机械臂末端精度、视觉测量、控制信号时延等相匹配,也就是在初始的维护方案设计时,需要做好各项精度指标的分配和各误差环节的分析识别。

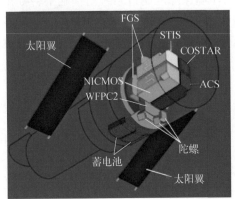
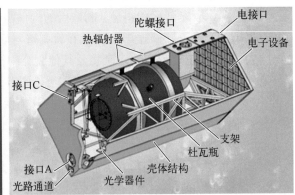

图 3.11　哈勃太空望远镜的近红外照相机和多目标分光仪的模块化设计
(图片来源: Nelson et al. , 2009)

　　关于载荷系统的重构设计,主要是光学载荷的成像光路传递、通信载荷的信号传递链路等的重构。由于重构设计与有效载荷系统的性能指标、部件布局等直接相关,载荷系统重构设计时一般应重点关注其重构策略。概括起来,载荷系统重构的实现策略主要包括两种类型。首先,为适应载荷性能提升需求,通过更换性能升级后的配套设备,实现载荷系统重构与性能提升。其次,通过调整载荷任务策略,按照系统任务规划需求对载荷能力进行重新规划设计,对载荷本体及其配套设备进行更换重组进而完成载荷系统重构。由于载荷性能影响到系统的任务目标,因此载荷系统重构设计须谨慎考虑,其核心目的应是修复载荷系统故障或缺陷,或者支撑实现系统任务的调整。哈勃太空望远镜在有效载荷系统重构方面也可作为典型案例。由于主镜加工缺陷导致一部分有效载荷功能出现故障,哈勃太空望远镜在轨服务过程中,通过拆除原系统内的高速光度计、更换太空望远镜光轴补偿矫正光学系统(corrective optics space telescope axial replacement, COSTAR),实现对存在缺陷的成像光路进行修复设计。科研人员对此形象描述为,给哈勃的成像设备架设了一副"近视眼镜",实现其成像功能和性能指标的恢复。如图3.12所示,通过安装太空望远镜光轴补偿矫正光学系统,并且利用其上配置的类似"牙医镜"的光学折反射构件,有效解决了主镜加工偏差引起的成像缺陷,从而恢复了哈勃有效载荷功能。

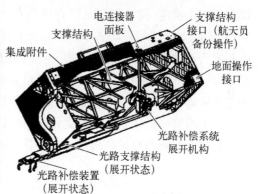

图3.12 太空望远镜光轴补偿矫正光学系统 COSTAR 的光学重构部件设计
(图片来源: Nelson et al. , 2009)

上述无论是载荷系统重构以及配套设备维护等,在客户航天器系统恢复正常运行之前,均需要对有效载荷进行标定。例如通过对光学系统标定,可准确获取系统畸变等相关参数,分析系统内外参数转换矩阵,并最终确定新状态下有效载荷的各项性能指标。

除此之外,维护型载荷还有一种特殊处置方式。航天器系统在面临故障或到期失效时,一般是由于系统推进剂不足导致,此时其有效载荷往往仍具备正常功能。因此,航天器有效载荷的重复利用也是其在轨维护直至功能最大化发挥的重要途径之一。相比于上述维护设计要素,载荷系统的重复利用主要是依赖于其初始设计状态。当载荷状态较为完整时对其进行重复利用,要求具有良好的模块化特征以便于在轨拆除操作。特殊情况下,也可采取不计操作代价的重复利用方式,例如通过类似凤凰计划机械臂切割大天线根铰的特殊操作,最终完成有效载荷的"回收"。除此之外,对于有效载荷重复利用直至新的系统正常运行,还需要航天器系统和其他支撑系统的配套设计。

4) 组装型有效载荷设计

通过在轨组装实现大型有效载荷系统的构建,可以突破运载发射包络和重量的约束,对实现特定航天领域应用极具价值。结合国外研究进展分析,大型有效载荷在轨组装主要是聚焦于大型光学载荷和大型天线载荷,其中大型光学载荷主要是构建几十米甚至百米量级的空间望远镜("对天遥感")。

对于组装型有效载荷的设计,主要是需要关注组装任务规划、模块化设计、精密测量与调控、组装过程环境保护、后期可维护等。

(1)有效载荷系统的组装任务规划:模块化设计是组装型载荷的核心要素。对于大型有效载荷系统组装构建,往往具有较大数量的标准化组装单元。以六边形、对角长500 mm 的空间望远镜组装为例,实现φ10 m 口径(估算时不计单元镜间距)系统构建需要约 160 个组装单元,对于数十米及 φ100 m 口径的组成单元数量则更加庞大。数量如此庞大的单元镜组装势必需要经历一定的次序,而如何定义这个组装次序将是大型有效载荷系统在轨组装任务规划的核心设计内容。开展大型载荷系统的组装序列设计,一般应关注系统动力学特性稳定、组装机器人移动与组装实施、载荷单元存储与搬运、在轨测量与调控等多个维度,同时还应兼顾有效载荷支撑结构、配套设备的在轨部署与组装。如图3.13 所示,对于口径较小的空间望远镜系统,其初始飞行的航天器将作为组装支撑平台,因此成为有效载荷系统的组装中心。后续有效载荷本体单元组装、次镜及其支撑结构等组装,均需要依靠中心平台进行,而且组装机器人也将通过中心平台提供稳定的在轨移动和组装实施边界。对于尺寸较大的空间望远镜有效载荷,通过组装序列设计优化,获得相对较优的组装任务规划。通过优化,不仅可以获得较低的机械臂搬运与组装操作成本,还能确保整个系统在轨组装构建过程中具有较优的动力学特性。这种优化结果有利于在轨

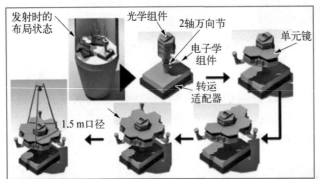
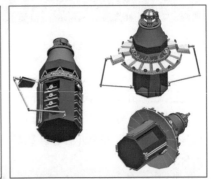
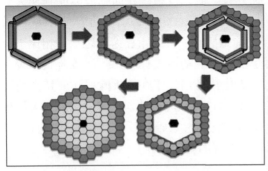

图 3.13 不同的大尺寸空间望远镜有效载荷的组装序列及任务规划(图片来源:Baladaf et al.,2015;Hogstrom et al.,2014;Thangavelu 和 Isarraras,2012)

姿态控制,并且稳定的姿态控制又能促进组装任务的实施效果,包括机器人操作精度、在轨测量精度、载荷标定精度等。以大型空间望远镜系统为代表的高精度有效载荷,其在组装过程中应采取"边装、边测、边调"的协同组装方案。在一定周期的组装过程中,载荷单元的组装状态需要及时测量,并与初始设计状态及地面平行系统搭建状态相比对。在综合考虑理论偏差、组装效果预估等基础上,将对载荷单元的位姿状态进行调整,必要时调整后续单元的组装方案,最终实现大型有效载荷系统在轨组装任务的全程可控和组装后的载荷性能指标最优。

在大型有效载荷在轨组装的策略选择方面,结合上述组装任务规划,需要对有效载荷方案设计、系统总体方案设计提出要求。组装策略主要包含两个层面的含义:① 组装手段:对于无人组装,最为常见的组装手段是空间机器人组装。随着空间机器人技术的发展,其不仅可以完成载荷单元的搬运和组装操作,在整个组装任务规划中,空间机器人还可以承担更多的"角色",包括对载荷单元储存系统(相对于运输航天器而言)进行载荷单元的管理、载荷单元组装过程中的精密测量等。此外,借助微小卫星也可以实现大型有效载荷系统的组装,比如模块化、标准化的微小卫星借助先进的姿控系统装载载荷单元并完成组装,组装过程中还可以通过微小卫星本体的姿态测量及时获取载荷单元组装的位姿状态。② 主动段载荷单元的装载策略:对于有效载荷系统特别是精密的光学载荷,采用单一的在轨制造技术难度大。因此,大型有效载荷在轨组装构建一般会考虑载荷单元通过主动段上行。对于较小尺寸的有效载荷,其载荷单元可以随客户航天器一并上行。对于大尺寸的有效载荷,需要借助运输航天器实现载荷单元上行。此时,需要根据运输航天器的系统能力,设计、优选和确定单元镜在主动段的装载策略。装载策略的具体内容包括以下几个方面,分别是随客户航天器上行的组件、批量化/分批次/预组装随运输航天器上行、载荷单元单一规格或不同规格的集成设计(可参见下述模块化设计中的载荷单元分区设计)、载荷单元上行安装承载与在轨分配和移动等,如图3.14所示。关于大尺寸载荷的单元装载策略,将直接影响到客户航天器设计、有效载荷设计、运输航天器设计、服务航天器设计、有效载荷在轨组装任务规划、在轨组装实施。

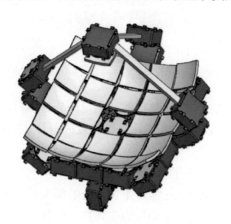

图 3.14 微小卫星集成或驱动载荷单元组装实现大口径光学有效载荷系统构建以及载荷单元分类型预组装实现主动段上行(图片来源: Ennico, 2015; Muller, 1999)

（2）模块化设计：关于有效载荷系统的模块化设计，主要约束包括系统顶层任务规划、载荷单元在轨组装序列、无人在轨组装策略、客户航天器系统设计、运输航天器系统设计、服务航天器的组装功能设计、有效载荷依托客户航天器平台的后续可接受服务设计等。

对于有效载荷系统的模块化设计，其首要工作是分析有效载荷系统的模块划分原则、载荷单元的标准化设计和可能的系列化设计。对于常见的大型光学有效载荷和天线有效载荷，通常是优选正六边形构型进行模块划分，依托在轨制造方式则可优选其他构型形式。对于组装构型的优选，主要权衡因素包括载荷性能、空间利用率、动力学特性、比质量等。其中，影响组装构型优化的核心因素在于两个方面，分别为空间利用率及其对于载荷系统性能的影响。典型的载荷性能影响包络光学载荷的聚光效应、通信天线的信号传输特性等。关于有效载荷系统的模块划分及其标准化设计，需要考虑组装策略与任务规划、载荷单元及其接口设计成本、载荷单元的制造成本等。载荷单元的具体设计应关注单元结构和接口的整体力学特性、重量代价等。此外，载荷单元模块划分还需与系列化设计进行兼顾，如图 3.15 所示。根据预组装载荷单元的主动段上行规划和在轨组装任务规划，可对不同位置的载荷单元进行分区设计、区域单元集成及其预组装设计。在此基础上，可实现载荷单元的系列化模块设计、分批预组装与主动段上行、在轨分区组装。最终，大型在轨组装有效载荷系统开发可兼顾模块化设计、主动段上行、在轨组装等多个环节的低成本设计。

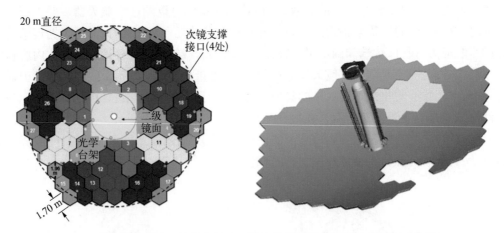

图 3.15　NNGST 望远镜载荷的分区模块化设计（图片来源：Muller，1999）

基于上述关于有效载荷系统的模块划分、标准化与系列化设计分析，可详细开展模块化设计。具体来说，载荷模块化设计包括以下四个方面：有效载荷本体、支撑结构、组装接口、有效载荷的配套设备。

① 有效载荷本体的模块化设计：主要是根据上述模块划分结果进行独立的模块化设计。首先，应关注载荷系统的传统设计要素之外，例如光学系统的镜面规格要求、通信天线的表面特性等。其次，需重点开展载荷单元的主动段力学环境适应性设计、单元模块之间的间隙及其组装偏差设计、单元边缘必要的过渡及保护区设计（特别是精密光学单元镜）。再次，还应解决载荷模块本体与组装接口、测量接口的匹配设计问题。

② 支撑结构的模块设计：主要是关注光学载荷的高刚度支撑结构要求、结构与载荷单元的分体设计、集成安装设计等。轻量化是载荷单元支撑结构设计的关键内容。在保证必要的主动段力学承载要求和载荷单元的支撑刚度条件下，支撑结构的轻量化设计应重点考虑结构构型和局部结构的优化设计，包括主体结构、连接设计等。对于精密光学载荷单元的高精度组装，需要通过支撑结构为载荷本体模块提供高精度调节环节。因此除上述支撑结构设计要素之外，可依据载荷精度调整需求，在载荷本体与支撑结构之间或者是位于支撑结构与组装接口之间设计调整过渡环节，满足载荷单元的高精度组装，如图3.16 所示。

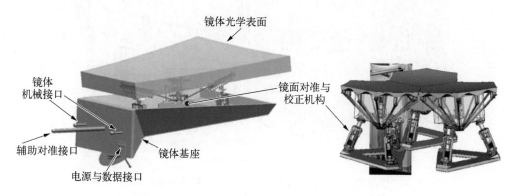

图 3.16　单块镜体安装接口与精度调整机构布局(图片来源：Green，2008；Miller et al.，2006)

③ 组装接口的特殊设计：载荷单元模块的组装接口需要解决标准化、通用化及必要时的多功能集成化设计问题。关于标准化设计，是要确保组装接口具有相对统一的规格，接口自身与载荷单元或支撑结构单元的连接设计成标准状态。对于接口机械、信息、电源等多功能集成的要求，同样是要求形成标准状态。对于机器人在轨组装操作任务，组装接口的标准化，其对接容差与精度确定为同一标准，对于机器人末端抓捕的适配器状态进行匹配，如图 3.17 所示。关于通用化设计，面向载荷本体与支撑结构等的不同模块化设计

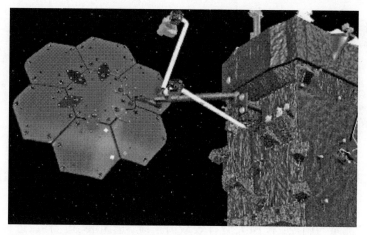

图 3.17　蜘蛛机器人计划在轨组装大口径反射面天线设想(图片来源：Space Journal 网站,2020)

需求,通过对组装接口进行通用化设计可实现其适应各类模块划分。关于多功能集成设计,是指大型有效载荷组装时除机械连接之外,往往需要电源/信息等两项、三项甚至更多项功能同步连接。因此,将多项功能集成于同一接口组件是组装接口集成化的设计核心。综上,组装接口的特殊设计应关注三大原则。首先,需要解决机械连接精度及其与机器人操控能力匹配的问题;其次,要精细化设计机械对接的精度传递序列,确保从初始的粗对准至最终的多功能、高精度配合连接过渡有序;最后,还应兼顾机械连接刚度、多功能集成及接口自身的轻小型化设计,如图 3.18 所示。

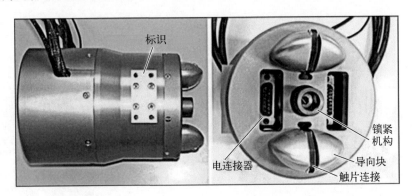

图 3.18　空间望远镜载荷单元的标准化多功能集成组装接口(图片来源:Nishida 和 Yoshikawa,2006)

④ 配套设备的特殊设计:有效载荷配套设备的模块化设计需要与载荷系统模块化设计相匹配,以适应有效载荷系统在轨组装、任务扩展或重构。同时,配套设备模块化设计还应符合客户航天器系统的模块化设计要求。如图 3.19 所示是关于先进大口径空间望远镜计划(Advanced Technology Large-Aperture Space Telescope,ATLAST)的设计参考,其有效载荷配套设备通过分类和一定程度集成设计,完成模块划分,通过布局设计安装到客户航天器特定的模块化舱段。关于配套设备与客户航天器系统的构型布局与结构设计匹配设计,将在"3.2.2.3　机械系统"中进行介绍。

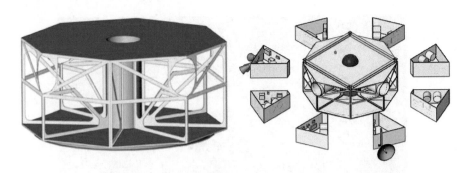

图 3.19　ATLAST 大口径有效载荷配套设备及其舱段的模块化设计与布局
(图片来源:Postman,2009)

(3) 精密测量与调控:按照大型有效载荷系统"边组装、边测量、边标定"的构建策略,在轨组装过程中需要对组装单元状态进行精密测量与调控。精密测量可借助光学与雷达等不同手段。在客户航天器系统设计与组装单元设计之初,开展测量方案设计,相应完成测量靶标体系的布局设计,实现组装过程中对组装状态的测量。关于组装过程的精度调控,是指借助高精度调节机构,布局在载荷单元组装接口位置或者载荷本体与支撑结构的连接环节(图3.16和图3.20)。通过上述精密测量与精度调控设计,最终实现有效载荷系统组装过程的精度调控。

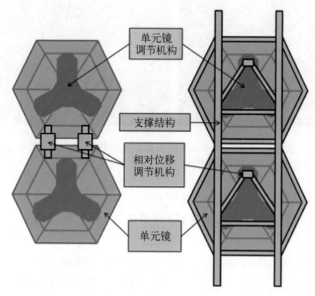

图3.20 空间望远镜载荷单元的精密调节环节(图片来源: Cataldo et al., 2014)

(4)组装过程环境保护:大尺寸有效载荷系统在轨组装过程是在客户航天器的舱外进行。除了组装机器人系统和客户航天器相关接口部位的环境保护以外,针对有效载荷自身的环境保护,主要是关注光照环境、高低温交变环境的影响。关于具体的环境保护措施,一般包括载荷系统的特殊设计、组装过程的特殊保护等。此外,客户航天器系统的动力学环境会影响载荷单元的组装实施、在轨精密测量、调控及载荷标定等。因此,在制定客户航天器系统姿态控制方案时,需要注意兼顾大型有效载荷的组装实施过程。

(5)后期可维护:大尺寸有效载荷组装完成后,其模块化设计给客户航天器运行过程中的可接受服务提供可能。一般情况下,载荷本体的维护主要聚焦于精度调控,整个载荷系统的维护更多应关注其配套设备。

5)制造型有效载荷设计

基于前述关于制造型有效载荷的特征分析,各类在轨制造有效载荷的设计需要重点考虑客户航天器系统自身配套和在轨制造系统等两个方面的内容。

如图3.21所示,大型有效载荷的在轨制造策略是客户航天器系统顶层任务规划的核心内容。首先,需要选定等材、增材、减材等不同制造工艺的应用方案,根据客户航天器系统总体设计要求,提出在轨制造具体实现过程以及相应的配套需求。其次,需要明确基础构件与材料选择方案、在轨制造过程中"物料"输送方案及其对客户航天器系统总体与各支撑系统的要求。再次,与组装型有效载荷类似,需要关注在轨制造过程中必要的环境保护措施。最后,还应关注在轨制造对运输航天器等其他大系统的开发需求等。

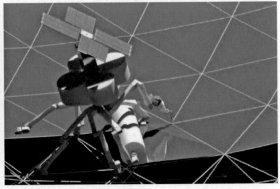

图 3.21　大尺寸薄膜衍射光谱望远镜与反射面天线及其支撑结构在轨制造设想
（图片来源：Ditto，2014）

6）可接受服务大型有效载荷的特殊设计

对于大尺寸有效载荷对其他系统的特殊要求,主要包括刚度支撑设计、组装对接操作、精密测量、开发成本等。

（1）刚度设计方面：无论是大口径光学载荷还是天线载荷,在轨稳定运行的良好姿态控制离不开系统的动力学设计。传统航天器的“中心刚体+柔性附件”状态在系统设计时会以根部位置为边界,分析确定载荷附件的在轨动力学特性。对于大型有效载荷,其航天器本体的质量与动力学特征相对弱化。对于超大型有效载荷系统,特别是上百米甚至数百米量级,一定程度上是围绕有效载荷进行航天器系统的设计。因此,有效载荷的刚度支撑将从传统航天器的载荷根部支撑与自身刚度设计,转变为大型载荷的“分布式”刚度支撑设计。

（2）在轨操作方面：基于空间机器人实现有效载荷系统的维护、组装甚至制造,其在轨操作所需精度、位姿测量、在轨移动、能源供给等,都应在有效载荷服务任务规划时进行约束,并按照特定的设计规范进行指标分解。

（3）精密测量方面：针对有效载荷的大尺寸特征,需要结合不同测量手段的优缺点对测量方案进行优选和设计。具体需要关注的因素包括测量系统搭建、靶标反馈布局、测量信号处理、误差分析与处理、低时延通信等。

（4）开发成本方面：对于周期成本,需要根据大型有效载荷系统特点,在进行组装构建任务规划时合理分配。其他支撑系统的配套方案设计也应考虑周期成本,例如多次运输周期、在轨转移和组装维护的周期等。对于经费成本,需要统筹客户航天器、服务航天器、运输航天器和辅助支持系统的开发计划,并兼顾在轨组装及后续在轨服务等诸多因素。

3.2.2.3　机械系统

1）机械系统设计概述

机械系统是航天器的支撑系统之一。机械系统为整个航天器系统提供总体构型,为有效载荷及各类设备明确布局并提供安装接口,提供主动段和在轨段的航天器承载与维形。对于客户航天器,机械系统将为其可接受服务实现提供重要支撑,除上述传统航天器的承载与维形功能以外,还须保障在轨接受服务时的连接分离接口功能。对于机械系统设计,一般包括总体构型布局、总体环境、结构设计、各类机构设计,以及相应的分析与试验验证等。

由于主动段的严酷力学条件,使得力载荷的适应性设计是机械系统开发的重要内容。首先,在航天器系统开发之初的总体指标分析时,要重视系统刚度指标的初步分析与分配,并在详细设计中不断细化并进行试验验证。对于刚度指标分配,其目的在于合理规划航天器结构以及安装设备或部件的振动频率,避免主动段产生耦合,并且与运载火箭的频率特征相匹配。航天器在轨运行过程中,比较突出的问题是要注意避免航天器大型附件频率与控制系统产生耦合。除上述传统航天器力载荷适应性设计之外,客户航天器还应关注在轨接受服务全过程的频率匹配要求,自客户航天器被服务航天器捕获对接开始、到各项服务操作完成,直至双器完成分离。其次,要重视不同阶段的系统主传力路径特性。主动段的传力路径分析与设计对于航天器机械系统设计至关重要,其决定了系统构型与布局设计、主结构设计等诸多方面。主动段条件下,系统所有力的载荷从各自安装界面向主承力结构传递,最终传递至运载分离面。传统航天器在轨一般仅涉及天线、太阳电池阵等大型附件展开的动作,客户航天器则有较大不同。在轨飞行过程中,客户航天器除正常运行之外还将涉及捕获对接、各类服务操作甚至是在轨组装构建等。因此,客户航天器还应关注在轨状态的传力路径分析与优化设计,并且在机械系统早期开发时即进行考虑。传力路径分析不仅为结构承载设计提供输入,也是为客户航天器的控制、推进等其他支撑系统设计提出要求。

根据在轨服务任务需求介绍,客户航天器在轨可能会接受一种或多种服务。对于以模块更换为典型代表的系统在轨维护与升级服务,模块化设计将是客户航天器的核心特征。参照第 2 章关于客户航天器模块化设计的应用分析,其模块化设计约束主要来自系统在轨接受的具体服务任务。客户航天器功能或硬件层面的模块化设计,目的均是便于系统接受在轨服务。同时,根据系统在轨服务需求分析和在轨服务大系统能力规划,还需要分析和确定客户航天器模块化设计的程度。这些关于模块化设计的约束,将反映至系统构型布局设计、结构机构设计和其他各支撑系统的设计。

机械系统开发涵盖的内容较多,包括模块化构型布局设计、模块化主结构设计、模块单元结构设计、机械连接接口设计等。机械系统是客户航天器其他各支撑系统设计与实现的基础,本节将以较多篇幅进行介绍,包括机械系统自身的设计要素以及与其他支撑系统的关联特征。

2) 构型布局设计

构型布局是航天器系统总体设计的一部分,是在航天器系统、运载条件和空间环境等各类约束下,设计、分析与优化确定航天器的外形尺寸、主承力结构形式、与运载的接口形式、系统舱段划分及有效载荷和各类设备的总体布局。目前绝大多数航天器姿态控制均采用三轴稳定方式,并以此确定航天器的基本外形。系统构型布局就是在此基础上进行设计。

客户航天器的构型布局设计直接影响系统在轨接受服务的能力。关于传统航天器的构型设计约束因素,主要包括航天器入轨方式、运载接口、运行轨道、在轨姿态及其控制方式、承载要求、散热要求等。对于客户航天器,还需要突出适应在轨接受服务的相关需求,例如模块更换操作的开敞性和舱内兼顾承载与模块布局的特殊设计等。对于模块化的客户航天器系统,其构型布局在设计方面体现出三个层次。按照模块化程度的依次提升,模块化的构型布局层次分别为分系统级的模块化、设备级的模块化及面向整个航天器系统的完全模块化。

(1) 分系统级的模块化构型布局。首先,按照支撑系统隶属关系,将客户航天器的配套设备进行归类。依据运行状态、在轨供电及热控等要求,将易于形成模块的支撑系统配套设备形成独立模块。其次,根据有效载荷工作要求、航天器与运载接口等,分析确定系统的主承力结构构型。再次,将上述分系统级的独立模块布局于主承力结构相应位置,适当兼顾难以形成模块化的设备的集成布局设计,例如控制系统位于航天器表面的敏感器、推进系统的管路等。分系统级的模块化构型布局设计的突出特点在于单个模块装载的设备较多。因此,客户航天器在轨接受模块拆装操作时,往往是对该支撑系统的整体服务,也将导致这类服务对于系统总体和其他支撑系统产生较大影响。此外还应关注的是,分系统级的模块化构型布局设计尽管相对于传统航天器有一定的模块化设计,但其单个模块的重量和尺寸均较大(图3.22),这对于系统主动段承载和在轨服务操作时机器人的负载能力等都有较高要求。

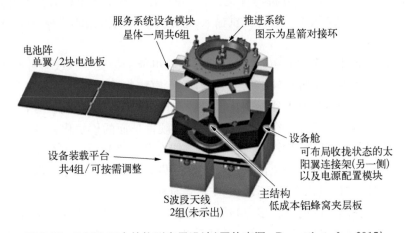

图 3.22　ROSE 平台的构型布局设计(图片来源: Rossetti et al. , 2015)

(2) 设备级的模块化构型布局。对于设备级的模块化构型布局设计,可实现较大程度上的系统模块化,相应配套设备在轨易于接受服务操作,并且可以按照服务优先级、操作开敞性等将部分设备模块进行相应布局。首先,按照在轨设备故障概率及特定升级维护需求,对客户航天器支撑系统的配套设备进行归类分析,完成对相应配套设备的模块化处理。其次,根据前述关于航天器主承力构型的设计,完成各类设备模块的布局,如图3.23 所示的基于框架式主承力构型完成的模块化布局。除了配套设备自身的模块化设计,设备级的模块化构型布局也有着特殊的要求。一方面,对主承力结构的设计要求较

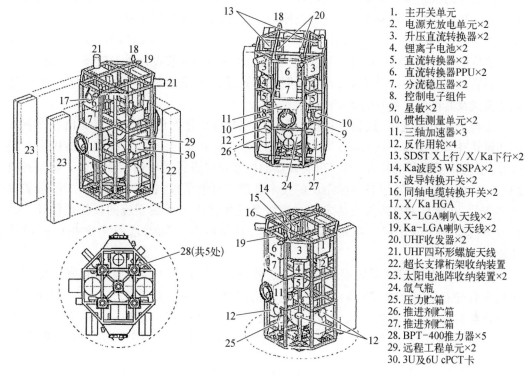

1. 主开关单元
2. 电源充放电单元×2
3. 升压直流转换器×2
4. 锂离子电池×2
5. 直流转换器×2
6. 直流转换器PPU×2
7. 分流稳压器×2
8. 控制电子组件
9. 星敏×2
10. 惯性测量单元×2
11. 三轴加速器×3
12. 反作用轮×4
13. SDST X上行/X/Ka下行×2
14. Ka波段5 W SSPA×2
15. 波导转换开关×2
16. 同轴电缆转换开关×2
17. X/Ka HGA
18. X-LGA喇叭天线×2
19. Ka-LGA喇叭天线×2
20. UHF收发器×2
21. UHF四环形螺旋天线
22. 超长支撑桁架收纳装置
23. 太阳电池阵收纳装置×2
24. 氙气瓶
25. 压力贮箱
26. 推进剂贮箱
27. 推进剂贮箱
28. BPT-400推力器×5
29. 远程工程单元×2
30. 3U及6U cPCT卡

图 3.23　MRHE 平台的构型布局设计（图片来源：**Carrington** 和 **Howell，2006**）

高,由于模块化构型布局特点,会导致系统主承力体系的效率降低,因此结构承载与轻量化设计难度增大。另一方面,对于结构装配设计、系统未进行模块化设计的其他设备的总装操作要求较高,如图 3.23 所示其结构装配设计复杂,并且在总装实施过程中,须重点关注靠近星体中间部位的设备总装操作可达性以及总装设计可靠性。总的来说,设备级的模块化构型布局设计可实现客户航天器较大比例的设备接受服务,配套设备易于进行模块化设计,并且可根据设备模块状态尽可能兼顾标准化和系列化设计。

（3）完全模块化的构型布局。对上述构型布局与配套设备的模块化设计进行标准化方向的拓展,可实现整个客户航天器系统的完全模块化设计。此时,可实现系统设备模块的灵活选用、系统构型布局可在轨便捷重构甚至是组装扩展。完全模块化的构型布局,是达到类似于"积木式"的按需设计状态,如图 2.10 和图 3.24 所示,可以兼顾几乎所有设备。对于大质量的推进剂贮箱,可以采用多个标准模块进行组合设计。对于有效载荷和大天线等大型附件,可以通过标准模块连接进行过渡转换,实现其模块化的布局与接受服务。

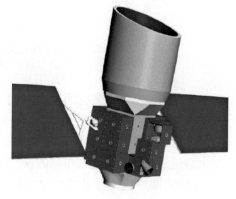

图 3.24　iBOSS 积木式模块化设计的遥感卫星设想（图片来源：**Adomeit et al.，2013**）

完全模块化的构型布局需要考虑主动段承载适应性设计。首先,需要设计主承力结构,可根据实际构型需要设计为框架形式或壳体形式,将设备模块布局于相应位置。其次,通过模块壳体结构的连接设计实现整体承载。除此之外,完全模块化的构型布局尽管易于获得标准化的模块及其接口设计,但同时会导致结构重量与连接设计成本较高。因此,在对这一类客户航天器进行系统设计与在轨服务任务规划时,需要对多个因素进行权衡,实现设备模块及其接口方案的优化设计。

综合上述分系统级、设备级和整个系统的完全模块化设计特点,可以看出客户航天器的模块化设计并非"一蹴而就"。在实际开发过程中,需要参照传统航天器构型布局经验,结合接受服务的特征,对客户航天器的构型布局进行适应性设计。客户航天器模块化设计的原则是,基于各支撑系统的技术基础及可继承性、各单机设备的产品可实现性等条件,在满足客户航天器特定的在轨服务任务需求下开展系统的模块化设计。客户航天器模块化设计不一味追求"模块化",而应根据实际需求并考虑相应的设计代价。

除上述三个层级的系统模块化设计之外,还应考虑一些相对特殊的模块化构型布局设计途径。如图 3.25 所示,两种模块化构型布局分别是围绕中心主承力壳体的模块化舱体设计、层叠堆垛式设计。在系统模块化设计方面,这两种途径一定程度上能够满足特定任务需求下的模块化设计、任务可重构可扩展、在轨接受服务等需求。

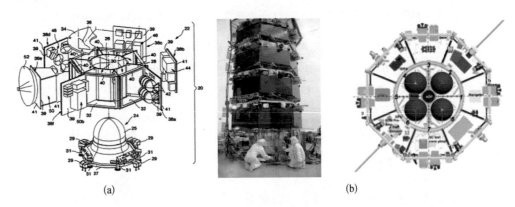

(a)　　　　　　　　　　　　　(b)

图 3.25　两种特殊的具备一定模块化特征的系统构型布局设计
(图片来源: NASA 报告,2015; Benedetti et al. ,1999)

对于大型在轨组装空间系统,由于运载整流罩及在轨转移条件的约束,其模块化构型布局设计需求复杂。大型空间系统一般包含有组装构建基础平台、各类组装模块、其他组装附件等,都应按照组装构建任务规划和运载能力进行发射批次设计。最大化利用整流罩包络是每批次发射构型布局的设计原则。

此外,客户航天器系统构型布局设计需要开展分析验证。针对发射环境,构型布局的分析验证包括以下内容,分别为系统质量特性分析、敏感器及天线视场分析、推力器羽流影响分析、太阳电池阵遮挡分析、推力器干扰力矩分析、光压干扰力矩分析、总装与测试可行性分析、与运载干涉分析等。针对在轨接受各类服务任务工况,客户航天器构型布局设计应重点开展系统运行状态静态、动态包络分析、服务航天器的机器人可达性分析等。

3) 主结构设计

航天器结构的主要功能包括承受载荷、提供构型、安装设备等。结构设计突出刚度与强度设计、轻量化、构型布局适应性设计、空间环境适应性等。客户航天器的主结构设计遵循传统航天器的设计思路,在功能设计方面应重点聚焦系统可接受服务。按照客户航天器系统的不同构型布局需求,结构设计需要适应性地开展主结构的构型设计、主承力结构设计、适应模块化布局的局部结构承载设计、主结构的可扩展设计、载荷辨识与结构设计验证等。

(1) 主结构构型确定。航天器系统构型方案基本确定了主结构构型,一般包括中心承力筒式、箱板式、板架式、桁架式、混合式等。客户航天器的主结构构型将充分借鉴现有航天器基础,重点突出模块化布局、在轨可接受服务的适应性设计等。首先,开展适应系统构型及其模块化布局的局部结构构型优化设计,包括适应模块拆装操作及其模块安装接口匹配、模块之间的总装测试要求等。其次,适应在轨服务任务需求,特别是在轨太阳电池阵和天线等附件展开的新构型状态下,满足服务机器人操作要求。最后,主结构构型优化设计应与主动段承载相匹配。

(2) 主承力结构设计。航天器主结构包括中心承力筒结构、板结构、杆结构等形式,而且一般以主承力结构构型为基础,选用不同的结构形式进行组合,共同形成主承力结构。根据客户航天器任务需求分析以及构型布局类型分析,系统在进行模块化设计时,须关注模块化和集成布局两类区域。前者实现系统模块化设计,后者则是保障"不进行模块化设计"的设备安装。对于模块化区域,主结构首选杆/板组合的结构形式,便于形成开敞性的结构构型,通过特殊连接设计,满足局部大承载需求。对于集成区域,以传统航天器结构形式为主,如采用承力筒或板架式结构。此外,需要关注集成区域与模块化区域的过渡连接结构的承载设计。

以哈勃太空望远镜主结构为例,如图 3.26 所示,前端为有效载荷的主次镜区域,采用了"杆+蒙皮"形成集成区域的筒状结构形式。位于后端仪器舱安装了有效载荷位于舱内的配套设备,作为系统的模块化区域,其主结构采用了可兼顾大承载与灵活构型设计的杆系结构,便于其径向和轴向多台设备的模块化布局。两类区域通过中间位置的过渡框进行连接,实现主次镜至后端的模块化区域的有效传力。对于 iBOSS 计划完全模块化系统的主承力结构设计,可参见图 3.27。此时主结构的设计主要包括两个方面的重点,分别是标准模块的立方体式结构设计、主动段环境下模块化系统的承载设计。最终,实现 iBOSS 系统内部集成区域(主要布局大质量贮箱及推进管路)与外部多个模块的主传力设计。

(3) 适应模块化布局的局部结构承载设计。主结构设计需要解决航天器系统在主动段的大载荷传递问题,同时还需保证安装设备产生的载荷能够可靠传递。对于客户航天器结构设计,在借鉴传统航天器结构承载设计基础上,需要重点关注模块结构局部安装界面的承载设计。首先,要识别主承力结构的承载特性,包括局部大承载与一般性的传力。其次,应兼顾系统质量特性及系统与设备模块的动力学特性,分析不同类型的设备模块安

图 3. 26　哈勃太空望远镜的主承力结构设计(图片来源: Nelson et al. , 2009)

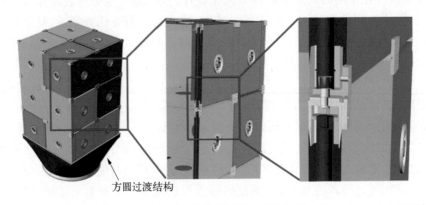

方圆过渡结构

图 3. 27　iBOSS 计划的标准模块主动段承载设计(图片来源: Adomeit et al. , 2013)

装结构的局部承载需求,结合各设备模块自身的承载能力,最终完成结构连接方案优化设计。

　　(4) 主结构的可扩展设计。客户航天器的主结构本体一般不考虑维修类的服务。对于系统总体特定的在轨任务重构与扩展需求,主结构需要进行适应性设计。在开展主承力结构构型与结构设计时,需要根据在轨服务时的系统扩展要求进行主结构可扩展设计。主结构扩展需要重点关注结构主动段承载和在轨状态动力学环境的适应性。主结构可扩展设计具体包括以下内容,分别为结构传力路径分析、局部结构适应性承载设计、结构扩展接口设计等。

　　(5) 载荷辨识与结构设计验证。客户航天器从主动段发射至在轨运行及接受服务,在整个过程中都面临着复杂的力、热等环境。在结构设计时需要开展力学环境预示分析,准确识别载荷,在此基础上按照一定设计准则开展结构设计。在分析与试验验证方面,需要借助静力、模态、频响分析仿真以及特定的地面模拟试验,验证结构设计的正确性与合理性。对于热环境要求,主要是针对热变形敏感部位的结构开展适应性设计和验证。

4）服务接口设计

服务接口是指客户航天器为实现可接受服务的一类特殊装置。开发服务接口的目的在于实现在轨服务过程中的捕获对接、模块更换等操作的连接分离功能。按照功能划分，服务接口包括整星及舱段类的服务接口、模块服务接口及其他服务接口等。

（1）舱段级以上服务接口。对于客户航天器在轨接受服务航天器机器人操作的服务场景，典型状态包括两个步骤，分别为客户航天器被服务航天器机器人捕获、机器人引导客户航天器与服务航天器完成对接。因此，客户航天器舱段级以上的服务接口包括机器人操控末端的适配装置。客户航天器作为合作类的服务目标，其适配装置具体应包括视觉靶标标识、机器人适配的被动端接口、对接被动端等。当客户航天器作为非合作类的服务目标时，是利用其自身特征部位实现与机器人抓捕。

客户航天器典型的对接被动端接口如图 3.28 所示。通过对接锁紧，可实现客户航天器与服务航天器建立稳定可靠的组合体连接。被动端接口设计的核心特征是高刚度、大容差。对于高刚度特征，是为满足双器组合体连接提供必要的刚度保障，便于组合体姿控操作并在服务过程中实现稳定的组合体飞行。对于大容差特征，是基于双器抵近对接时，客户航天器接口应提供大容差适应性，以满足服务航天器对其捕获与锁紧。关于对接被动端接口的详细设计，还应包括局部锁紧结构、适应主动端的触发信号、对接靶标等，在特殊情况下，还应满足多功能集成连接需求。

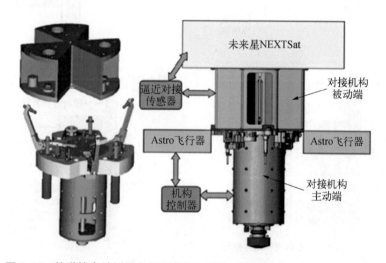

图 3.28　轨道快车计划服务接口（图片来源：Christiansen 和 Nilson，2008）

（2）模块服务接口。对于各类模块操作的服务，是通过布局在模块上的各类接口，实现模块拆装操作过程的连接分离。从功能组成角度，模块服务接口主要包括机械臂抓捕接口、机械臂视觉靶标接口、模块安装导向接口、模块机械锁紧接口、模块电源/信息等功能集成接口等。

模块服务接口的设计主要包括需求分析、功能组成分析、详细设计三个方面的内容。首先，接口需求分析需要考虑以下因素，分别是客户航天器在轨服务任务需求、客户航天器的服务操控能力、模块标准化与系列化的设计特征（如尺寸、重量、功能连接需求等)以及模块位于星上的布局位置等。其次,开展模块服务接口的功能组成分析。围绕机械臂易操作、操控接口刚度适应、机械锁紧刚度和精度与功能对接匹配、模块机械锁紧与主体结构连接匹配等原则,形成模块服务接口的功能组成,并对系列化的模块服务接口类型进行优选,如图 3.29 所示。最后,在开展模块服务接口详细设计时,应重点关注机械锁紧与电源、信息等功能的连接匹配设计。对于多功能连接匹配,其主要约束因素是大容差粗定位、初步对准、精细连接、高精度锁紧以及功能连接的对接全过程与所需精度关系。接口详细设计还应兼顾机械加工、装配、主动段至在轨飞行的力学环境适应性等,最终实现承载、高刚度机械锁紧、高精度功能连接的匹配集成,如图 3.30 所示。

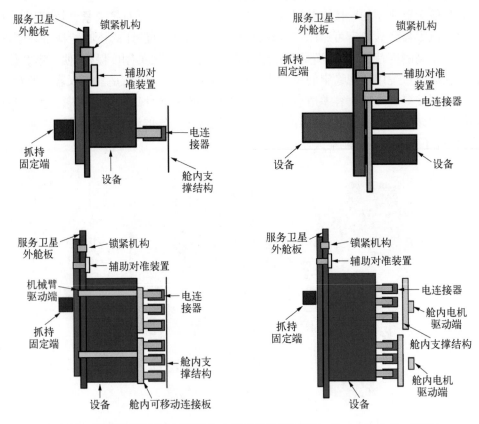

图 3.29　模块服务接口布局设计多方案比较(图片来源: **Cougnet et al. , 2006**)

(3) 其他服务接口。除了上述服务接口之外,有几类特殊接口状态需要关注,以适应不同在轨服务任务需求。针对非合作目标的在轨服务任务,服务航天器可利用客户航天器自身结构实现捕获与对接,包括客户航天器的星箭对接环法兰、主发动机喷管等(图3.31)。此外,对于在轨制造构建的客户航天器,在对制造出的构件进行组装连接时,需要根据构件连接的不同需求完成“对接”,如直接采用增材制造实现局部连接、焊接或胶接等。

　　综上,相比于传统航天器,服务接口属于新型的连接分离装置。在服务接口开发过程

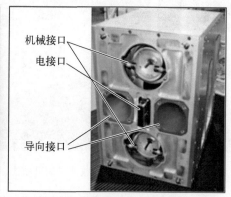

图 3.30　iBOSS 计划的标准模块接口和轨道快车计划的 ORU 接口
（图片来源：Adomeit et al.，2013；Ogilvie et al.，2008）

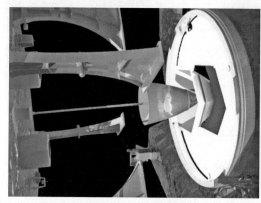

图 3.31　利用主发动机喷管进行捕获对接（图片来源：诺
格公司网站；国际航天动态，2020）

中，通过面向主动段力学环境和在轨服务的飞行环境开展分析仿真和模拟试验，以验证连接分离功能和性能的适应性。此外，服务接口机械设计还应开展力矩裕度、可靠性等分析与试验验证，并且需要关注其润滑设计及适应在轨服务频次的寿命要求。

5）扩展结构设计

客户航天器在轨进行扩展是其接受在轨服务的任务需求之一。系统外形扩展的最常见技术途径是通过杆系结构进行在轨组装，包括利用预组装桁架在轨展开锁定后再行组装、桁架单元组装连接、杆系结构组装等多种形式（图 3.32 和图 3.33）。

各类扩展结构的设计主要包括以下内容。

（1）预组装桁架结构及桁架单元结构：模块单元结构的标准化设计、主动段过程中结构单元批次的安装设计、组装接口等。

（2）杆系结构：杆件的标准化设计、单杆标准组装接头、多杆标准组装接头等。

6）大型附件可接受服务设计

对于太阳电池阵等大型附件的可接受服务需求，将大型附件作为一个整体"模块"，

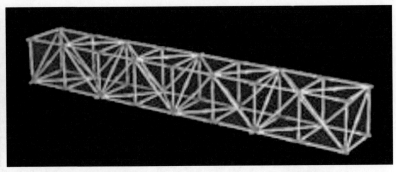

图 3.32　预组装桁架单元收拢与展开状态（图片来源：**Willenberg et al.，2002**）

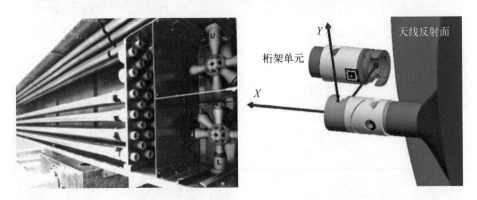

图 3.33　杆系结构批次发射及在轨组装连接（图片来源：**Lymer et al.，2016**）

通过对客户航天器设计特定的服务接口,可实现其服务操作。具体来说,大型附件可接受服务的特殊设计主要包括两种途径。一方面,通过在大型附件根部设计特殊的连接接口,可实现在轨服务时的连接分离。另一方面,将大型附件根部安装在独立的模块实现过渡连接,可实现大型附件在轨服务操作(图 3.34)。相比较而言,第二种方式由于配置有过渡模块更易于实现标准化设计,适用于一般性的服务操作和大型空间系统的在轨组装构建与重构。对于不同类型的大型附件设计,其服务接口都应解决机械、电源等连接的集成设计问题。

3.2.2.4　控制系统

1) 控制系统设计概述

航天器控制系统的任务是保持或改变系统的运行姿态和轨道,包括姿态控制和轨道控制。在客户航天器发射入轨、运行、接受服务至最终服役结束的全周期内,客户航天器控制系统主要执行以下功能:

(1) 初始入轨阶段：程序控制、太阳捕获、地球捕获、正常姿态建立、轨道控制及其过程中的姿态稳定、轨道捕获及保持、遥控注入、故障安全等;

(2) 运行阶段：轨道保持、姿态控制、必要的姿态机动与轨道机动;

(3) 接受服务阶段：① 对于原位接受服务：控制系统功能包括遥控注入、姿态机动等;② 对于进驻接受服务：包括遥控注入、轨道控制及其过程中的姿态稳定、姿态机动等。

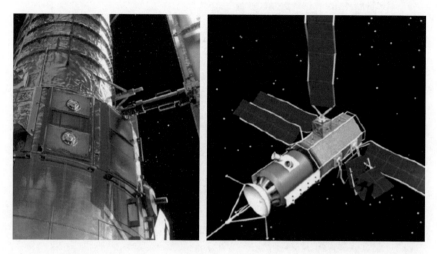

图 3.34　太阳电池阵整体模块化可服务设计(图片来源: Shayler 和 Harland, 2016;
　　　　　Goeller et al. , 2012)

　　与传统航天器类似,客户航天器的控制系统由敏感器、控制器和执行机构组成,如图 3.35 所示。敏感器用于姿态测量与确定,主要包括光学敏感器如红外地球敏感器、太阳敏感器和星敏感器,惯性敏感器如陀螺,无线敏感器如射频敏感器和磁强计等,如图 3.36 所示。控制器用于实现控制律,主要包括控制计算机。执行机构用于产生控制力矩改变航天器运动姿态,主要包括三种类型:消耗工质型(如推力器),消耗能源型(如动量轮、反作用轮、控制力矩陀螺),以及利用地磁场与航天器产生的磁矩通过叉乘律实现控制力矩的磁力矩器。除此之外,为保证航天器系统对日指向的姿态控制特殊需求,太阳电池阵驱动机构(SADA)作为一类特殊部件也归属于控制系统的执行机构。

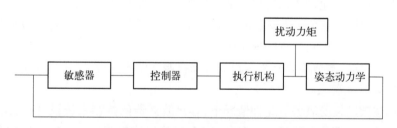

图 3.35　控制系统组成框图

　　相比于传统航天器,客户航天器控制系统的特殊之处主要来自两个方面: ① 为接受服务任务提供姿轨控保障:在原位接受服务时,须确保系统姿态必要的机动以及与服务航天器匹配以实现交会对接;在进驻接受服务时,保障系统轨道机动及其过程中的姿态控制以及最终接受服务时的姿态机动;服务结束后,客户航天器须实施的必要姿轨控机动等,包括机动至运行轨道和所需的姿态机动;② 控制系统可接受在轨服务及其特殊设计:按照国内外航天器在轨故障分析,活动部件在轨发生故障的概率最高,这些故障一般会对系统运行产生严重影响。从系统升级角度,各类姿态测

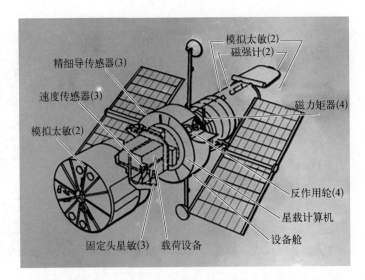

图 3.36 哈勃太空望远镜控制系统的设备布局(图片来源：Nelson et al. , 2009)

量敏感器、控制计算机及执行机构等也会有潜在的维护升级需求。以陀螺为例，哈勃太空望远镜原计划实施的第三次在轨服务临时调整，原因是陀螺故障导致载荷面临无法工作的高风险，因此系统服务任务紧急拆分为两次服务(SM-3A 和 SM-3B)。对于大型空间系统在轨组装构建的长周期需求，为保证系统组装过程中不同状态所需的姿态与轨道控制，需要分阶段制定控制方案，并且兼顾不同阶段系统姿轨控设备的布局状态。

2) 保障接受服务的控制系统设计

作为在轨服务的接受方，客户航天器的控制系统设计主要包括三种类型，分别对应三种接受服务模式：① 故障或失效航天器完全被动接受服务，为原位被动接受服务；② 客户航天器在运行轨道通过姿态机动以适应接受服务时的姿态要求，为原位主动接受服务；③ 客户航天器通过轨道机动至服务航天器位置，接受服务航天器或大型服务平台的服务，为主动进驻服务状态，注意区分于由服务航天器或运输航天器将客户航天器转移至其他服务轨道。对此，本节主要介绍客户航天器控制系统特殊设计，关于控制系统的常规设计内容可参见第 4 章。

(1) 原位被动接受服务。此种情况下，客户航天器的控制系统设计与传统航天器无异。对于姿轨控接管的在轨接受服务任务，客户航天器控制系统在组合体捕获对接之前工作，如关闭相关或调整相关执行机构的工作模式，保证与服务航天器接管姿轨控功能不产生冲突。对于客户航天器的控制计算机和敏感器，可以按实际情况工作，并为姿轨控接管服务提供保障。比如敏感器工作，辅助组合体进行姿态测量与确定。

(2) 原位主动接受服务。原位主动接受服务的客户航天器特指合作类服务目标。在服务航天器远距离至近距离交会过程中，客户航天器通过及时的姿态机动和必要的姿态自测量与反馈等，为服务航天器导航、制导与控制系统(guide, navigation and control, GNC)的自主交会对接传感器及配套系统工作提供保障。客户航天器的控制系统设计主要聚焦三个方面的工作：① 敏感器的优化组合配置，如选取光学敏感器和惯性敏感器组合的主备测量及冗余校准等;② 控制器先进结构及其强适应的控制算法,如采用常用的比例-积分-微分控制(即 PID 算法),并兼顾抵近过程中的遥测遥控;③ 执行机构所采用的动量交换装置方案或推力器方案,按需提供控制力矩,并考虑执行过程中的动量卸载。此外,客户航天器控制系统还应关注为配合服务航天器交会抵近所进行的适应性设计,包括姿态测量敏感器的视场角、抵近过程中推力器羽流作用范围。

　　(3) 主动进驻接受服务。对于主动进驻接受服务的客户航天器,需要以服务航天器及其轨道为目标进行姿态和轨道机动,由此开展客户航天器控制系统的适应性设计。客户航天器的控制系统设计需要根据交会过程特点进行优化设计,具体来说主要关注两个方面的设计:① 交会制导,基于系统任务需求和约束,分析得到轨道机动所需的速度增量;② 交会控制,通过控制算法求解获得所需控制力及控制力矩。对于大型在轨组装空间系统的控制方案设计,需要针对不同组装阶段、不同运输批次的交会方案进行设计。对于深空领域复杂的轨道机动需求,如图 3.37 所示,需要针对 SEL2 轨道的大型空间望远镜组装任务、运输方案等,对不同交会轨道方案进行比对设计。

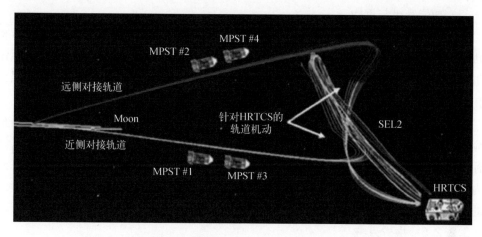

图 3.37　在轨服务概念演示计划 NM5 任务的组装任务交会设计
(图片来源: NASA 报告,2010)

3) 控制系统的可接受服务设计

　　从可接受服务的任务与需求出发,客户航天器控制系统的特殊设计可以归纳为硬件维护、软件维护与升级和系统层面上的功能升级与重构。

　　(1) 硬件维护。控制系统的硬件维护主要是来自活动部件在轨相对较高的故障率,例如惯性敏感器、姿控执行机构等。对于控制系统长周期运行时的其他硬件维护需求,也应通过模块化设计实现控制系统硬件的故障维修、更换升级等。

　　对于布局在客户航天器舱表的控制系统设备维护,主要包括敏感器如星敏、姿控推力器等。对于敏感器的模块化设计,需要解决工作视场、安装位置的电磁环境、安装精度(如角秒级高精度星敏)、设备机械连接与电源、信息等功能连接的集成问题,如图 3.38 所示。对于姿控推力器的模块化设计,可按需布局于舱表位置以满足其在轨接受服务需求,详见"3.2.2.5　推进系统"关于中小型推进模块的设计。对于布局于舱内的控制系统设备,包括惯性敏感器陀螺、姿控执行机构动量轮、控制计算机等,可按系统模块化设计统一考虑,详见"3.2.2.3 机械系统"关于模块及其接口的设计。

图 3.38 控制系统硬件模块化设计(图片来源:RWTH Aachen University 网站)

（2）功能升级与重构

控制系统的功能升级与重构主要是适应系统任务的调整,例如有效载荷系统重构或在轨组装扩展、系统在轨扩展等。以大型空间系统在轨组装构建与定期维护为例,系统不同组装阶段的动力学特性状态不同,要求控制系统软硬件配套相匹配,不仅要保证系统稳定在轨飞行,还应为后续组装和系统运行提供姿轨控保证。

综上,客户航天器控制系统需要根据特定的服务需求进行软硬件维护、升级或重构的适应性设计。控制系统设计须重点关注在轨接受服务过程的影响,对于测量装置需要进行标校设计。以客户航天器的推力器服务为例,需要根据服务后的推力器测试状态进行推力模型分析,获得实测数据并进行标校,最终确定推力模型修正因子,为系统后续运行中的控制方案制定提供支撑。

3.2.2.5 推进系统

1）推进系统设计概述

航天器推进系统的任务是提供轨道控制所需的推力、姿态控制所需的力矩,实现系统轨道与姿态的保持与机动,为控制系统策略执行提供保障。航天器推进系统一般包括以下功能:推进剂存贮、管理与分配、提供推力、驱动控制、推进剂剩余量监测、加注与排放接口、故障诊断与安全防护等。推进系统的配套设备包括发动机、推力器、贮箱、推进剂、气瓶、充压气体、各类阀门、管路及驱动控制电子设备等。根据推进体制的不同,推进系统分为以下类型:冷气推进、单组元推进、双组元推进、双模式推进、电推进、固体推进、核推进、混合推进等。推进系统的核心技术指标包括总冲、推力和比冲。

2）保障接受服务的推进系统设计

如前所述,控制系统需要为客户航天器的三类服务模式提供保障,分别为原位被动接受服务、原位主动接受服务和主动进驻接受服务。因此,推进系统除了要满足系统初始入轨机动和正常运行的推进任务需求之外,应重点关注客户航天器三类接受服务模式时的控制系统需求及其对推进系统的设计要求。以双组元推进系统为例,客户航天器主动进驻服务模式要求推进系统适应一定的轨道机动设计。此时,推进系统设计要重点关注轨道机动过程中不同的推进需求。对于大推力变轨发动机,要关注其工作时的恒压模式设计;对于小推力工况,要关注姿控推进和轨道保持时的落压模式。此外,推进剂剩余量的精准计算是推进系统精细化设计的重点。借助温度传感器或压力传感器,可通过热平衡计量、压力/容积/温度联合推算等,获得系统在轨飞行不同阶段的推进剂剩余量。

3)推进系统的可接受服务设计

当推进系统可接受在轨服务时,客户航天器推进系统的设计将与传统航天器显著不同。在轨加注是最常见的推进系统可接受服务模式。根据加注途径不同,可将在轨加注划分为两种类型,分别为推进剂直接接受在轨传输加注、更换推进模块或对其进行扩展。

(1)推进剂在轨传输加注式的推进系统设计。对于推进剂在轨传输加注设计,需要推进系统的机械对接接口满足一定的连接刚度和局部气密性要求。在加注传输过程中,要求推进系统具备对加注参数实时监测的能力,包括传输速度、温度、压力等。关于加注接口的设计,应满足服务接口的基本设计要求(参见"3.2.2.3 机械系统"),并解决加注连接与分离过程中液路传输的对准、锁紧和密封设计问题,如图 3.39 所示。

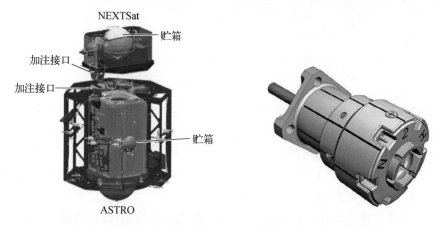

图3.39 轨道快车加注系统设计以及典型加注阀(图片来源:Reed, 2017; Goff et al., 2009)

客户航天器可加注的推进系统需要与服务航天器加注供给系统的推进剂存贮与排放功能相适应。客户航天器推进系统的设计难点在于推进剂管理,包括对接收推进剂进行气液分离、保持液体推进剂定向传输等。为顺利实现气液两相分离,需要对推进剂贮箱进行选型。一般来说,推进剂贮箱可采用隔膜式、皮囊式、表面张力式。需要注意隔膜式、皮囊式贮箱材料与推进剂的相容性及由此带来的存贮寿命问题。此外,还应考虑在轨服务时的系统动力学特性对推进剂气液分离的扰动影响。客户航天器推进系统在接受加注前,应对贮箱抽真空降压,在加注过程中则应实时监测与控制推进剂压力。低温等特殊类型推进剂在轨长期存贮以及加注损耗等问题同样需要进行分析,并通过可靠性设计与验证完成推进剂加注与管理系统的合理设计。

（2）模块化加注式的推进系统设计。通过模块化设计实现客户航天器推进系统加注,可规避直接传输加注带来的管路系统参与服务的问题,包括加注接口密封性带来的复杂设计、服务过程中的推进剂泄露风险等。按照推进系统的体量大小,可将其模块化设计分为推进模块和推进舱模块两种形式。

推进模块主要是从小型化、集成化设计出发,将传统航天器推进系统"贮箱+布局管路+推力器及发动机"的布局方式进行分散考虑。通过设计中小体量的推进模块,并布局于舱表部位。这种分散式设计既满足推进系统工作要求,又易于实现在轨可接受服务,包括更换与升级等。如图3.40所示,设计小型贮箱并紧凑布局设计推进管路,可实现多个矢量方向工作的推力器组合体设计。对于推进模块与航天器本体安装接口设计,可以参照前述服务接口的设计思路,最终形成模块化的中小型的推进系统。

图 3.40 推进系统硬件模块化设计以及可组装与更换式推进舱（图片来源：
Jankovic M 等,2015; Kosmas, 2005）

推进舱模块是从舱段功能设计角度开发可在轨连接分离的大型舱段级的推进系统模块。推进舱模块的设计难点包括舱段级的连接分离接口、独立模块的状态监测,以及客户航天器接受服务之前的本体推进舱处置与匹配接口设计等。

对于在轨组装构建的大型空间系统设计,需要基于上述两类模块化推进系统进行组合设计,包括中小型的推进集成模块、推进舱模块以及其他形式的推进模块等,如图3.41所示。此时,推进系统设计应重点解决大质量贮箱承载、推进管路高效布局及其地面工艺可行性、标准化的模块接口、转移运输接口及机械臂服务操控接口等问题。

4）推进系统可接受服务设计的其他问题

对于客户航天器推进系统的可接受服务设计,还需要关注推进系统状态准确监测、推进系统故障诊断与应对、多余物控制等问题。

（1）需要优选各类传感器,以获取相对传统航天器更为精准、及时的状态监测,确保客户航天器推进系统接受服务时的状态可控。传感器系统设计需要与推进系统进行集成考虑,包括安装布局和监测信息传输等。

（2）具备对故障定位和原因准确分析的诊断功能,同时可对故障进行及时有效的隔离,将故障影响降至最低,尽可能保障客户航天器系统运行。

（3）关注空间操作环境引发的推进系统多余物控制问题,识别推进系统在接受服务操控过程中多余物产生的潜在环节。提前明确应对措施,相应设计应经过地面模拟试验验证。

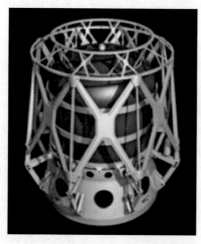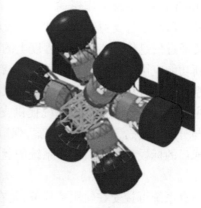

图 3.41　HERMES 推进系统模块以及 OE 任务在太空燃料站组装领域的应用
（图片来源：Goff et al.，2009；Kosmas，2005）

3.2.2.6　信息系统

1）信息系统设计概述

航天器在轨运行时与信息相关的任务主要包括测控（含跟踪测轨、遥测和遥控）、数据管理、综合电子管理，以及有效载荷的信息传输（含遥感载荷信息获取后的数据传输、通信信号的收发传输、导航信号传输等）。

随着星载计算机与网络技术发展，航天器各类信息业务逐步统一管理，构成星载数据管理（OBDH）系统或指令与数据处理（C&DH）系统。从信息体系架构的统一视角，航天器在轨自信息获取、存储、处理、传输等不同的业务，以及对应所需的软件架构、硬件架构、接口及标准协议等，逐渐统一为空间数据系统，成为综合而成的航天器信息系统。国际空间数据系统咨询委员会（CCSDS）联合各成员组织论证，开发了适应不同应用领域的信息系统标准规范。在此基础上，CCSDS 提出空间数据系统的概念，由常规在轨系统（COS）逐步推广至航天器信息的高级在轨系统（AOS）。针对复杂航天器系统与在轨体系的空间通信应用需求，CCSDS 开发了基于消息交换的满足大时延和通信链路断续连接的容延迟网络协议（DTN）。

无论是保障系统接受服务还是自身接受服务，客户航天器信息系统都应在系统总体方案设计的初始阶段做好顶层设计，包括信息系统的功能定义、主要技术与参数指标分解、内外部接口定义等。其中，外部接口主要是来自工程大系统（如地面测控弧段约束等）、服务航天器等其他在轨服务系统间的设计约束。信息系统的总体参数预算分别包括遥控指令、遥测参数、信息存储容量、处理能力、传输信道等。

2）保障接受服务的信息系统设计

在保障系统接受在轨服务任务时，包括原位接受服务或进驻接受服务等，客户航天器信息系统的测控业务及时反映系统在轨状态并按需接受遥控指令进行调整。其中，应重点关注交会抵近过程中客户航天器与服务航天器的相对位置关系，及时提供系统姿态特征、进驻服务过程中测定轨等。数据管理业务为接受服务时的系统自身运行提供信息保障。在接受服务过程中,有效载荷一般处于关闭状态,或仅提供有限的信息传输功能,因此应设定相应的信息系统工作模式。

客户航天器其他各支撑系统设计也应反映对信息系统的约束。各支撑系统在接受服务前后需要通过信息传输实现一定程度上的状态监测与控制。当支撑系统接受服务涉及新设备或新功能应用时,需要信息系统在原有架构基础上满足软硬件体系的适应性,或者需要信息系统的部分功能完成重构。以有效载荷在轨扩展为例,首先,客户航天器在接受服务过程中的基础运行需要信息系统提供支撑。其次,有效载荷组装过程中的状态需要进行测量与分析,以按需优化组装方案,保障后续载荷单元的精细化组装。最后,有效载荷组装完成后的标校和客户航天器系统的运行测试等,也需要信息系统提供支撑。

3)信息系统的可接受服务设计

对于信息系统可接受在轨服务任务,是在信息系统特定体系架构基础上,针对其软硬件体系、接口等开展的服务。对于在轨组装大型空间系统,特别是分阶段组装构建与运行时,将根据不同任务阶段的运行需求,对其信息系统的体系架构进行相应的扩展或升级。

(1)测控系统设计。对于客户航天器运行与接受服务所需的遥测数据需求,涵盖了系统运行、服务过程前后的基本数据和运行参数、故障诊断数据等。对于分包遥测时的遥测源端管理,需要针对系统在轨接受服务的任务规划进行相应设计。对于客户航天器支撑系统硬件服务,例如姿控执行机构单机更换或升级,应按照设备预期状态对遥测源端、传送信道及其编码需求,进行信息系统架构及软件层面的适应性设计。

测控系统的硬件设备一般包括测控天线、应答机、接收机、前置放大器、高稳定时间单元等。针对硬件设备的在轨接受服务,可对相关设备或设备组通过模块化布局设计以实现服务实施。对于分阶段组装构建及运行的大型空间系统,需要对设备布局进行按需调整或补充、更换及升级。对于设备冗余设计,需要兼顾客户航天器在轨接受服务任务规划和测控关键设备的冗余需求。遥控设备冗余设计应重点关注热冗余设计、规避遥控切遥控、重要遥控指令的冗余编码设计等,以确保系统应急情况下遥控功能正常运行。

针对客户航天器应用 CCSDS 体制时的情况,测控系统具有很高的自适应性。对于接受服务带来的测控软硬件更新,包括信源调整、服务后硬件设备更换升级等,应针对测控系统软件进行分层模块化设计。

(2)数据传输系统设计。数据传输包含三种类型:射频链路、模拟信号及数字信号传输。在实际数据传输时也可按需进行调制传输,如数字信号的载波调制。随着数据传输容量需求增大及数据压缩技术发展,数字信号传输应用日趋广泛。

目前遥感卫星各类成像数据都以数字信号形式形成比特流进行传输,其数据传输系统主要包括数据处理、对地数据传输通道、数据传输控制、数据记录等。围绕可接受服务目标开展数据传输系统设计时,主要包括两个方面的工作。首先,从传统航天器设计思路出发,针对遥感数据传输任务开展数据传输系统设计。具体包括以下内容:数据压缩、编码与加扰等数据处理设计;数据传输波段及其调制选择、数据传输天线及其极化方式选择、传输信道及其带宽设计;滤波处理;功率放大;传输开关对数据流向进行选择与控制;利用固态存储器对数据进行存储与管理等。其次,数据传输的可接受服务设计是聚焦于故障修复、系统升级及任务重构。故障修复与系统升级主要是针对上述关于遥感数据传输的几个组成部分从故障诊断确认后的软件系统修复与升级、主要硬件模块的更换来实现。对于任务重构所带来的数据传输功能调整,例如数据处理与记录功能调整、有效载荷系统在轨重构甚至是组装扩展等,需要从数据传输系统重构可行性角度,通过软硬件重构实现数据传输系统的在轨接受服务设计。

关于遥感卫星数据传输系统的硬件配套,主要包括压缩编码器、数据处理器、数传波段调制器、通道滤波器、固态放大器、功率开关、数传天线、大功率滤波器、波导开关、固态存储器、数传控制单元等。对于上述硬件配套的接受在轨服务设计,通过模块化设计与设备布局思路,结合数据传输特性和星上环境的相关要求,开展设备模块的适应性设计。

当客户航天器为通信卫星时,其数据传输主要是通信信号的传递,包括对地通信和星间通信。从应用角度,通信卫星包括移动通信、宽带通信、激光通信和跟踪中继等不同类型。关于通信传输软硬件配套的可接受服务设计,包括通信系统在轨维护、在轨系统扩展,除上述关于软件可维护可升级设计、硬件模块化设计之外,应关注通信系统核心指标的实现,包括覆盖区、频率轨位、传输通道幅频与相频特性、天线指向精度和形变精度等。

(3)数据管理系统设计。总线架构及其模块化设计是航天器新型数据管理系统的重要特征。通过星载网络技术发展,模块化的航天器星务管理、综合电子系统设计得到应用。这种总线架构同时包括了数据总线、电源总线。通过总线架构及硬件接口配套设计,各个模块通过标准接口连接,直接与数据总线和电源总线进行集成。总线功能模块既可以是单一支撑系统的相关软硬件配套,也可以是多台设备的功能集成。典型应用的总线类型包括 MIL – STD – 1553B 总线、IEEE – 1394 总线、SpaceWire 总线、Firewire(IEEE1394)总线、控制器局域网(CAN)总线、时间触发以太网(TTE)总线等。对于客户航天器数据管理系统的模块化设计,应用总线架构思路,可适应模块更换、系统重构、系统扩展等各类服务任务需求。模块化的数据管理系统易于实现信息系统互联互通,在综合应用时具有良好的容错性,并且可在必要情况下实现信息系统故障隔离,保障系统运行安全可靠。

图 3.42 为美国 ROSE 计划和德国 iBOSS 计划中应用到的数据管理总线及电源总线的集成架构。通过信息系统总线及电源总线设计,实现与各独立模块连接与管理,各支撑系统可根据实际软硬件体量与模块规格等进行独立模块的设计与接受在轨服务。图3.42 所示的姿态控制及其执行部件包含了多个模块的独立配置。按照平台综合电子集成需求将平台设备以独立模块形式进行集成设计,并通过数据管理模块与信息总线连接。对于供电需求,则由该部分的综合电子模块直接与电源总线连接。

对于数据管理系统的软硬件体系及其可接受服务设计,主要是适应在轨模块更换、任务重构及扩展等需求。软件体系主要是基于架构的可裁剪、可扩展能力进行设计,并兼顾实时状态检测、识别、更新或注入、重构、及时地故障诊断与有效隔离等。硬件模块化设计应聚焦数管系统的中心计算机及其配套子模块,主要包括遥控单元、中央单元、远置单元、数据存储与处理单元等,另外还包括总线接口的模块设计等。如图 3.43 所示为 iBOSS 计划的中心计算机模块的设计。基于机械系统的刚度与精度保障,数管硬件模块设计还应关注信息接口的简化、集成化设计等。同时,还应在防止误操作、防止多余物、连通反馈等方面进行特殊设计。

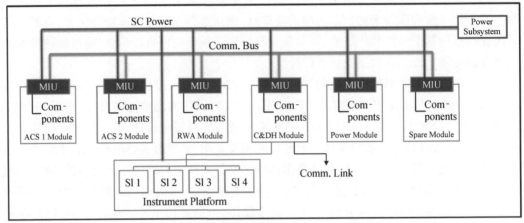

(a) 美国ROSE计划

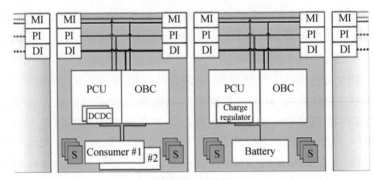

(b) 德国iBOSS计划

图 3.42 典型的模块化总线架构设计(图片来源：**Rossetti et al.，2015；Weise et al.，2012**)

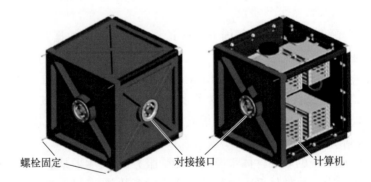

螺栓固定　　　对接接口　　　计算机

图 3.43 数管系统的中心计算机模块设计(图片来源：**Adomeit et al.，2013**)

3.2.2.7 电源系统

1) 电源系统设计概述

航天器电源系统使用最广泛的是"太阳电池阵+蓄电池组"的组合模式，负责航天器入轨太阳电池阵展开后各个运行阶段的功率供应。航天器电源系统的功能包括电能产生、管理和传输。电源系统具体组成包括发电装置、电能储存装置、电源功率调节、电源管理、电源电压变换、火工品管理、电源配电等软硬件。

按照航天器系统任务规划及系统初步方案,在系统设计之初应开展总体功率预算分析,并在不同研制阶段进行详细设计与验证。功率预算及分配是系统总体对各支撑系统的关键设计要求之一。具体内容包括太阳电池阵面积、有效载荷及平台设备的功率预计、系统在轨工作模式相应的光照条件、短期峰值负载设备的工作流程、各设备热耗状态等。通过以下计算方法,可计算系统功率需求、分析航天器运行轨道光照特性影响以及电力传输的各类损耗等。

系统功率需求计算式如下,其中为 P_l 整星负载(包括所有仪器设备、加热器等)的功率需求, P_c 为蓄电池充电功率, P_w 为传输线路供电损耗, ΔP 为功率余量。

$$P = P_l + P_c + P_w + \Delta P \tag{3.2}$$

此外,蓄电池充电功率 P_c 计算式如下,其中对于锂离子蓄电池,充电电压=4.1×电池节数,充电效率取94%。

$$P_c = 蓄电池充电电流 \times 充电电压 / 充电效率 \tag{3.3}$$

在保障客户航天器接受在轨服务方面,电源系统的设计重点为:客户航天器在被服务航天器捕获对接后的组合体供电转换、设备维护所引起的设备供/断电、重新配电等。对于设备拆除、更换甚至升级的服务操作,需要及时更新功率预算,利用总体电路及时调整功率分配,实现设备单元正常工作以及整个系统正常运行。

对于电源系统的可接受服务设计,首先是关于电源总线架构的特殊设计,可参见"3.2.2.6 信息系统"(图3.42)。其次,是针对电源系统的基本组成进行可接受服务的适应性设计。对于常规尺寸的客户航天器,电缆网是在地面完成研制,关于电缆网的在轨服务主要是应用于在轨组装大型空间系统的构建与维护。

2)保障接受服务的电源系统设计

客户航天器在接受各类服务过程中(不含电源系统),电源系统作为保障的角色,需要在以下三个方面进行适应性设计,分别为组合体供电与管理设计、设备服务及其配电管理设计、带电插拔的服务操作设计等。

(1)组合体供电与管理设计。客户航天器在与服务航天器捕获对接后,当服务航天器对组合体实施供电时,需要服务航天器具备组合体供电所需的功率预算及配电管理能力。对于客户航天器,电源系统应重点关注从捕获对接、在轨服务、分离后运行等全过程中的电源断开、配套设备用电管理、供电恢复的特殊设计。电源系统的断开与恢复由给定信号或指令进行注入。对于组合体供电,需要客户航天器的总体电路设计、母线电压、配电管理等与服务航天器的电源系统设计相匹配。针对客户航天器电源系统软硬件,应进行保护设计,包括服务过程中的电池阵工作模式、蓄电池组充放电模式选择、充电电流及保护控制等。

(2)设备服务及其配电管理设计。客户航天器设备接受拆除、更换、升级甚至扩展服务时,电源系统的配电管理设计面临新的要求。首先,客户航天器电源系统拓扑结构应具备良好的动态适应性,例如故障设备的取消处置,或以新设备替代或升级,需要及时调整相应配套的功率需求。其次,开展电源系统配电设计与控制,如 DC/DC 电源变换器、继电器的高可靠性、配电损耗等。最后,对于服务后的电源系统质量、寿命等,需要进行及时检测与评估。

(3)带电插拔等服务操作设计。客户航天器在接受与电源系统相关的服务操作时,需要在电源系统的防护设计方面进行特殊考虑。针对组合体供电及设备维护可能导致的过流情况,须对电源系统进行保护设计,包括相应的故障诊断、隔离与恢复设计等。

3)电源系统的可接受服务设计

按照电源系统的功能及主要组成,面向客户航天器电源系统的可接受服务,主要包含太阳电池阵、配套设备以及面向在轨组装的适应性设计。

(1)太阳电池阵设计。太阳电池阵的可接受服务主要是电池阵损坏以及系统任务调整所需的更换服务。图 3.44 所示,低轨航天器易于遭受微流星体或空间碎片的撞击、低轨严重的原子氧环境侵蚀等,从而导致太阳电池阵受损。哈勃太空望远镜在应用柔性太阳电池阵时,在进出地影过程中会发生热致颤振,导致系统姿控精度下降并影响成像效果,因此在后续服务任务中对其进行了刚性太阳电池阵的更换。并且随着刚性太阳电池阵电池技术发展,哈勃在轨通过服务再次完成了太阳电池阵的更换,主要是通过提升电池效率实现了产品升级。在轨组装大型空间系统在轨构建及运行时的构型状态是系统方案设计的重要内容之一,比如空间站、大型服务平台等。系统在长时间在轨构建与服役运行过程中,一般需要将太阳电池阵部署于系统不同位置,以满足系统不同阶段运行时的构型需求。

图 3.44 低轨航天器太阳电池阵的受损状态(图片来源: Shayler 和 Harland, 2016)

因此,客户航天器太阳电池阵的可接受服务设计一般是指其在轨可更换,包括上述机械系统部分介绍的模块化太阳电池阵设计(图 3.34)。对于太阳电池阵的模块化设计,既可采用整翼通过根部接口的特殊设计,也可借助太阳电池阵安装部位的过渡模块设计,特殊情况下还可以采用太阳电池阵分区模块设计的方式。

(2)配套设备设计。对于电源系统配套设备的可接受服务设计,如图 3.45 所示,通过对蓄电池组的模块化设计,可满足电池模块的拆装操作以及电池组和配电管理设备的故障修复、设备升级等。电源系统配套设备的模块化设计需要兼顾电连接、传输功能设计以及相匹配的机械承载、多功能连接、热控等设计。除此之外,还应关注系统接受服务过程中对电源系统的配电与管理要求,如上述提及的带电插拔设计等。

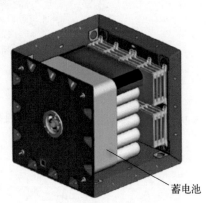

蓄电池

图 3.45 传统的星上蓄电池组及其针对可接受服务的模块化设计
(图片来源: **Adomeit et al.,2013**)

此外,随着无线能量传输技术发展,利用在轨"无线充电"技术实现对电源系统的维护服务也将是一项智能化的服务方向。

(3)面向在轨组装的特殊设计。面向大型空间系统在轨组装构建、运行维护、系统重构甚至设备再利用等需求,电源系统首先应关注总体设计问题,开展分阶段的功率分配和电源拓扑结构设计。其次,对于总体电路所包含的配电器、二次电源变换器、电缆网布局等,需要按照系统的分阶段状态以及阶段衔接期间的任务规划进行设计。对于电池阵模块化以及配套设备设计,既要适应不同任务阶段的系统运行需求,还应考虑大型空间系统动态任务规划对电源系统的适应性要求。

对于电源系统的模块划分和独立模块的集成设计,需要关注以下三个方面:① 电源系统模块划分须与整个系统总体相协调,太阳电池阵的分层模块化设计包含太阳电池阵本体、支撑结构、电池组及配电管理单元等(图 3.45),并纳入系统组装构建方案设计;② 明确电源系统组装构建对系统内外部接口的约束,如图 3.46 所示,包括在轨转移组装、系统动力学与控制、热控等;③ 电源系统的模块化与集成化应兼顾设计,在满足模块化设计以适应系统在轨组装构建及分阶段运行时,开展电源模块的轻量化设计、电缆网的高效集成布局(图 3.47)、热控设计等。

3.2.2.8 热控系统

1) 热控系统设计概述

航天器热控系统的任务是将各类设备温度和部分结构的本体温度控制在一定的范围,并且贯穿自地面研制、发射、在轨运行至任务结束的全过程。关于热控系统的功能,一

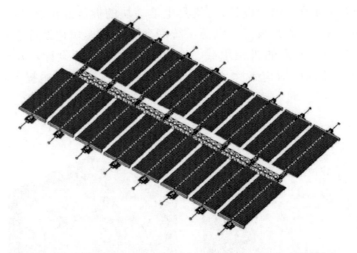

图 3.46　在轨组装大型太阳电池阵系统设想（图片来源：Dorsey 和 Watson，2006）

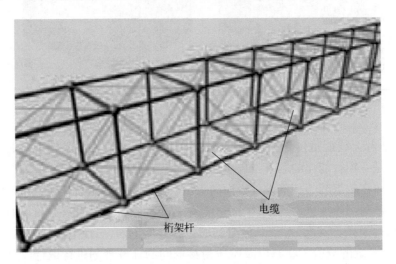

电缆

桁架杆

图 3.47　应用于大型空间系统组装构建的桁架结构与电缆一体化布局设计
（图片来源：Ditto，2014）

方面是要保障设备温度在其要求的范围之内，另一方面还要求温度分布具有一定的均匀性和稳定性。

　　航天器在轨运行时的热能主要来自太阳直接辐射、地球反照热、地球红外辐射热、空间背景加热、航天器内部的各类热源。在研究热环境及开展热控设计时，应关注真空低温等空间环境对于航天器热传递的影响，以及太阳紫外辐照、近地空间粒子辐射、原子氧与微重力对热控器件性能的影响。按照航天器系统内外部热流变化与控制要求，选择相应的主、被动热控方式并进行器件选用。被动热控应用较为普遍，主要器件包括热控涂层、多层隔热材料（简称"热控多层"）、热管（图 3.48）、扩热板、各类辐射器、相变材料、接触热阻及导热填料等。对于主动热控，主要器件包括：① 电加热式器件，如电加热器、温度敏感元件、恒温控制器或固态控制器等；② 辐射式器件，如热控百叶窗、热控旋转盘等；③ 导热式器件，如机械接触式热开关、石蜡热开关、低温热开关、可控热管等;④ 对流式器件,主要应用于密封航天器,包括气体循环对流热控系统器件(如控制风扇等)、液体循环热控环路系统器件(如循环泵、各类阀体等);⑤ 两相流体回路;⑥ 环路热管等。

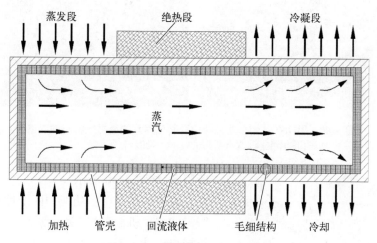

图 3.48   热管结构及其工作原理

客户航天器的热控系统设计与传统航天器有一定的相似性,主要包括系统飞行程序制定及其热控设计工况选择、整星功耗分配、遥测点布置、遥控指令分配、整星热控设计、主散热面选择、有效载荷及关键设备热控设计、热平衡试验设计等。在局部热控方面,客户航天器热控系统需要进行适应性修改设计,以保障客户航天器在轨接受各类服务任务。对于在轨组装大型空间系统,为适应热控系统在轨可接受服务,需要注意整星层面的热控设计。针对热控系统的可接受服务设计,需要在保障整星及其热控正常运行情况下,对局部热控器件进行适应性设计。

2) 保障接受服务的热控系统设计

为保障客户航天器在轨接受服务,热控系统应针对客户航天器各类硬件进行适应性设计,包括采取主、被动热控措施,以及针对硬件维护的热控连接分离进行特殊设计。此外,还需要关注系统在轨接受服务过程中的温度环境保障等。

(1) 客户航天器的热控设计。热控系统作为一类特殊的支撑系统,将为有效载荷及其他支撑系统接受在轨服务提供保障。以对于温度环境有特殊要求的光学遥感载荷为例,通常采用光-机-热一体化设计。通过对常规硬件采取表面热控处理、热控多层、电加热等相应的主被动热控相结合的手段,完成各配套设备的适应性设计。

对于硬件更换等服务操作,在涉及热控连接分离时,需要按照目标硬件的热控状态进行设计,包括接触式热传导以及工质传热方式。接触式热传导是在安装面局部应用特殊材料,以满足热控连接需求,典型案例是德国 iBOSS 计划的标准模块设计。该模块应用了铜基碳纳米管高导热复合材料技术,如图 3.49 所示为接口最外圈环形面传热结构。采用垂直排列碳纳米管复合材料的创新设计方法,实现碳纳米管阵列热导率为 3 000 W/(m·K),结构真空条件传热系数达到 600 W/(m²·K)。对于工质传热方式,热控系统的保障设计需要在硬件拆装环节开展热接口的特殊设计,以机械连接分离为基础,满足热控功能的通

图3.49　iBOSS 计划多功能接口及其应用到的高导热材料微观结构
（图片来源：Kortmann et al.，2014）

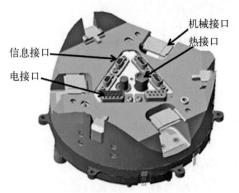

机械接口
热接口
信息接口
电接口

图3.50　ORU 多功能接口及其热接口布局
（图片来源：Vinals et al.，2018）

断服务，如图3.50所示。

对于热控接口多功能的匹配性设计，可参考"3.2.2.3　机械系统"关于服务接口的设计。热控接口设计关键在于防泄漏，因此一般将其布局于多个机械锁紧接口的内侧位置，以获得模块拆装时热接口的最佳连接刚度。

按照客户航天器有效载荷及各支撑系统工作要求，热控系统还应开展必要的热控遥测与遥控设计，作为信息系统设计的一部分内容。

（2）在轨服务的温度环境保障。客户航天器接受在轨服务任务时，包括在轨加注、模块更换、在轨组装与制造等，热控系统需要针对具体服务操作、航天器局部需求提供必要的温度环境保障。对于在轨加注任务，温度参数对推进剂传输压力、加注效率产生影响，因此需要在推进剂加注阀体及管路局部进行控温设计。主动加热方式是此种条件下的热控设计首选，同时应结合组合体对日姿态调整等辅助手段，获得满足要求的局部温度环境。对于蓄电池等模块更换服务，需要进行相应的模块热控设计，以保证蓄电池在服务操作后的温度条件可控。

此外，客户航天器一般配置有各类精密器件，包括有效载荷、敏感器等。由于其对温差引起的热变形极为敏感，需要在接受服务过程采取必要的热控措施以提供相应的温度环境保障。对于在轨制造各类工艺途径，包括焊接、增材制造等，也需要针对性地进行热控设计，为工艺设备的温度条件和成型结构性能提供保障。

3）热控系统的可接受服务设计

关于客户航天器热控系统的可接受服务设计，主要包括两个方面：首先，是聚焦于主被动热控器件的服务，如损坏维修、替换更新等；其次，是针对在轨组装大型空间系统的模块化热控部件的安装及扩展。按照上述设计，客户航天器在接受服务操作之后，应及时测试与评估热控系统工作状态，确保满足有效载荷及各支撑系统相应部件的热控需求。

对于被动热控器件的服务,如热控多层、隔热屏、辐射器等,可接受服务设计的关键在于在轨服务操作的便捷性。相对柔软的热控多层和板状的隔热屏与辐射器,需要分别针对机器人抓捕、维护的具体过程进行设计。同时,还应保证服务后的热控器件状态,其中被动热控器件服务后与客户航天器特定部位应实现可靠安装。如图 3.51 所示,应关注被动热控器件的粘接部位、填充物形式、辐射器贴合形式等,以满足隔热与传热需求。对于含工质的模块化热控器件,设计重点在于可靠的热连接及其服务便捷性,可参考图 3.50 进行热控功能接口及其布局设计。

图 3.51　低轨原子氧及微流星体环境分别导致的舱表热控多层及隔热屏受损
(图片来源: Shayler 和 Harland, 2016)

对于主动热控器件的服务,如电加热器、环路热控的循环泵、热控流体回路等,需要根据器件特征分别进行设计。首先,对于电加热器等相对尺寸较小的器件,在有效载荷或其他设备局部的电加热器受损情况下,其服务适应性设计需要满足精细化要求,包括电加热器的布局安装以及电连接等。其次,对于易进行模块化设计的主动热控器件,如控制器、循环泵等,其模块化设计与前述各节的单机设备类似。具体设计内容包括模块内部的集成、模块本体的结构机构设计、设备布局的可操作性等。对于主动型热控系统,需要特殊考虑的是其热连接设计,可根据传热途径的具体选择相应的热连接,包括接触传热、液路断接器的通断保证及其与机械接口的匹配性设计等。再次,对于热控流体回路的服务适应性设计,同样应重点关注局部的热连接设计。最后,由于热控流体回路实施热控保障的范围较宽,应关注流体回路接受服务时相关配套设备的热控状态是否满足要求。

对于在轨组装大型空间系统的模块化热控部件的安装及扩展,主要涉及两个方面的特殊设计。首先,参考上述主被动热控器件服务进行适应性设计,满足各支撑系统的在轨组装及扩展需求。其次,针对大型空间系统在轨任务期间的系统重构需求对热控系统进行设计,包括局部热控器件的服务操作、系统重构引起的局部热耗状态发生较大调整时的热控总体方案变化、热控遥测遥控需求变化等。

3.3 典 型 应 用

根据本章介绍，模块化设计作为客户航天器的突出特点，可以划分为分系统级、设备级以及整个系统完全模块化设计三个层次。在本章引用介绍的案例中，"多任务模块化航天器"（MMS）和"可在轨重构与服务操作的空间科学探索项目"（ROSE）属于典型的分系统级的模块化设计。"模块化、可重构、高能量技术项目"（MRHE）和"用于卫星在轨服务的智能模块建造系统"（iBOSS）则分别属于典型的设备级、完全模块化的设计。相比较而言，分系统级的航天器平台构型布局简单，但如前所述其布局效率不高。随着模块化航天器设计技术发展，围绕可接受在轨服务航天器系统设计越来越青睐于设备级、完全模块化的设计思路。本节典型应用选取 MRHE、iBOSS 两个案例进行介绍。

3.3.1 设备级的模块化卫星平台

MRHE 项目全称为模块化、可重构、高能量技术（Modular, Reconfigurable, High-Energy Technology），由 NASA 马歇尔航天飞行中心抓总。MRHE 项目计划实施太阳能发电等六大攻关任务，最终完成大型系统在轨组装构建并可在轨接受服务。各项攻关任务包括：① 轻便、高效、高电压、抗辐射的太阳能发电技术；② 新型轻质高效的热管理技术；③ 高效的 100 kW 级高电压电力传输与电推进实现技术；④ 模块化可组装可重构航天器及其自主交会对接技术；⑤ 机器人自主组装技术；⑥ 模块化可重构布局电子系统技术。

MRHE 模块化卫星平台构型与布局设计如图 3.23 所示。平台采用八面体形式构型，适应 Delta 2‑6915 型运载支架四点接口设计。为实现完全意义上的模块化布局，平台构型设计进行了创新，采用框架式主承力结构，各类设备按照系统设计进行布局。由于平台模块化构型的设计优势，各类设备包括收拢状态的太阳电池阵，均能够以独立模块的形式围绕主结构进行布局。卫星主框架结构采用了正方形铝合金管，截面尺寸（长×宽×壁厚）为 50.8 mm×50.8 mm×2.11 mm（卫星内侧）、50.8 mm×50.8 mm×3.18 mm（卫星外侧）。整星平台高度为 3.21 m（不含有效载荷），横向尺寸均为 1.7 m。

为实现高效灵活的构型布局目标，MRHE 模块化平台采用非对称式布局设计，底部靠近星箭分离面布局有大质量的推进剂贮箱与氙气瓶。在靠近平台顶部和外侧，按照任务需求布局有电源、指令与数据处理、通信、姿轨控、热控、交会对接等各类支撑系统设备和大型电池阵。按照平台模块化在轨可更换与重构需求，各支撑系统的配套设备进行了模块化、标准化设计。

MRHE 卫星平台的质量分布如下（单位：kg）：

太阳电池阵及其配套机构（2 组）	125
计算机与数据处理	57
通信	27
姿态控制	40
电推进	180

单组元推进	137
电源系统	210
电池	75
电缆	35
自主对接系统	40
结构及热控	285
旋转及对接机构	70
可展开支撑桁架(2 组)	60
机械臂	25
设计余量	273
干重(包含设计余量)	1 640
有效载荷	150
推进剂	700
整星重量	2 490

3.3.2　完全模块化的航天器

iBOSS 项目全称为"用于卫星在轨服务的智能模块建造系统"(Intelligent Building Blocks for On-Orbit Satellite Servicing),是 DLR 抓总在研的在轨服务项目。DLR 对于空间系统模块化设计的最初灵感,来自日常生活中的模块化产品,如乐高积木玩具、汽车内饰中的模块化音乐播放系统等。iBOSS 航天器采用各类模块组装而成,各模块装配时采用标准化的机械、电、数据接口。在地面研制时,按照系统任务需求进行较大程度上的组合设计。在轨服务时,系统可实现相对灵活的组装、重构,从而可以适应多种航天器的任务需求,如图 3.52 所示。

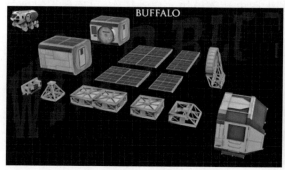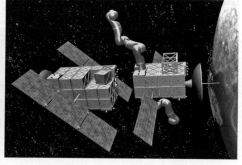

图 3.52　乐高积木创意与 iBOSS 模块化航天器设想(图片来源: Adomeit et al. , 2013)

iBOSS 模块化航天器从整体组成上划分为两类模块,分别为载荷模块、结构模块。在进行系统设计时,通过两种途径实现系统模块化设计。首先,兼顾载荷设备和平台设备安装及主结构承载功能,此时只有设备模块。其次,载荷模块与结构模块独立设计,结构模块主要为承载,载荷模块主要为安装载荷,这样的载荷模块设计功能需求独立,易于实现工程开发。对于第一种方案,iBOSS 系统能够实现在轨 100% 可重构。对于第二种方案中的结构模块,由于是作为一个整体的"大模块"来实现承载,因此不具备重构功能,此时该构型仅设备模块可以在轨重构,因此也称作"结构模块+设备模块"方案。在详细设计时,可根据系统方案将各类设备布局到相应位置的载荷模块中。关于结构模块的承载设计,可按传统卫星布局方案将大质量贮箱等推进系统设备进行优先布局在卫星的中心纵轴上、或沿中心纵轴均布。此时,结构模块的组成形式包括四种实现途径,如图 3.53 所示,包括砖结构形式、整体框式、整体板式、整体壳式。除整体板式外,每类形式的单个结构模块尺寸约 40 cm×40 cm×40 cm。各种结构模块形式在详细设计均需要兼顾主承力、贮箱等大质量设备和其他有特殊要求设备的布局、系统在轨组装扩展等。

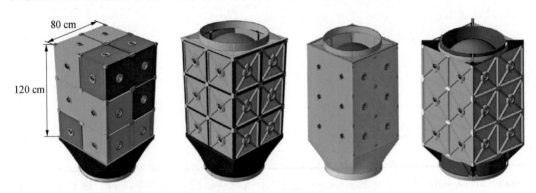

图 3.53　结构模块的四类组成形式(图片来源: Adomeit et al., 2013)

对于 iBOSS 项目的工程应用与在轨服务任务实施,主要包括以下四种场景。

(1) 传统卫星设计有一组标准 iBOSS 接口,当设备在轨发生故障或损坏时,利用该接口可在轨安装相应设备的备份模块单元。以太阳电池阵为例,某卫星装载四组太阳电池阵,两两一组对称布局于星体两侧,当其中一组太阳电池阵发生故障无法展开时,利用卫星预先设计的组装接口可在轨装配备份的太阳电池阵模块并启动工作,可确保卫星恢复正常运行状态。

(2) 卫星设计时,提前将在轨故障概率较高的配套设备单独安装至数个模块,此时卫星其他大部分设备仍为传统设计形式,与卫星本体进行集成化设计。

(3) 卫星设计有足够多的模块,成为完全意义上的模块化卫星。

(4) 通过研制大型空间平台,通过配置数量较多的各类设备模块,满足其他客户航天器进驻停靠以及模块更换。平台初始发射时仅需要携带测控通信模块,然后通过运输飞行器,实现平台设备模块的补给与扩充。

3.4　小　　结

客户航天器是在轨服务的接受方,其系统设计特点可概括为以下三个方面。

(1) 客户航天器在系统设计时需要分析体系顶层需求、工程系统约束和在轨服务要求,确定系统基本功能组成,提出客户航天器内外部接口要求。对于客户航天器的轨道选择和总体参数预算,需要重点考虑在轨服务大系统的架构设计。其中,需要特别关注服务航天器和运输航天器的能力包络,以及客户航天器自身运行状态和在轨服务需求。

（2）对于客户航天器有效载荷设计,首先应明确系统在轨接受服务的功能需求定位,包括维护型、组装型、制造型。其次,客户航天器有效载荷应考虑系统在轨工作模式、在轨接受服务的具体实施过程。再次,对于三类可接受服务的有效载荷系统,应根据其功能特点分析明确指标参数体系。对于载荷可服务性设计,须重点关注模块化设计、服务可达、组装规划、支撑结构刚度、组装接口精度、在轨测量与标定、可重构等各类要求。最后,有效载荷系统设计还应兼顾其他支撑系统的设计约束。

（3）类似于传统航天器平台的保障作用,客户航天器各支撑系统设计是系统可接受服务的重要保障。本章在阐述各支撑系统特点时,突出各支撑系统为保障客户航天器顺利接受在轨服务所必要的功能设计,以及各支撑系统自身接受在轨服务的设计要素。客户航天器各支撑系统在这两个维度的特点并不要求完整出现在具体某一个航天器。针对客户航天器特定的系统需求,可对各支撑系统设计要素和有效载荷与系统总体特点进行选择与组合。

参 考 文 献

陈小前,袁建平,姚雯,等,2009.航天器在轨服务技术[M].北京:中国宇航出版社.

陈小前,张翔,黄奕勇,等,2022.卫星在轨加注技术[M].北京:科学出版社.

敬忠良,袁建平,等,2011.航天器自主操作的测量与控制[M].北京:中国宇航出版社.

韩伟,姜志杰,黄奕勇,等,2019.面向小型自主航天器的锥-杆式对接机构锥面构型设计[J].空间科学学报,39(2):228-232.

黄奕勇,李强,陈小前,等,2011.自主在轨服务航天器空间对接过程建模与仿真[J].计算机仿真,28(10):57-60.

李劲东,等,2018.航天器系统设计[M].北京:北京理工大学出版社.

刘永健,刘育强,石军,等,2012.航天器模块划分数值优化方法[J].中国空间科学技术,32(1):77-83.

苗建印,钟奇,赵启伟,等,2018.航天器热控制技术[M].北京:北京理工大学出版社.

欧阳琦,赵勇,陈小前,2010.共面圆轨道航天器在轨服务任务规划[J].中国空间科学技术,30(1):34-40.

庞羽佳,李志,陈新龙,等,2016.模块化可重构空间系统研究[J].25(3):101-108.

彭成荣,2011.航天器总体设计[M].第2版.北京:中国科学技术出版社.

谭春林,刘永健,于登云,2008.在轨维护与服务体系研究[J].航天器工程,3:45-50.

谭维炽,胡金刚,2009.航天器系统工程[M].北京:中国科学技术出版社.

解永春,雷拥军,郭建新,2018.航天器动力学与控制[M].北京:北京理工大学出版社.

杨维维,陈小前,赵勇,等,2010.面向在轨服务的自主对接控制方法与试验研究[J].航天控制,28(4):35-39.

袁家军,等,2004.卫星结构设计与分析[M].北京:中国宇航出版社.

张柏楠,2011.航天器交会对接任务分析与设计[M].北京:中国科学技术出版社.

张庆君,刘杰,等,2018.航天器系统设计[M].北京:北京理工大学出版社.

赵和平,何熊文,刘崇华,等,2018.空间数据系统[M].北京:北京理工大学出版社.

中国科学院,2018. 新型飞行器中的关键力学问题[M]. 北京：科学出版社.

周志成,曲广吉,2013. 通信卫星总体设计和动力学分析[M]. 北京：中国科学技术出版社.

Adomeit A, Lakshmanan M, Schervan T, et al., 2013. Structural Concept and Design for Modular and Serviceable Spacecraft Systems [C]. 54th AIAA/ASME/ASCE/AHS/ASC Structures, Structural Dynamics, and Materials Conference, Boston.

Baldauf B, Conti A, Folkman M, et al., 2015. Modular Orbital Demonstration of an Evolvable Space Telescope (MODEST)[C]. AIAA SPACE 2015 Conference and Exposition, Pasadena.

Benedetti S L, Cahill T S, Chan R, et al., 1999. Modular Spacecraft Bus[P]. United States Patent, US 6, 206,327 B1.

Carrington C, Howell J, 2006. Modular, Reconfigurable, High-Energy Technology Development[C]. IEEE Aerospace Conference, Big Sky.

Cataldo G, Chodas M, Davé P, et al., 2014. Tradespace Investigation of a Telescope Architecture for the Next-Generation Space Astronomy and Exploration[R].

Chen Y, Huang Y Y, Chen X Q, et al., 2011. Development of Simulation Testbed for Autonomous On-Orbit Servicing Technology [C]. 2011 IEEE 5th International Conference on Robotics, Automation and Mechatronics (RAM), Qingdao.

Christiansen S, Nilson T, 2008. Docking System Mechanism Utilized on Orbital Express Program [C]. Proceedings of the 39th Aerospace Mechanisms Symposium, Huntsville.

Cougnet C, Gerber B, Heemskrek C, et al., 2006. On-Orbit Servicing System of a GEO Satellite Fleet [C]. Proceedings of the 9th ESA Workshop on Advanced Space Technologies for Robotics and Autonomation, Noordwijk.

Ditto T D, 2014. HOMEs Holographic Method for Exoplanet Spectroscopy[R]. NASA Innovative Advanced Concepts.

Dorsey J T, Watson J J, 2016. Space Assembly of Large Structural System Architectures (SALSSA)[R]. NASA Langley Research Center.

Ennico K, 2005. Configurable Aperture Space Telescope[R]. Early Stage Technology Workshop, NASA Ames Research Center.

Falkenhayn E, 1988. Multimission Modular Spacecraft (MMS)[C]. AIAA Space Programs and Technologies Conference, Houston.

Feng L C, Ni Q, Chen X Q, et al., 2016. Optimal Sliding Mode Control for Spacecraft Rendezvous with Collision Avoidance[C]. 2016 IEEE Congress on Evolutionary Computation (CEC), Vancouver.

Goeller M, Oberlaender J, Uhl K, et al., 2012. Modular Robots for On-Orbit Satellite Servicing[C]. IEEE International Conference on Robotics and Biomimetics, Guangzhou.

Goff J A, Kutter B F, Zegler F, et al., 2009. Realistic Near-Term Propellant Depots[C]. AIAA SPACE 2009 Conference & Exposition, Pasadena.

Green J C, 2008. The Modern Universe Space Telescope[Z]. AIAA Book.

He H F, Chen X F, Yin Z Y, 2022. Intelligent Decision-Making Method for On-Orbit Service with Multiple Geosynchronous Earth Orbit Targets Based on Reinforcement Learning[C]. Proceedings of 2021 5th Chinese Conference on Swarm Intelligence and Cooperative Control.

Hogstrom K, Backes P, Burdick J, et al., 2014. A Robotically-Assembled 100-meter Space Telescope [C]. 65th International Astronautical Congress, Toronto.

Hoyt R P, Cushing J I, Slostad J T, et al., 2013. SpiderFab: An Architecture for Self-Fabricating Space Systems[R].

Imaida T, Yokokohji Y, Doi T, 2001. Ground-Space Bilateral Teleoperation Experiment Using ETS-Ⅶ Robot Arm with Direct Kinesthetic Coupling[C]. Proceedings of the 2001 IEEE International Conference on Robotics & Automation, Seoul.

Jankovic M, Kumar K, Gomez N O et al., 2015. Robotic System for Active Debris Removal: Requirements, State-of-the-art and Concept Architecture of the Rendezvous and Capture (RVC) Control System[C]. 5th CEAS Air & Space Conference, Delft.

Kortmann M, Dafnis A, Reimerdes H G, 2014. Development and Breadboard Testing of a Mechanical Coupling Interface for Modular Spacecraft Systems [C]. 13th European Conference on Spacecraft Structures, Materials & Environmental Testing, Braunschweig.

Kosmas C S, 2005. The HERMES On-Orbit-Servicing System Architecture for Inspection and Transportation Services at GEO[R]. Report of Kosmas GEO-Ring Services.

Li W J, Chen D Y, Liu X G, et al., 2019. On-Orbit Service of Spacecraft: A Review of Engineering Developments[J]. Progress in Aerospace Sciences, 108: 32 - 120.

Lymer J, Hanson M, Tadros A, et al., 2016. Commercial Application of In-Space Assembly[C]. AIAA SPACE 2016, Long Beach.

Miller D W, Mohan S, Budinoff J, 2006. Assembly of a Large Modular Optical Telescope (ALMOST)[R].

Muller R M, 1999. Robotic Assembly of a 20 - Meter Space Telescope with Extension to 40 - Meter Telescopes [R]. Boeing Company Engineering Services Division.

NASA, 2014. Nimbus: NASA Remembers First Earth Observations[R].

NASA, 2015. Magnetospheric Multiscale Satellite (MMS)[R].

National Aeronautics and Space Administration Goddard Space Flight Center, 2010. On-Orbit Satellite Servicing Study Project Report[R].

Nishida S, Yoshikawa T, 2006. A New End-effector for On-orbit Assembly of a Large Reflector[C]. 9th International Conference on Control, Automation, Robotics and Vision (ICARCV 2006), Singapore.

Ogilvie A, Allport J, Hannah M, et al., 2008. Autonomous Satellite Servicing Using the Orbital Express Demonstration Manipulator System[R]. DARPA Report.

Postman M, 2009. Advanced Technology Large-Aperture Space Telescope (ATLAST): A Technology Roadmap for the Next Decade[R].

Reed B, 2017. Cooperative Service Valve, by the Satellite Servicing Projects Division[R]. NASA Goddard Space Flight Center.

Rossetti D, Keer B, Panek J, et al., 2015. Spacecraft Modularity for Serviceable Spacecraft[R]. AIAA Report.

Shayler D J, Harland D M, 2016. The Hubble Space Telescope From Concept to Success[M]. Chichester: Springer/Praxis Publishing.

Shayler D J, Harland D M, 2016. Enhancing Hubble's Vision Service Missions That Expanded Our View of the Universe[M]. Chichester: Springer/Praxis Publishing.

Somov Y, Butyrin S, Somova T, 2022. A Space Robot Control at Approaching and Inspecting a Geostationary Satellite State[J]. Cybernetics and Physics, 11(1): 30 - 36.

Sorenson S E, Nurre Pinkley S G, 2022. Multi-Orbit Routing and Scheduling of Refuellable On-Orbit Servicing

Space Robots[J]. Computers & Industrial Engineering, 12, 108852.

Stengel R, 2016. Spacecraft Configurations, Space System Design[R]. Princeton University.

Thangavelu M, Isarraras J, 2012. Autonomous Large Distributed Cubesat Space Telescope (ALDCST), ASTE-527 Graduate Space Concept Studio: Midterm Presentations [R]. University of Southern California.

Vinals J, Urgoiti E, Guerra G, et al., 2018. Multi-Functional Interface for Flexibility and Reconfigurability of Future European Space Robotic Systems[J]. Advances in Astronautics Science and Technology, 1: 119-133.

Weise J, Brieβ K, Adomeit A, et al., 2012. An Intelligent Building Blocks Concept for On-Orbit-Satellite Servicing[R]. Publikationsserver der RWTH Aachen University.

Willenberg H, Potter S, Renfro J, et al., 2002. Technology Status and Planners' Guide for In-Space Servicing [R]. NASA Report.

第 4 章
服务航天器

4.1 概　　述

　　服务航天器是指在轨提供各类服务操作的航天器。根据在轨服务任务需求的不同，服务航天器划分为在轨维护以及在轨组装两大类：① 在轨维护类的服务航天器，主要是为客户航天器提供故障检测，通过捕获对接完成客户航天器的故障维修、故障模块更换、轨道重置、推进剂加注等服务，还包括对到期失效或故障航天器及空间碎片的清理，国外维护类服务航天器的典型案例包括自主交会对接技术验证项目(DART)、通用轨道修正系统(SUMO)、Restore‑L、静止轨道服务机器人(RSGS)等；② 在轨组装类的服务航天器，主要是为各类在轨组装大型空间系统提供构建服务，例如蜻蜓计划的服务航天器(Dragonfly)、建筑师(Archinaut)计划的构建服务航天器等。

　　服务航天器的系统特点与客户航天器显著不同。客户航天器除了能够接受在轨服务，其系统可以是携带特定有效载荷、满足用户要求的独特航天器。但对于服务航天器来说，在轨飞行任务仅聚焦为客户航天器提供在轨服务。因此，服务航天器的有效载荷配置是与特定的在轨服务任务相对应，其平台支撑系统也需要围绕服务载荷以及系统在轨提供服务的要求进行相应配置。

　　本章聚焦服务航天器，介绍服务航天器的基本组成，针对系统总体、有效载荷和控制系统，介绍其适应服务任务需求所进行的特殊设计。关于服务航天器的机械、热控等平台其他支撑系统，由于和传统航天器差异不大，故不再赘述。对于相关支撑系统的共性特点，可参考 3.2.2 节。最后，本章介绍不同类型服务航天器的应用实例。

4.2 系 统 概 况

4.2.1　基本组成

　　服务航天器是由有效载荷和航天器平台两部分组成，根据在轨服务的不同任务应用需求，服务航天器有效载荷包括在轨感知载荷、服务操控载荷、服务任务配套设备等。航天器平台包括机械系统、控制系统、推进系统、信息系统、电源系统、热控系统等，如图4.1 所示。

　　基于第 3 章关于客户航天器的介绍，客户航天器可分为合作式和非合作式两大类型。

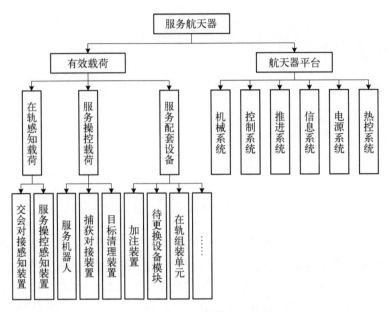

图 4.1 服务航天器系统组成

合作式客户航天器是指其经过了特殊设计以配合完成在轨服务任务。对于非合作式客户航天器，并没有专门进行接受服务的适应性设计，包括抓捕被动端、测量标志器等。服务航天器包含有三大类有效载荷，分别为在轨感知载荷、服务操控载荷、服务配套设备载荷。在轨感知载荷主要是为服务航天器与客户航天器、空间碎片的自主抵近、特征识别，为对接、精细操作、清除等任务提供输入与引导，一般两器距离不同，对测量感知载荷的应用需求不同。服务操控载荷的范畴较广，涵盖服务机器人、各类捕获对接装置、目标清理装载等载荷。其中，服务机器人载荷是服务航天器的核心配置，为在轨服务各项精细维修操作能力提供保障。服务配套设备载荷是指为实现特定服务任务的配套设备，如提供模块更换服务时的待更换设备模块。

服务航天器平台在系统组成方面与传统航天器相同，但在支撑系统详细设计时须聚焦提供服务任务的总体要求。以控制系统为例，需保证服务航天器具备对客户航天器的超近距离悬停能力、近距离绕飞能力、组合体参数自主辨识能力、组合体智能控制能力等。与普通航天器相比，服务航天器自主化、智能化的要求更高，因此其信息系统应具备服务任务自主规划能力。

4.2.2 系统特点分析

4.2.2.1 系统总体

针对在轨服务任务需求分析，服务航天器应具有以下一种或几种能力特点。

1）自主交会、抵近、绕飞与悬停能力

利用感知测量载荷，服务航天器在远程导引支持下抵近目标至近程导引敏感器捕获目标，在空间态势感知系统或地面控制中心等辅助支持系统帮助下，测量感知系统引导服务航天器持续抵近目标并悬停。在对客户航天器实施捕获对接前，服务航天器可对客户航天器进行自主绕飞,以准确获取客户航天器的姿态及物理特性。服务航天器可自主绕飞至客户航天器捕获对接面,并继续抵近至对接锁紧系统工作范围。在上述飞行过程中,服务航天器可根据相对测量信息实现系统相对姿态和轨迹的自主控制。

2)目标成像识别与相对位姿测量能力

对于非合作式客户航天器,服务航天器对其绕飞过程中须能够在无先验信息、无合作接口条件下进行目标成像识别和特征提取。通过感知测量获得的可见光图像,并对局部特征进行比对分析,可完成客户航天器的三维模型重建。在此基础上通过获取目标局部特征,服务航天器确定可供捕获对接的目标位置。与此同时,服务航天器需要测量客户航天器的相对位姿,对其自旋轴和自旋角速度运动状态准确感知。最终,基于客户航天器的运动状态和特征部位信息,服务航天器对其实施抓捕和对接并执行相关的在轨服务操作。

3)捕获对接能力

对于合作式客户航天器,服务航天器可通过其被动端的适配器进而完成捕获对接。对于非合作式客户航天器,通过识别其对接环、轨控发动机喷管等特征位置,服务航天器可对其完成捕获对接。针对处于自旋状态的客户航天器,服务航天器首先要利用消旋装置实现客户航天器消旋,然后再对其完成捕获对接。针对非合作式客户航天器的服务任务,服务航天器应具备对客户航天器不同部位、不同尺寸及一定运动状态的抓捕适应能力。

4)在轨补加能力

针对合作式与非合作式客户航天器的在轨补加任务,服务航天器应具备相应的补加能力,推进系统配套应明确推进剂补加装置。对于合作式客户航天器,由于已配置合作式的对接加注接口,因此服务航天器的补加操作应简单清晰。在双器建立稳定连接后,由服务机器人打开客户航天器的加注接口保护盖并完成加注接口可靠对接,实现合作式客户航天器推进剂补加。对于非合作式客户航天器,由于其没有预先配置补加接口,其推进剂补加操作相对复杂。一般来说,可将非合作式的补加操作分为以下过程,包括切割舱体结构板等覆盖物、切割推进剂输送管、移除阀帽、在轨加注和恢复覆盖物。与合作式客户航天器相比,服务航天器的非合作式补加操作对服务机器人的精细操作要求显著提高。

5)轨道部署与保持能力

服务航天器与客户航天器交会对接后,通过组合体转动惯量等参数辨识,服务航天器应自主调整控制策略,并开展组合体控制策略在轨测试。对于接管姿轨控的在轨服务任务,由服务航天器执行组合体轨道机动,将组合体部署到客户航天器的原工作轨道,实现客户航天器恢复运行。在客户航天器运行过程中,由服务航天器提供运行所必需的轨道保持和姿态控制功能。

6)辅助离轨能力

上述关于接管姿轨控的在轨服务,在客户航天器有效载荷终止运行后,由服务航天器对客户航天器进行离轨处置。按照服务航天器的任务规划,此时服务航天器可随组合体一起退役,或者与客户航天器分离后继续执行在轨服务任务。

对于自旋、章动状态的失效航天器及空间碎片，服务航天器可利用飞网、飞矛等目标清理装置进行抓捕。通过软绳连接，形成服务航天器和目标的绳系组合体，并由服务航天器进行拖曳直至完成目标离轨。在拖曳过程中，服务航天器需要对绳系组合体实施协同控制，保证在绳系受载合理，并且服务航天器与失效航天器及空间碎片无碰撞风险。在拖曳目标完成离轨后，由服务航天器特殊装置切断系绳，实现服务航天器与目标可靠分离，最终完成辅助离轨的服务任务。

7) 在轨维修维护能力

对客户航天器进行维修维护是服务航天器的核心能力之一。对于无人在轨服务，主要是依靠服务航天器安装的服务机器人系统。关于服务机器人的典型服务操作，可包括以下类型，分别为模块更换、太阳电池阵、天线等大型附件的辅助展开、热控多层等柔性器件修补、线缆操作、模块组装等。对于合作式客户航天器，服务航天器的机器人系统可根据具体的服务任务需求，对服务操作末端工具进行相应配置。对于复杂的服务操作任务，服务航天器可按需配置多机器人的协同操作系统，并可按需搭载相应类型的末端操作工具。对于非合作式客户航天器，由于维修操作难度大幅提高，例如针对线缆、局部接口的操作一般面临空间狭小，对机器人的高精度操作要求更为突出。关于上述各类维护操作能力，一般应在地面研制过程中完成相应的试验验证。对于在轨应急操作或非合作目标的特殊操作，往往只能在轨临时制定服务策略。这种特殊情况下，机器人在具体操作实施前可能仅进行有限的在轨验证，或者借助平行系统开展模拟验证并对实际操作效果进行预测与评估。

8) 在轨资源复用能力

在轨资源的重复利用主要是故障或失效航天器上仍能正常工作的部分进行回收利用，包括对有效载荷、设备、构件甚至局部器件等。凤凰计划是针对该能力的典型应用，以此为例分析其复用过程包括以下五个步骤：① 服务航天器与退役卫星交会并完成捕获对接；② 服务航天器利用机械臂把多个具有不同功能（如具有馈源和转发器、姿态控制等功能）的细胞卫星安装到退役卫星的天线反射面，并完成电性能连接；③ 借助特殊的切割工具，机械臂将退役卫星天线载荷的支撑臂切断，完成天线反射面回收，天线反射面及安装其上的多颗细胞卫星形成新的组合式卫星；④ 服务航天器携带新卫星实施轨道机动，当飞行到 GEO 指定工作轨道时，服务航天器释放新卫星，后者按照新的系统状态投入使用；⑤ 服务航天器轨道机动至与新卫星相距不远的位置上进入停泊状态，并向新卫星提供中继通信、无线能量传输和定期的轨道保持服务。

9) 在轨制造与组装能力

随着大型空间系统应用需求的发展，新型航天器系统规模将远超运载火箭的发射能力，在轨制造与组装能力成为实现上述系统构建的关键。在轨制造包括等材制造、增材制造、减材制造三种方式。借助不同部件、模块，甚至是子航天器，在轨组装可构建形成新的空间系统。根据大型空间系统在轨组装构建任务规划，可将各组装单元进行分批次发射。服务航天器及其配置的机器人等组装操作载荷，将为上述组装构建任务提供支撑，包括组装单元识别、转移、组装、测量等。在大型空间系统长周期运行过程中，进行必要的系统维护、局部设备更换或组装扩展等。

4.2.2.2　有效载荷

服务航天器的有效载荷包括在轨感知载荷、服务操控载荷以及服务配套设备。根据图 4.1 所示各载荷类型细分,结合在轨服务任务实施流程分析,服务操控载荷是服务航天器最终实施在轨服务的"工具"。在轨感知载荷包括交会对接感知、操控感知两大类。服务操控载荷主要包括服务机器人、捕获对接装置、目标清理装置三种类型。本节将对交会对接感知装置、捕获对接装置以及目标清理三类载荷进行重点介绍,关于服务机器人载荷,由于其发展和应用相对成熟,本节仅作概括描述。有关服务机器人载荷的详细组成和特点,将在第 7 章进行介绍。

1) 交会对接感知装置

与客户航天器的交会对接是开展所有在轨服务任务的第一步,可以划分为交会过程与对接过程。交会过程指两个航天器在交会轨道上接近的过程。对接过程指两个航天器接近至捕获对接装置工作范围时,由主动一方通过捕获对接装置对被动一方完成初始捕获和刚性连接的过程。交会对接过程一般分为远距离导引段、近距离导引段、抵近绕飞段、捕获对接段共四个阶段:① 在远距离导引段,一般是从服务航天器接受任务开始,在地面测控网引导下服务航天器变轨至远程测量敏感器能捕捉到客户航天器的范围内,一般可抵近至数十公里;② 在近距离导引段,服务航天器进一步抵近至距客户航天器数百米范围内;③ 在抵近绕飞段,服务航天器抵近至客户航天器数十米范围内。对于非合作式客户航天器,此时将通过对接感知载荷对客户航天器的基本特征进行测量,并在感知手段允许情况下对客户航天器实施三维重建,分析确定对接走廊和客户航天器的运动特性、抓捕位置;④ 在捕获对接段,由服务航天器抵近客户航天器至数米范围,捕获对接机构工作,完成对客户航天器的捕获对接。

按照功能需求,服务航天器交会对接相关的支撑系统应包括交会对接感知装置、GNC系统(将在第 4.2.2.3 节控制系统中详细介绍)、对接机构、地面测控站及其他支持设备等,如图 4.2 所示。其中,交会对接感知装置、捕获对接装置是服务航天器专门为交会对接状态进行配套的有效载荷。在特殊情况下,针对处于自旋状态的客户航天器,服务航天器的捕获对接装置还应具备消旋功能,以确保对客户航天器可靠对接,同时保证在捕获对接过程中对服务航天器自身运行状态不产生较大影响。

交会对接感知装置为交会对接过程提供输入和引导,主要是对两个航天器之间的相对位置、速度和姿态的测量。随着交会距离由远到近,交会对接感知装置的测量目标从点目标逐步调整为体目标,测量参数逐步增多,测量精度也随着两器相对距离的抵近而提高。按照测量方法不同,交会对接感知装置可分为微波交会雷达、激光交会雷达、光学成像系统、位置敏感器等。

(1) 微波交会雷达。微波交会雷达可完成测距、测速、测角任务,其物理基础是微波在均匀介质中传播的直线性和雷达天线的方向性。微波交会雷达系统的测量距离可覆盖数百千米至几十米,主要分为主动式雷达系统、合作模式雷达系统、二者耦合系统等。系统的工作模式可分为搜索模式、跟踪模式等。对于主动式雷达系统,是由雷达发射电磁波,然后接收经目标反射回来的电磁波,从而完成对目标特性的探测。对于合作模式雷达系统,与主动式雷达系统的主要区别在于,前者接收的主要电磁波并非是经由客户航天器

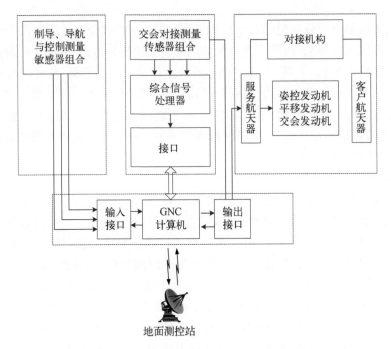

图 4.2 交会对接系统(图片来源:张淑琴,2005)

反射,而是由装载于客户航天器的应答机所转发的。相比较而言,后者探测距离更远,功耗更小。典型雷达系统组成如图 4.3 所示,可以看出上述所述主动式、合作模式两类雷达系统的工作原理。

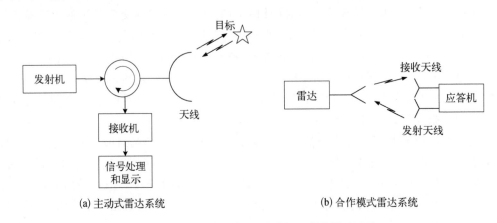

图 4.3 微波雷达系统(图片来源:张淑琴,2005)

(2) 激光交会雷达。激光交会雷达具有测距、测速、测角、捕获、跟踪等能力,且可获得目标的三维图像。图 4.4 所示为激光交会雷达的基本组成,包括激光发射机、接收机、光学天线、光束偏转器、信号处理单元等。按照功能不同,激光交会雷达可细分为激光测距雷达、激光测速雷达、激光跟踪雷达、激光成像雷达等。关于激光交会雷达测距,可采用脉冲直接探测、相位测量、相干探测等方法。脉冲直接探测技术是最简单的测量方法,是基于能量探测的非相干检测,激光发射脉冲信号,并对激光发射至激光照射到目标后反射返回的时间差进行测量,实现距离的测算。激光交会雷达的测角方法包括四象限跟踪法、成像跟踪法,分别是通过脱靶量测算、扫描成像等方式进行检测。

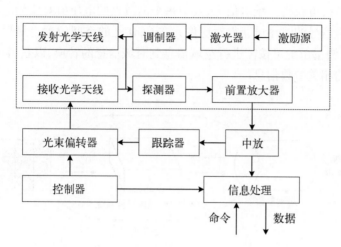

图 4.4　激光雷达系统(图片来源:张淑琴,2005)

关于激光交会雷达的技术指标,其测距精度可达 5 m~1 mm,测角精度可达秒级,速度分辨率可达 1 mm/s。在空间应用方面,激光交会雷达具有分辨率高、测量精度高、质量小、功耗低、抗干扰能力强等优点。

(3) CCD 光电测量系统。CCD 光电测量系统组成如图 4.5 所示,一般适用于抵近绕飞段和最终的对接段,此时客户航天器为体目标。图 4.6 为 CCD 光电测量系统的详细测

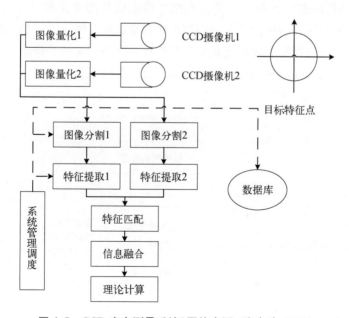

图 4.5　CCD 光电测量系统(图片来源:张声浩,2008)

量过程。首先,由光学镜头对客户航天器成像,将其传输于 CCD 光敏器件,并对所得二维图像进行分析计算,获得相对运动参数、客户航天器形状和姿态运动参数等信息。其次,由于二维成像过程中每一像点的亮度反映了客户航天器对应物点的反射光强度,通过分析像点在二维图像中的位置,即可确定客户航天器对应物点在三维空间的位置。再次,二维图像经光电转换可获得一维电信号,其中每个离散点的电压值对应相应像元的光强,因此通过输出一维信号的时序可获得对应像元在 CCD 上的空间位置。最后,通过电子扫描方法,CCD 光电测量系统可按需进行空域信息到时域信息的转换,以获得抵近对接过程客户航天器完整的相关参数信息。

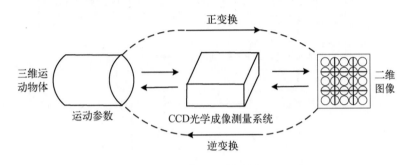

图 4.6　CCD 光电测量过程(图片来源:张淑琴,2005)

(4)信息融合。航天器交会对接过程复杂,不同阶段的精度需求跨度较大,因此服务航天器一般需配置多种类型的交会对接感知装置。为保证感知测量载荷的可靠性,在交会对接过程中一般在同一时段内应用两种或两种以上的测量设备。基于多传感器同时测量的应用模式,服务航天器在配置交会对接感知装置的同时应具备信息融合能力。面向交会对接感知应用的多传感器信息融合典型系统组成如图 4.7 所示。通过多源信息融合,可使不同测量方法获得的测量数据的数据率和数据形式统一,不仅可提高交会对接测量系统可靠性,而且可提高交会对接相对测量精度并具备一定的容错能力。特殊情况下,通过多传感器配置,可及时检测发现服务航天器自身导航系统的故障状态,并且在必要时进行故障隔离。

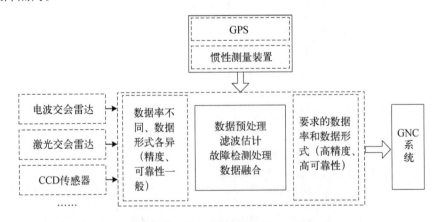

图 4.7　多传感器信息融合系统(图片来源:张淑琴,2005)

2）服务机器人

服务航天器在对客户航天器完成捕获对接后,可对后者开展故障维修、加注延寿、升级维护、组装构建等操作服务。服务机器人载荷是上述各类服务任务的主要实施者,也可以作为提供辅助支持的角色。按照服务任务空间的不同,服务机器人可分为舱内操作和星表操作机器人或机械臂。舱内操作主要用于舱内科学试验的开展、舱内设备检测与维修等,要求服务机器人具有质量轻、体积小、多冗余度、高灵活性等特点。典型舱内操作机器人是美国机器人航天员 Robonaut2,如图
4.8 所示,具有头部、颈部、躯干、双臂、多指灵巧手等人类的特征。Robonaut2 系统共配置有 42 个自由度,分布在以下部位,包括 3 个颈部自由度、2 个 7 自由度的手臂、2 个 12 自由度的五指灵巧手,以及 1 自由度的腰部。Robonaut2 共集成了视觉相机、红外相机、六维力传感器、接触力传感器、角度及位移传感器等多达 350 个传感器,具有极强的感知能力。通过上述功能配置,实现 Robonaut2 达到类人的工作能力。其中,Robonaut2 五指灵巧手的比例与航天员相当,可直接使用航天员的工具,辅助航天员完成部分空间操作任务。

图 4.8　典型舱内操作机器人(图片来源:
韩亮亮等,2018)

星表操作机器人主要用于星表平台设备和有效载荷的转运、安装、维修等。相比于舱内机器人,星表操作机器人的负载能力一般较大。国际空间站移动服务系统(mobile servicing system, MSS)是典型的星表操作机器人,可在空间站上沿主桁架移动。MSS 系统中的加拿大臂Ⅱ(Canadarm2)具有 7 个自由度,专用灵巧机械手 SPDM 具有 15 个自由度并配置有多种专用工具。星表操作机器人一般具有在轨定位、安装大型科学仪器、拔出和连接圆柱形电连接器、安装和拆除电池或板卡等各类操作能力。

随着空间操控任务日趋复杂,作为服务机器人的关键部分,操作手臂逐渐由单臂转向多臂配置状态。多机械臂的设计可大幅提高在轨操控系统的灵活性,但需考虑多臂协同问题,与单机械臂相比其控制难度增大。国外报道的典型多臂机器人在轨服务项目包括蜻蜓计划、建筑师计划(图 4.9)等,主要是面向光学系统、微波天线、超大型太阳能电池阵等大型系统在轨组装需求。

3）捕获对接装置

按照客户航天器不同需求,捕获对接装置可划分为合作式和非合作式两种类型。合作式客户航天器的捕获对接装置可以同时实现机械、电、信息、液、气等数种功能的连接。对于非合作式客户航天器,捕获对接装置一般仅能实现机械连接锁紧。

(1)合作式客户航天器捕获对接装置。对于合作式客户航天器,由服务航天器配置捕获对接装置的主动端,客户航天器配置被动端。根据捕获对接的具体任务需求,对接锁紧机构设计可采用多种形式,典型对接锁紧机构包括三叉手爪式对接机构、锥杆式对接机

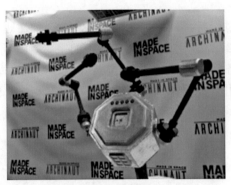

(a) 机械臂原型

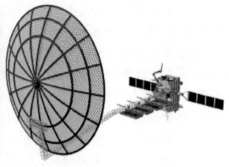

(b) 在轨制造天线示意图

图 4.9　建筑师计划(图片来源:王雪瑶,2017a、b)

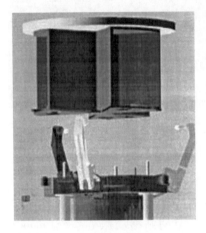

图 4.10　三叉手爪式对接机构(上为被动端、下为主动端)(图片来源:林来兴,2005)

构、异体同构周边式对接机构等。

三叉手爪式对接机构如图 4.10 所示,驱动源可使三个手爪交点位置沿轴向上下发生平移,向上平移可张开手爪,向下则为闭合手爪。通过带有阻尼系统的三个碰锁杆系统和锥形连接探针系统,实现主被动端的对接锁紧,主要包括两个步骤。首先,由三个碰锁杆的弹簧压紧装置工作,三叉手爪张开并插入被动件的对齐插口中,此时初步对准与连接完成。其次,由锥形连接探针系统完成刚性连接。三叉手爪式对接机构的捕获对接方式具有冲击小的特点,可保证对接过程稳定。目前,该装置已应用于美国轨道快车计划,在飞行试验过程中由服务卫星 ASTRO 实现对客户卫星 NEXTSat 的捕获对接,并在此基础上完成了在轨服务各项操作的飞行验证。

小型锥杆式对接机构及其捕获对接过程如图 4.11 和图 4.12 所示,① 主动端对接杆前端的对接球头与被动端对接机构的对接锥发生接触碰撞,借助对接面的容差设计开始进行粗对接;② 对接球头沿对接面继续运动直至其进入预锁紧位置,主动端与被动端完成初步连接;③ 在驱动电机的作用下,主动端对接杆逐步回收,并将被动端连同客户航天器一起拉近,在此过程中,服务航天器和客户航天器的相对位置和姿态可以按需逐步调整;④ 在两个航天器的相对位置和姿态达到锁紧条件时,导向杆进入导向锥,然后对两者之间相对位置和姿态的剩余误差进一步校正,直至主动端和被动端实现刚性连接。对于大型锥杆式对接机构,如图 4.13 所示,主要用于大型航天器在轨对接。大型锥杆式对接机构的捕获对接过程与小型锥杆式对接机构相似。对接初始阶段,由中心杆完成初始捕获,并逐步拉近目标航天器,最后由锁紧机构工作,完成两器刚性连接。锥杆式对接机构具备结构简单、质量轻等特点,但在对接过程存在一定冲击,需要考虑冲击碰撞对双器姿态影响以及局部结构的承载要求。

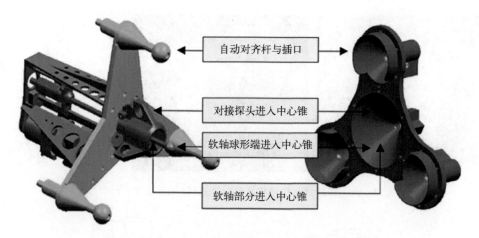

图 4.11 小型锥杆式对接机构(图片来源:韩伟,2016)

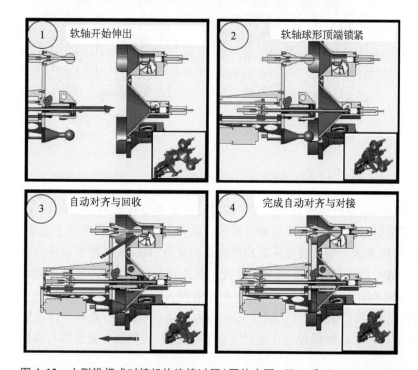

图 4.12 小型锥杆式对接机构连接过程(图片来源:Hays 和 Pavlich, 2003)

对于异体同构周边式对接机构,突出特点是在对接过程中没有主动端和被动端之分。因此,在轨服务任务实施双方的捕获对接装置得以采用相同的配置,实现了服务航天器与客户航天器大系统接口的通用化设计。典型的异体同构周边式对接机构如图 4.14 所示,其所有部件沿对接框周边分布,航天器的中心位置为过渡通道。该对接机构配置了安装三个导向片的对接环组件以及缓冲阻尼装置,通过导向片上的三个捕获锁来实现捕获对接。异体同构周边式对接机构具有刚性好、通用性强的优点,但要求双器的初始对接姿态及其控制精度较高,并且对接过程冲击较大,因此主要应用于大型航天器间的捕获对接。

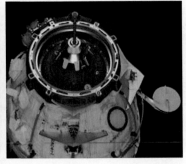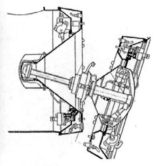

图 4.13　大型锥杆式对接机构及其对接过程(图片来源:刘宇,1994)

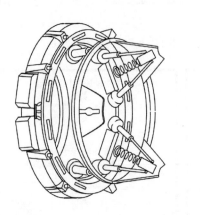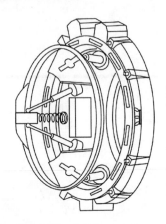

图 4.14　异体同构周边式对接机构(图片来源:曲艳丽,2002)

（2）非合作式客户航天器捕获对接装置。对于非合作式客户航天器,由于其没有预设捕获对接接口,要求服务航天器通过对客户航天器局部特征识别后才能实施捕获对接。在此条件下,服务航天器一般选择客户航天器的星箭对接环、轨控发动机等特征位置进行捕获对接。典型的非合作式捕获对接装置包括对接环锁紧机构、发动机锁紧机构等。发动机锁紧机构如图 4.15 所示,为了确定抓捕器伸入客户航天器发动机的位置,敏感器探头须实时反馈信息。当监测到抓捕器完全伸入发动机喉部时,抓捕器顶端冠状锁紧机构展开,四周同时伸出针状物并与发动机内壁紧密支撑,实现服务航天器与客户航天器的稳定连接。

对接环锁紧机构一般沿服务航天器周向均布三组,每组对接机构上设计一套对接机构。在导轨的作用下,对接机构与客户航天器的对接环法兰或对接环内、外侧的归正、下压、锁紧。通过三组机构同时作用,最终可实现两器刚性连接。在特殊情况下,对接环锁紧机构与发动机对接机构可以联合使用(图 4.16),实现客户航天器的可靠捕获与刚性对接锁紧。

（3）非合作目标消旋装置。在轨服务任务还有一类特殊的服务目标,包括姿态失控的客户航天器和各类空间碎片,此时服务目标可能存在自旋、章动等特殊的运动状态。因此,服务航天器开展在轨服务任务之前,需对这类服务目标进行消旋捕获。根据消旋手段的不同,非合作目标消旋装置可分为手爪式、毛刷式和非接触式等。

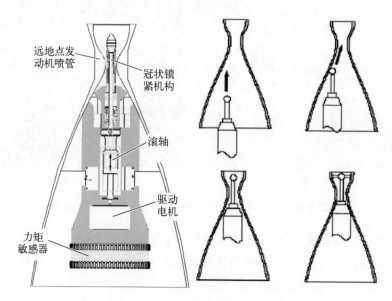

图 4.15　发动机锁紧机构(图片来源: Wingo, 2004)

远地点发
动机喷管

冠状锁
紧机构

滚轴

驱动
电机

力矩
敏感器

图 4.16　MEV‐1 研制期间对接试验(图片来源: 诺格公司网站)

　　对于手爪式起旋装置,如图 4.17 所示,是通过配置大尺寸手爪以适应复杂目标外形特征与尺寸包络,并利用驱动、传动机构驱动手爪完成起旋和消旋动作。手爪式抓旋装置的工作过程主要包括以下步骤。首先,服务航天器抵近目标至一定范围,在捕获前由手爪式起旋装置起旋,达到与空间目标同样的转速以实现与其相对静止。其次,手爪在传动机构驱动下进行收拢,对空间目标完成初始捕获。最后,通过旋转部分与固定部分之间的摩擦力和电机的电磁阻尼力,不断消耗空间目标的旋转能量使其逐渐停止转动,最终完成消旋和捕获。

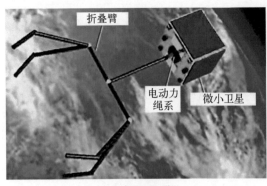

(a) 日本SDMR项目　　　　　　　　　　(b) 欧洲清洁太空一号项目

图 4.17　消旋载荷典型应用(图片来源: 焉宁等,2018;王雪瑶,2017a、b)

对于毛刷式消旋装置,一般是在服务机器人末端配置柔性减速刷。在轨执行任务时,由柔性减速刷通过与空间目标(如非合作式客户航天器的电池阵)之间的接触碰撞,完成两者之间的动量交换,最终完成空间目标的消旋。

对于非接触式消旋装置,是指在服务航天器与空间目标不接触的情况下对其进行消旋,非接触式消旋手段包括喷射气体、喷射电子等。① 喷射气体进行消旋:服务航天器向空间目标喷射气体,对其产生消旋力矩从而完成消旋。其中,影响消旋力矩大小的因素包括喷气推力、喷射角度、空间目标形状、相对位置等。② 喷射电子进行消旋:服务航天器自身形成可控电场,向空间目标喷射电子使其带负电荷在电场中旋转,利用库仑力的合力矩作用对空间目标施加阻尼力矩,实现对其消旋。

4) 目标清理装置

由于空间碎片日益增多,空间环境治理已成为在轨服务的任务需求之一。由于失效航天器等各类空间碎片无法采用常规装置进行捕获对接,因此需要开发专门的清理装置。常见的目标清理装置包括以下类型,分别为空间飞网、空间柔性网袋、空间飞矛、空间飞舌等(图 4.18 和图 4.19)。各类载荷都是聚焦于空间目标的可靠捕获,最终由服务航天器对空间碎片进行拖曳,通过轨道机动,实现目标清理与空间环境治理的目的。

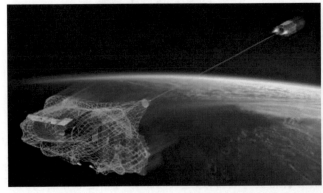
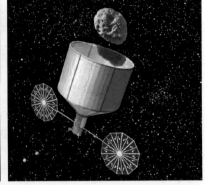

图 4.18　欧空局 e. Deorbit 项目飞网装置和美国 ARM 项目柔性网袋应用设想
(图片来源: 焉宁等,2018;刘付成等,2014)

图 4.19　RemoveDebris 在轨试验与空间飞矛实物 (图片来源：申麟等,2020；唐庆博等,2017)

对于空间飞网,主要由发射机构、绳网、收口机构等组成。当服务航天器抵近空间目标至几十米范围内,发射质量块牵引空间飞网展开,以空间覆盖形式对空间目标形成包络,利用网口处的收口装置对其完成捕获。随后服务航天器与空间目标通过软绳连接形成绳系组合体,最终对其拖曳清理。

空间柔性网袋由充气桁架、气路控制器及压紧释放装置等组成。空间柔性网袋是通过充气杆充气将网捕装置展开,支撑起一个具有一定容积的网袋式结构。收口过程是利用收口牵拉绳索实现空间目标的可靠捕获,由网袋充气杆释放气体,最终完成空间目标的稳定捕获。空间柔性网袋的工作过程与空间飞网相似,不同之处在于网捕装置的展开方式。柔性网袋展开过程可控,对平台冲击小,可在较长时间内维持理想抓捕包络,但其时效性较差,不适用于有自主机动能力的目标捕获。

对于空间飞矛,由跟瞄子系统、发射子系统、矛体子系统等组成。首先由服务航天器利用跟瞄系统对空间目标进行跟踪、对准,通过发射空间飞矛,使矛体贯入空间目标并展开倒刺产生附着力,从而对目标形成附着力实现可靠捕获。最后,服务航天器通过牵引装置与空间目标形成连接并实施拖曳。空间飞矛能够捕获具有一定章动甚至自主机动能力的目标,但会对目标形成一定损伤,具备多次使用能力,不适用于尺寸小的目标。

空间飞舌由弹射机构、飞舌捕获机构、绳系控制机构、跟瞄子系统等组成,在对准目标后,弹射机构推动飞舌带动绳系弹出,在与目标碰撞后自动展开附有强黏胶的仿舌结构,从而利用黏性物质吸附目标。最终,由服务航天器对空间目标捕获和拖曳清理。空间飞舌装置的捕获过程与空间飞矛相似,不同之处在于空间飞舌通过表面特殊材料与空间目标表面分子之间产生范德瓦耳斯力从而完成附着,不会对空间目标产生破坏。

4.2.2.3　控制系统

1)　系统组成

图 4.20 所示为服务航天器典型控制系统框图,以中心管理单元和执行机构驱动装置为核心,形成"多样感知+信息融合与处理+分阶段驱动"的体系架构。在地面监控系统支持下,惯导系统、GPS 系统、定向传感器、交会对接测量系统、姿态执行机构等共同完成系统姿态与轨道控制任务。对于服务航天器控制系统任务,包括服务航天器自身运行,还包括服务航天器与合作式或非合作式客户航天器组合体的稳定控制等。

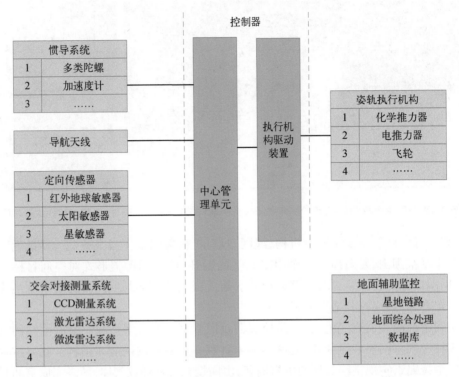

图 4.20　服务航天器控制系统框图

　　控制系统功能由定向控制和机动控制两部分组成,如图 4.21 所示。定向控制功能保证航天器姿态保持不变,但可改变航天器轨道实现轨道机动飞行。机动控制功能是在航天器质心不变情况下改变航天器姿态。对于服务航天器不同的在轨服务任务阶段,往往需要采取不同的控制策略。一般来说,服务航天器在与客户航天器捕获对接前后,所采取的控制策略变化较大。因此,本节将针对服务航天器在轨服务的具体任务,按照交会对接和形成组合体两个阶段,分别介绍控制系统及其工作的特点。

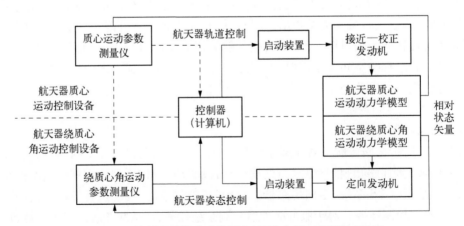

图 4.21　控制系统基本功能划分(图片来源: 张淑琴,2005)

2）交会对接过程的控制

交会对接过程一般分为远距离导引段、近距离导引段、抵近绕飞段、捕获对接段共四个阶段。"4.2.2.2 有效载荷"已介绍了交会对接感知载荷在各个阶段的工作特点,对于控制系统执行过程,对应有以下特点。首先,在远程导引段,要求服务航天器控制系统以尽量小的推进剂消耗实现轨道转移。其次,在近距离导引段,要求服务航天器控制系统具备自主抵近能力。再次,在抵近绕飞段,服务航天器对客户航天器绕飞时须具备高精度的姿轨保持能力。最后,在捕获对接段,服务航天器利用小推力发动机精确控制与目标的相对姿态和相对速度,沿对接走廊逐渐接近目标,最终达到两器距离满足抓捕机构工作范围。捕获对接段要求服务航天器控制系统具备高分辨率的姿轨调整、高精度的测量能力。

与传统航天器相似,常用的航天器交会接近控制方法包括自由轨道法和瞄准线接近法两种类型,如图 4.22 所示。自由轨道法以脉冲形式抵近,不要求两器质心相对状态矢量实时可控,可细分为双脉冲法和多脉冲法。瞄准线法与自由轨道法的主要区别在于,限制两器质心相对运动轨迹,抵近过程要求沿着瞄准线进行,可用于抵近、绕飞等近距离阶段的两器控制。

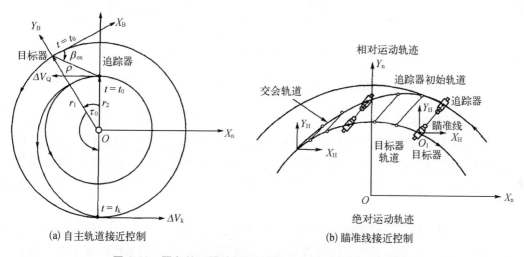

(a) 自主轨道接近控制   (b) 瞄准线接近控制

图 4.22 服务航天器的抵近控制(图片来源:张淑琴,2005)

在抵近绕飞段,在控制两器质心相对运动轨迹的基础上,需对服务航天器姿态进行高精度控制。在此阶段,服务航天器的感知测量装置须始终对准客户航天器以进行观测、拍照并寻找可抓捕特征点,为最后的捕获对接做准备,其典型控制系统框图如图 4.23 所示。假设客户航天器处于慢速姿态翻滚状态,抓捕特征点将随时间缓慢变化。此时,服务航天器须根据客户航天器的运动状态高精度控制自身的姿轨参数,其控制精度要求比绕飞段更高,一般需达到厘米级。

在捕获对接段,服务航天器的典型控制系统框图如图 4.24 所示。服务航天器控制系统面临的约束更多,包括控制输入信号的限制等,如控制输入饱和。此外,由于航天器自身软硬件的限制,控制系统状态需要被约束在一定范围内,否则会有失控风险。

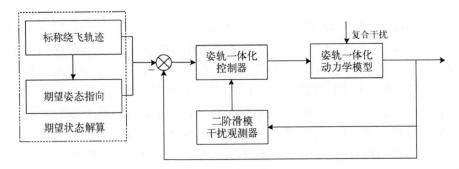

图 4.23　绕飞阶段控制算法框图(图片来源: 刘昱晗, 2017)

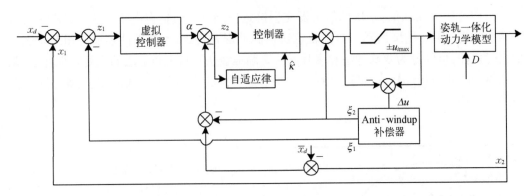

图 4.24　捕获对接段控制算法框图(图片来源: 刘昱晗, 2017)

3) 组合体的控制

服务航天器与客户航天器形成组合体后,须进行组合体动力学特性参数辨识,以保证组合体的姿态满足任务要求。由于服务任务涉及机械臂在轨操作、设备转移、推进剂传输等,服务航天器动力学特性将受到一定影响,因此组合体动力学特性参数往往难以精确获得。

所谓参数辨识就是利用输入值、输出值、观测值等数据,在满足一定准则的情况下,获取一个与原系统数据最佳匹配的等价系统。在轨辨识指的是利用某种激励使航天器姿态发生变化,测量其输出的角速度、角加速度等姿态数据并进行解算,最终得到航天器的质量特性参数。辨识包括数据、模型和准则三个要素。采用不同的辨识方法,辨识过程中所需数据和时间、所得到的辨识结果精度等一般也不同。因此,为了实现航天器动力学特性参数的精确辨识,需要分析不同辨识方法的适用范围,并在制定控制方案时对其辨识方法进行优选。

根据辨识步骤的不同可将辨识方法划分为两步法和一步法两种类型。

(1) 两步法:将辨识过程分为两步进行,第一步施加力偶,识别质心和质量;第二部施加力,以识别惯量。两步辨识法首先须对质心与质量的辨识、惯性张量的辨识进行解耦。当力作用在星体上时其质心位置的辨识值会有更新,但当只有控制力矩作用在星体上时,其质心位置对角加速度并没有影响。因此惯性张量的辨识不受质心位置的影响,这是两步辨识法解耦的前提。两步辨识法要求控制执行的同一时刻分别只施加控制力或控制力矩,便可将质心与质量的辨识、惯性张量的辨识真正解耦。由于该方案需要分别施加控制力和控制力矩,因此只靠飞轮系统(只能提供力矩)无法实现。对此,目前主要有两种解决途径,一是采用飞轮系统和推力器系统结合的方案,前者提供控制力矩,后者提供力;二是只采用推力器,在不同阶段分别提供控制力和控制力矩。实际在轨飞行过程中,由于质心与质量的辨识、惯性张量的辨识过程需要互相调用,因此会造成控制系统执行误差的累积。此外,对于服务航天器与客户航天器组合体状态,由于涉及在轨各类操作,其组合体质心位置在捕获对接初始时刻往往是未知,而且飞行过程中存在一定不确定性。在此情况下,由于无法保证推力器提供的控制力通过组合体质心,而推力方向不通过质心时会产生相对于航天器质心的力矩,因此势必会对组合体姿态造成影响。因此,两步辨识法的控制方案可执行度不高。

(2)一步法:是一步联合辨识,旨在同时获得质心、质量、惯性张量。相对于两步辨识法而言,一步法不会人为切割参数辨识中的相互耦合关系,也无须附加任何假设(如要求航天器运动足够慢)。一步联合辨识过程中,常用的是基于模型的参数辨识方法,通过对研究对象进行建模和分析,结合对在轨感知数据进行结算最终获得动力学参数。参数辨识建模的主要方法有两种,一种是分析加速度和力的牛顿-欧拉法,另一种是分析角速度和线速度的动量守恒法。由于在轨处于自由飞行状态的航天器系统不受合外力和合外力矩的作用,满足动量守恒定理。因此,与需要测量加速度的牛顿-欧拉法相比,利用角动量守恒定理的建模方法在数据测量上更具优势,且不易受信号噪声影响。

在组合体参数辨识过程中,为航天器提供激励输入的执行机构主要为飞轮、推力器。飞轮为电驱运转,仅提供力矩,因此只能用来辨识惯性张量。推力器可同时提供力和力矩,可以做到一步辨识,但是会消耗一定的推进剂体量。

基于上述特定的辨识方法和解算,并重点关注组合体飞行过程中因在轨服务操作等因素带来的不确定性,最终获得组合体动力学特性参数辨识,支撑控制系统执行实现。

4)服务航天器智能控制

控制系统重点解决航天器绝对/相对姿态测量与控制、轨道的自主确定和控制问题。对于控制系统的具体组成,导航模块用于独立的数据获取和处理,制导模块根据任务目标和约束条件计算期望的运动轨迹,控制模块根据该期望轨迹计算执行机构的工作指令从而驱动执行机构工作。对于在轨服务复杂任务需求,要求控制系统在少依赖或不依赖地面干预的情况下自主完成任务。因此,服务航天器须具备自主决策、任务规划、指令编排等能力,同时可对动态变化的环境进行智能分析和及时有效响应。

为实现服务航天器的智能自主控制,其控制系统框架可参考图 4.25 进行设计。首先,感知系统须综合处理不同状态的跨时空信息,实现多类信息的数据融合,形成对环境的层次化透彻建模,并通过推理学习,实现场景理解和姿态预测。其次,决策系统对数据进行综合分析,通过知识推理和迭代优化,形成序列化的最优决策和轨迹规划,使航天器能够根据动态任务、运行环境和自身状态,自主完成任务调整、分解与规划。再次,作为操控系统的服务机器人、捕获对接装置等服务载荷,在决策系统指令控制下,结合感知系统获取的环境与客户航天器信息,通过学习和训练,使操作过程具备对环境和对象的主动适应能力。最后,健康管理系统与感知、决策、操控系统进行信息交互,通过建立状态特征与异常之间的映射关系,及时实现故障预警与隔离,构建从正常到异常再到失效的故障演化模型,实现系统寿命预测与服务效果评估。

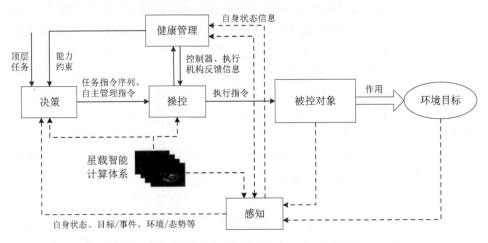

图 4.25　航天器智能自主控制框图(图片来源:袁利和黄煌,2019)

4.2.2.4　其他系统

1)机械系统

服务航天器机械系统与传统航天器相似,应根据具体服务任务开展机械系统设计,同时需要综合考虑满足服务任务要求与系统可靠性等基本要求。服务航天器机械系统须考虑一定的局部开敞性等设计,以适应对接服务需求。相比于传统航天器,服务航天器执行任务过程中姿态调整频繁,因此对其构型的紧凑性要求更高。大型服务航天器一般要求大推力设计,其构型设计须满足大贮箱配置需求。此外,服务航天器还须根据服务机器人操作需求对末端工具进行相应配置。

2)推进系统

推进系统的功能包括提供整星姿态控制力矩、提供轨道控制推力、故障模式下推进能力保持等。与传统航天器类似,服务航天器推进系统可采用的体制包括电推进、化学推进、化电混合和核推进等。

相比于传统航天器,尤其是在轨加注类的服务航天器,为提高加注服务的经济学,一般要求服务航天器在轨完成多次加注服务任务。对此,服务航天器寿命期间需要多次变轨与姿态调整,因此对其自身的推进剂的需求更高。特殊情况下,服务航天器的推进系统会配置补加分系统,并按通用化的补加过程完成推进剂补加。首先,通过气液补加接口建立推进剂流体通道。然后,利用高精度压力传感器对新建立的流体通道进行检漏,在确定漏率指标满足要求后,对阀门进行通断控制,并开始进行推进剂补给(图 4.26)。对于推进剂在轨补加,无论是服务航天器还是客户航天器均须解决气液分离、蒸发量控制、质量测量与流体循环驱动等问题。加注方式可分为贯通式、排气式和无排气式等,不同加注方式的优缺点对比如表 4.1 所示。

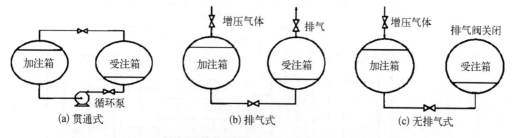

图 4.26 常见的几类加注循环方式(图片来源:马原等,2016)

表 4.1 三种加注方式对比

模 式	优 点	缺 点
贯通式	① 实现等压状态下的补给;② 产生的压缩热量低	① 机构和操作比倍压式要复杂;② 需要使用流量计测量补给量
排气式	① 可以在低压状态下补给;② 在补给过程中由于压缩而产生的热量比倍压式要少;③ 可实现大流量补给与快速补给;④ 补给效率高;⑤ 无需增加额外装置,能适应低温推进剂的补给	① 操作上比倍压式的复杂,在气路补给的主动端需要增加压气机;② 需要使用流量计测量加注量;③ 需要考虑排气时对周围设备的污染问题
无排气式	加注过程简单、稳定、可靠	需要附带增压系统,补给系统重量大

3)信息系统

与传统航天器相比,服务航天器要求具有较高的时效性,提高其通信的数据量和速率,以提高任务执行的灵活性和可控度。应用天地一体化信息网络技术,可极大提升服务航天器的测控与信息传输能力。天地一体化信息网络是以地面网络为依托、天基网络为拓展,采用统一的技术架构、技术体制和标准规范,由天基信息网、互联网和移动通信网互联互通而成。为了适应天地一体化通信网络需求,服务航天器信息系统开发须进行"时分/扩频"统一技术和定轨技术攻关。"时分/扩频"统一技术可细分为高速数传技术、扩频技术、时分复用技术、I/Q 正交复用技术、纠错编/译码技术。定轨技术包括多种跟踪数据融合技术、多站定位技术、K 波段测控技术、差分多普勒定轨技术等。

航天器传统的运行管控方式依赖地面指控、任务响应时间长,难以满足高精度精细操作类任务需求,对于复杂在轨服务任务,服务航天器自主运行的要求越来越高。由于自主运行与传统地面控制运行存在显著差异,因此须对信息系统的体系架构进行改进设计。在服务航天器运行过程中,通过先进信息系统支撑作用,既要充分发挥自主运行的优点,又要保证必要时由地面控制随时介入接管。航天器自主运行管理架构一般由以下几部分组成:任务规划与调度系统、数据管理模块、执行监控与故障诊断系统等(图4.27)。从整体上看,三个系统模块可通过"状态参数管理器"联系在一起。其中,任务规划与调度系统使用状态参数管理器中的信息进行推理和搜索,数据管理模块负责收集各系统状态信息并进行异常和故障监测,执行监控与故障诊断模块是根据以上分析结果生成管控指令并负责指令的分发执行。

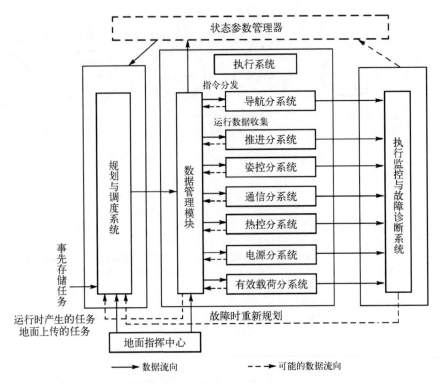

图 4.27   航天器自主运行体系架构(图片来源:冯小恩等,2019)

对于复杂在轨服务任务,可能需要多个服务航天器协同完成。多航天器协同的自主任务规划体系结构从逻辑上分为三层,如图 4.28 所示:① 底层:针对航天器各支撑系统,由各个自主的 Agent 系统完成状态监测和局部控制,Agent 是指具有自治性、反应性、社会性和主动性的硬件系统或一个计算机软件程序;② 中层:针对单个航天器整体,完成航天器的系统级自主;③ 顶层:是多航天器协同,完成决策、规划调度任务。多航天器协同层与各航天器自身的交互协同需要同步进行,自主完成航天器的任务规划。

对于多航天器协同顶层实现,具体组成包括任务规划、接口处理和任务池。① 任务规划模块:接收来自接口处理的任务,与航天器模型交互进行任务约束检查,完成任务规划和分解。任务规划主要包括两大类功能,分别为多航天器系统协同任务向航天器任务的分解、系统重构过程中的任务重新规划。任务规划还须完成对任务的调度,当多个相互冲突的任务同时发生时,任务规划将根据任务优先级进行排序处理,达到消解冲突的目的。② 接口处理模块:负责航天器间信息的传递,一方面接收其他航天器的信息,另一方面将接收到的系统级状态信息实时传递给其他航天器。接口处理模块也接收地面命令,保证地面的控制介入能力。③ 任务池模块:主要用于存放任务规划的合规性任务,既作为下一层模块执行任务的输入,也接收更新任务的执行完成情况。任务池也接收地面的管理操作,包括执行任务删除、调整等。

4) 电源系统

与传统航天器类似,服务航天器电源系统主要完成发电、储能、电能控制、电能变换和

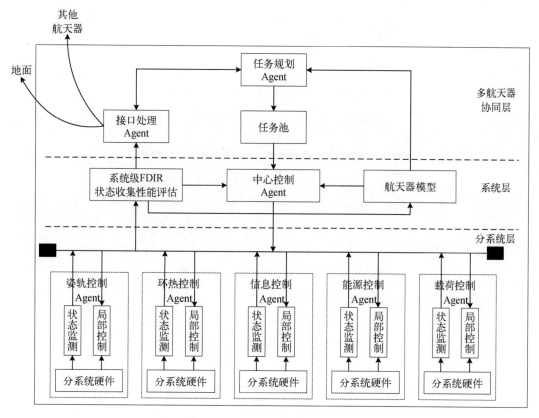

图 4.28　多航天器协同的自主任务体系架构 (图片来源:陈丹等,2019)

电能分配等功能。电源系统由一次电源子系统和总体电路子系统组成,具体包含发电装置(能源产生装置)、电能储存装置、电源功率调节、电源管理、电源电压变换、火工品管理和电源配电等软硬件。

服务航天器在轨任务需求存在多种类型,对电源系统的自主管理功能要求也不尽相同。因此,随着传统的遥控式电源管理技术发展,电源系统自主管理领域提出了航天器电源智能管理技术。对于遥控电源管理方式,是由地面人员通过飞行程序采用指令形式进行用电设备加、断电控制。对于电源智能管理技术,是充分利用计算机和数据总线的优势,实时获取供配电设备和用电负载的状态信息,利用计算机参与电源管理和分配决策,并根据飞行程序和能源使用情况控制电气负载的通断。智能电源系统拓扑结构如图4.29 所示。

对于服务航天器,电源系统除须具备故障隔离能力外,还需具备能源动态调度管理能力,可对多种类型客户航天器开展组合体供电服务的能力。能源动态调度管理的基本原则是,加电负载的耗电能力必须与电源系统的供电能力相匹配。通过制定一套供电保护规则,在保证平台安全和主飞行任务的前提下,对负载供配电进行管理。具体的管理措施包括及时切除优先级最低的负载、降低用电量、防止蓄电池过放电、防止因短路故障未隔离造成蓄电池能量耗光等。在服务航天器电源系统设计时,待供电的客户航天器可作为其新增负载,从而进行统一的供电管理。

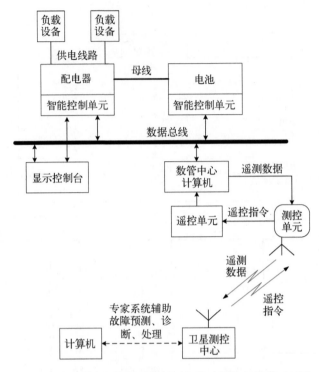

图 4.29　智能电源系统拓扑结构（图片来源：赵岩等，2015）

5）热控系统

服务航天器的热控系统与传统航天器相似，包括其主要功能以及主动和被动等主要的热控方法，具体可参见 3.2.2.8 小节关于客户航天器热控系统共性技术的介绍。除此之外，服务航天器热控系统设计应关注服务过程中，系统布局状态发生变化情况下的热控措施适应性，包括服务机器人展开实施操作、自带设备模块进行更换、组合体飞行时的光照条件变化等。

4.3　典型应用

有效载荷是服务航天器实施在轨服务任务的执行系统。根据本章所述，服务操控载荷主要包括服务机器人、捕获对接装置、目标清理装置三种类型。其中，针对服务机器人载荷应用的报道中，利用机械臂作为服务航天器的操控载荷的应用最为常见。同时，随着空间机器人技术发展，为实现对客户航天器完成精细化的捕获与服务操作，机械臂式服务航天器往往配置不止一台机械臂。除此之外，服务航天器通过配置飞网等服务操控载荷，可以便于对在轨废弃目标和各种类型的空间碎片进行抓捕移除。因此，本节以机械臂式和飞网清除式两个类型来介绍服务航天器的典型应用案例。

4.3.1　机械臂式服务航天器

4.3.1.1　通用轨道维修航天器

通用轨道维修航天器（Spacecraft for the Universal Modification of Orbits，SUMO）计划

是由 DARPA 提出、美国海军研究实验室太空技术中心负责实施。SUMO 作为服务航天器,具备对非合作式客户航天器实施捕获对接、姿轨控接管、精细维修等能力。SUMO 计划开发过程中,科研人员在航天器智能自主技术领域开展了攻关,包括自动控制算法、自动机械系统技术、计算机视觉系统技术等。

SUMO 服务航天器主要组成包括推进模块和有效载荷模块(图 2.16),其中推进模块继承 NRL 典型推进系统设计。有效载荷模块包括自动对接及捕获系统,配置了 3 组 7 自由度的机械臂、计算机视觉系统、3 个工具箱(每个工具箱包含多个末端执行器)、远程感知传感器、有效载荷处理器等。虽然推进模块及有效载荷模块共享诸如电源、遥测及控制系统,但推进模块的功能与有效载荷模块的功能相互独立。通过模块集成设计,自动对接及捕获系统的硬件以及电子设备仅作为一个独立有效载荷模块。在此基础上,SUMO 服务航天器可根据不同服务任务,快速配置有效载荷,因此系统具有通用化、模块化和低成本的特点。

4.3.1.2　概念演示计划

NASA 概念演示计划(Notional Mission)是由戈达德航天中心卫星服务研究项目组于 2010 年提出。NM 项目定位于卫星在轨服务领域的创新设计,包括了 6 项子任务:① GEO 超同步卫星服务(NM1);② GEO 卫星加注(NM2);③ LEO 航天器服务(NM3);④ EML1 轨道大型空间望远镜组装(NM4);⑤ HEO 人机协作服务(NM5);⑥ SEL2 轨道人机协作组装(NM6)。

对于 NM1 任务,GEO 超同步卫星服务主要面向卫星末期的处置、碎片清理等应用。典型的服务卫星如图 4.30 所示,最大发射质量 3 694 kg,干重 2 352 kg。服务卫星在 GEO 变轨操作时利用太阳能电推进方式以大幅降低推进剂需求,实现整星轻量化设计。整星平均供电功率为 1 500 W,配置有 2 套 100 A·h 的锂离子电源。系统数据传输速率为 10 Mbps,总存储容量为 250 GB。服务卫星通信协议采用的是 CCSDS 标准,其系统自身的星务管理和在轨服务实施时分别采用 S 波段和 X 波段进行通信。

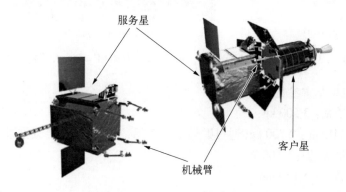

服务星

客户星

机械臂

图 4.30　NM1 卫星服务星及任务实施示意(图片来源: Li et al. , 2019)

为顺利实施在轨服务,服务卫星的关键设计在于四个相同的 2 m 长的机械臂,同时配套设计有一系列传感器及其控制算法,称为协同控制的自主交会对接功能系统(AR&C 系统)。AR&C 系统收拢状态尺寸为 1 400 mm×750 mm×723 mm,总质量为 141.1 kg,峰值功率为 128.9 W,峰值数据速率为 996 Mbps(压缩处理后速率为 786 Mbps)。服务卫星四个机械臂固定在星体前端安装板两侧,安装板内侧安装有配套电子设备。四个机械臂安装是通过安装板与主结构相连接,实现对客户航天器实施抓捕时动力学载荷与结构承载的匹配设计。服务卫星在实施抓捕操作时,机械臂为完全自主控制,处于服务任务间隙的机械臂状态由地面进行遥操作。

4.3.2 飞网清除式服务航天器

地球静止轨道恢复系统(Robotic Geostationary Orbit Restorer, ROGER)项目于 2003 年启动,由 ESA 抓总,参研单位包括 ESA 总部、ESA 自动化与机器人分部、DLR、德国 Astrium空间设施公司、德国 Astrium 无线通信及导航公司等。ROGER 项目的主要应用目标为清除 GEO 故障卫星和大型空间碎片,以节省和保护 GEO 轨位资源。ROGER 项目计划于2025 年进行飞行验证。

ROGER 卫星采用了基于 Astrium 平台的飞网系统方案,平台部分进行了适应性改进设计,其主要载荷为飞网捕获装置。卫星构型如图 4.31(a)所示,采用了"中心承力筒+外部八面体"的两舱式构型,底部布局推进与服务系统,上端布局有效载荷及相关设备。由图 4.31(a)可见载荷舱空间余量较大,可额外布局 4 个推进剂贮箱,以适应不同规模的系统任务需求。

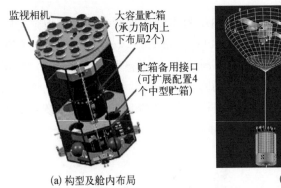
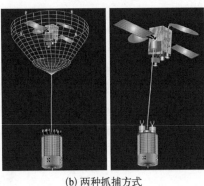

(a) 构型及舱内布局　　　　　　　(b) 两种抓捕方式　　　　(c) 混合载荷设计

图 4.31　ROGER 项目示意图(图片来源: ROGER‑Team 报告,2003)

ROGER 卫星基本参数如下:
(1) 发射质量: 3 500 kg;
(2) 推进剂质量: 2 700 kg(通过贮箱扩展布局,平台最大可装载推进剂 3 300 kg);
(3) 平台最大功耗: 300 W;
(4) 整星高度: 5 170 mm;
(5) 轨控发动机: 为 400 N 推力器;
(6) 空间碎片捕获机构: 配置 20 个飞网捕获装置,单套重 9 kg。飞网展开最大净尺寸为 10 m×10 m/15 m×15 m(两种规格),飞网网格尺寸为 20 cm×20 cm。每套装置的收拢体积仅为 0.005 m^3。

在飞网捕获方案基础上,ROGER 项目团队还提出了采用三指绳系抓捕机构(tethergripper mechanism, TGM)的备份设计方案。每套 TGM 重 40 kg,自带推进剂 4.9 kg,贮箱直径 $\phi340$ mm,可实现速度增量 75 m/s。基于飞网抓捕和三指绳系抓捕两种方案各自优缺点,ROGER 项目团队提出一种混合式系统方案,如图 4.31(c)所示。通过在卫星顶部同时配置两类捕获装置,可满足不同类型客户航天器或大型空间碎片的在轨抓捕需求。

4.4　小　　结

服务航天器是在轨服务的提供方,其系统开发特点归纳为以下四个方面。

(1) 在设计之初,服务航天器需针对服务任务、服务对象的具体特点,从任务需求、大系统约束等角度出发,分析服务航天器的功能、性能需求,开展顶层设计。服务航天器往往针对多个服务对象,因此系统任务规划与轨道优化设计是提高其经济性的重要措施。

(2) 服务航天器的有效载荷包括在轨感知载荷、服务操控载荷、服务配套设备等。其中,服务操控载荷包括服务机器人、捕获对接装置、目标清理装置三种类型,捕获对接装置的设计取决于客户航天器的运动特性、抓捕位置、抓捕策略等。由于服务航天器一般要兼顾多个客户航天器的抓捕要求,因此其精细操控要求具有多任务自适应要求。在轨感知载荷一般要兼顾合作式客户航天器、非合作式客户航天器交会、抵近、对接等多个阶段的需求。在开展服务航天器任务需求分析时,单一类型的服务航天器只能针对具体任务进行载荷选配,但是多个服务航天器可以组合形成服务航天器体系,可满足不同类型客户航天器的在轨服务任务。

(3) 与客户航天器成功交会对接并进行组合体稳定控制,是服务航天器开展在轨服务任务的基础。交会对接过程对服务航天器控制系统提出严苛要求,包括高精度识别客户航天器特征、高精度调整自身姿轨控状态。在与客户航天器形成组合体后,服务航天器控制系统需以较小代价辨识组合体动力学特性参数,并根据服务任务和客户航天器要求制定组合体控制策略,以完成对组合体的姿轨控制。

(4) 与客户航天器不同,服务航天器的平台设计可与传统航天器基本相同,区别主要在于其自主性、智能化等方面的要求更高。在特殊任务需求下,服务航天器也需要采用可接受服务设计,成为可维护、可升级的服务航天器。

参 考 文 献

陈丹,程伟,高延超,2019. 面向多航天器协同的自主任务规划方法研究[J]. 计算机测量与控制,27(5): 221-225.

陈小前,袁建平,姚雯,等,2009. 航天器在轨服务技术[M]. 北京:中国宇航出版社.

陈小前,张翔,黄奕勇,等,2022. 卫星在轨加注技术[M]. 北京:科学出版社.

丹宁,1998. 加拿大为国际空间站建造机械臂[J]. 中国航天,12: 26-28.

冯小恩,李玉庆,杨晨,2019. 面向自主运行的深空探测航天器体系结构设计及自主任务规划方法[J]. 控制理论与应用,36(12): 2035-2041.

韩亮亮,陈萌,张崇峰,2018. 月面服务机器人研究进展及发展设想载人航天[J]. 载人航天,24(3):

313－320.

韩伟,2016. 柔性锥-杆式对接机构刚柔耦合动力学研究[D]. 长沙: 国防科学技术大学.

韩伟,姜志杰,黄奕勇,等,2019. 面向小型自主航天器的锥-杆式对接机构锥面构型设计[J]. 空间科学学报,39(2): 228－232.

韩旭,黄剑斌,李志,2014. 国外自主交会测量敏感器技术发展趋势[J]. 航天电子对抗,30(3): 24－26.

黄剑斌,李志,2013. 基于阻抗控制的空间机械臂接触控制与轨迹规划技术[J]. 航天器工程,22(4): 43－48.

黄剑斌,黄龙飞,韩旭,等,2018. 对卫星柔性对接补加一体化机构建模与设计[J]. 空间控制技术与应用,44(5): 30－37.

黄奕勇,李强,陈小前,等,2011. 自主在轨服务航天器空间对接过程建模与仿真[J]. 计算机仿真,28(10): 57－60.

李强,黄奕勇,陈小前,等,2009. 面向在轨服务的卫星对接过程建模与仿真分析[C]. 2009 系统仿真技术及其应用学术会议,合肥.

林来兴,2005. 美国"轨道快车"计划中的自主空间交会对接技术[J]. 国际太空,2: 23－27.

刘付成,王燕,周杰,等,2014. NASA 近地小行星捕获方案的可行性研究[J]. 中国航天,10: 39－45.

刘昊,魏承,田健,等,2018. 空间充气展开绳网捕获系统动力学建模与分析[J]. 机械工程学报,54(22): 145－152.

刘华伟,刘永健,谭春林,等,2017. 空间碎片移除的关键技术分析与建议[J]. 航天器工程,26(2): 105－113.

刘宇,1994. 俄罗斯典型空间对接机构及其特性[J]. 航天器工程,2(2): 33－68.

刘昱晗,2017. 在轨服务航天器姿轨一体化控制研究[D]. 哈尔滨: 哈尔滨工业大学.

马原,厉彦忠,王磊,2016. 低温推进剂在轨加注技术与方案研究综述[J]. 宇航学报,37(3): 245－252.

蒙波,徐盛,黄剑斌,等,2016. 对 GEO 卫星在轨加注的服务航天器组网方案优化[J]. 中国空间科学技术,36(6): 14－21.

欧阳琦,赵勇,陈小前,2010. 共面圆轨道航天器在轨服务任务规划[J]. 中国空间科学技术,30(1): 34－40.

曲艳丽,2002. 空间对接机构差动式缓冲系统动力学建模与仿真[D]. 沈阳: 中国科学院沈阳自动化研究所.

申麟,陈蓉,焉宁,等,2020. 空间碎片主动移除技术研究综述[J]. 空间碎片研究,20(2): 1－6.

宋亮,李志,马兴瑞,2015. 对空间碎片的相对位姿估计[J]. 宇航学报,36(8): 907－915.

孙棕檀,2019. 欧洲"空间碎片移除"在轨试验任务简析[J]. 中国航天,2: 54－60.

谭春林,刘永健,于登云,2008. 在轨维护与服务体系研究[J]. 航天器工程,3: 45－50.

唐庆博,徐坤博,陈蓉,等,2017. 欧洲空间碎片主动清除技术进展与挑战[J]. 空间碎片研究,17(1): 35－40.

王雪瑶,2017a. 国外在轨服务系统最新发展(上)[J]. 国际太空,10: 24－29.

王雪瑶,2017b. 国外在轨服务系统最新发展(下)[J]. 国际太空,11: 65－69.

文援兰,何星星,李志,等,2010. 天基照相跟踪空间碎片批处理轨道确定研究[J]. 宇航学报,31(3): 888－894.

焉宁,唐庆博,陈蓉,2018. 欧洲的空间碎片清除技术发展及其启示[J]. 空间碎片研究,18(2): 14－22.

杨维维,陈小前,赵勇,等,2010. 面向在轨服务的自主对接控制方法与试验研究[J]. 航天控制,28(4): 35－39.

袁利,黄煌,2019. 空间飞行器智能自主控制技术现状与发展思考[J]. 空间控制技术与应用,45(4)：7-18.

翟坤,李志,陈新龙,等,2013. 非合作航天器对接环识别算法研究[J]. 航天控制,31(5)：76-82.

翟坤,曲溪,李志,等,2014. 非合作航天器相对姿态确定算法及地面试验[J]. 哈尔滨工业大学学报,46(3)：61-65.

张明月,2015. NASA 研发壁虎爪工具以提升空间站任务操作能力[J]. 防务视点,12：1.

张瑞雄,张江,谭春林,2016. 空间飞网捕获目标动力学与仿真分析[C]. 第 35 届中国控制会议,成都.

张声浩,2008. 双目 CCD 光电成像测量系统研究[D]. 南京：南京理工大学.

张淑琴,2005. 空间交会对接测量技术及工程应用[M]. 北京：中国宇航出版社.

赵岩,杨友超,张翔,2015. 航天器高可靠智能供配电系统设计[J]. 计算机测量与控制,23(8)：2776-2781.

朱超,2015. 空间旋转飞网捕获系统机构设计与仿真研究[D]. 南京：南京航空航天大学.

Bosse A B, Barnds W J, Brown M A, et al., 2004. SUMO：Spacecraft for the Universal Modification of Orbits[C]. Spacecraft Platforms and Infrastructure, Orlando.

Braganza D, Dawson D M, Walker I D, et al., 2006. Neural Network Grasping Controller for Continuum Robots[R]. Clemson：Clemson University.

Fan S Y, Xing F, Liu X Y, et al., 2022. Quick-Response Attitude Takeover Control Using Multiple Servicing Spacecraft based on Inertia Properties Identification[J]. Advances in Space Research, 70(7)：1890-1916.

Fan Z C, Huo M Y, Qi J, et al., 2021. Fast Cooperative Angular Trajectory Planning for Multiple On-Orbit Service Spacecraft based on the Bezier Shape-Based Method[J]. Proceedings of the Institution of Mechanical Engineers, Part G：Journal of Aerospace Engineering, 235(16)：2426-2435.

Feng L C, Ni Q, Chen X Q, et al., 2016. Optimal Sliding Mode Control for Spacecraft Rendezvous with Collision Avoidance[C]. 2016 IEEE Congress on Evolutionary Computation, Vancouver.

Hays A B, Pavlich J C, 2003. Advancements in Design of an Autonomous Satellite Docking System[C]. Proceedings of SPIE, 5088：77-88.

Huang L, Li Z, Huang J, et al., 2019. Designing, Modeling and Testing of the Flexible Space Probe-Cone Docking and Refueling Mechanism[J]. Intelligent Robotics and Applications, ICIRA 2019：294-306.

Kerstein B B, 2004. ROGER Robotic Geostationary Orbit Restorer[J]. Science and Technology Series, 109：183-193.

Kosmas C S, 2005. The HERMES On-Orbit-Servicing System Architecture for Inspection and Transportation Services at GEO[R]. Kosmas GEO-Ring Services.

Li W J, Chen D Y, Liu X G, et al., 2019. On-Orbit Service of Spacecraft：A Review of Engineering Developments[J]. Progress in Aerospace Sciences, 108：32-120.

Meng B, Huang J, Li Z, et al., 2019. The Orbit Deployment Strategy of OOS System for Refueling Near-Earth Orbit Satellites[J]. Acta Astronautica, 159：486-498.

NASA Goddard Space Flight Center, 2010. On-Orbit Satellite Servicing Study[R].

Ran D C, Sheng T, Chen X Q, et al., 2017. Adaptive Non-Singular Terminal Fault-Tolerant Control for Rigid Spacecraft Attitude Maneuver[C]. 36th Chinese Control Conference, Dalian.

ROGER-Team, 2003. Robotic Geostationary Orbit Restorer ROGER Phase A, Executive Summary[R]. EADS Report, No. ROG-SIBRE-EXS.

Song L, Li Z, Ma X, 2014. Autonomous Rendezvous and Docking of an Unknown Tumbling Space target with a Monocular Camera[C]. Proceedings of 2014 IEEE Chinese Guidance, Navigation and Control Conference, Yantai.

Sun D Q, Hu L, Duan H X, et al., 2022. Relative Pose Estimation of Non-Cooperative Space Targets Using a TOF Camera[J]. Remote Sensing, 14(23), 6100.

Wingo D R, 2004. Orbital Recovery's Responsive Commercial Space Tug for Life Extension Missions[C]. AIAA Space 2004 Conference and Exhibit, San Diego.

Yang W W, Herrmann G, Chen X Q, et al., 2010. Dynamic Gain Scheduled Control of a Satellite with a Robot Manipulator [C]. 3rd International Symposium on Systems and Control in Aeronautics and Astronautics, Harbin.

Yang W W, Zhao Y, Chen X Q, et al., 2011. Research on Nonlinear Control Methods for On-Orbit Servicing with Visual Positioning System[C]. 2011 IEEE International Conference on Computational Intelligence for Measurement Systems and Applications (CIMSA) Proceedings, Ottawa.

第 5 章
运输航天器

5.1 概　　述

运输航天器是在轨服务任务中提供轨道运输的服务,包括将目标航天器从地面发射入轨、轨道间转移,以及为目标航天器执行在轨加注、在轨维修、在轨组装构建、辅助离轨等提供轨道运输支持。运输航天器是在轨服务系统的重要组成部分,以"自主转移"为基本特征,以先进电源和动力等平台技术为支撑。

按照运输活动的空间范围不同,可将运输航天器划分为三种类型:近地空间运输航天器、地月空间运输航天器、行星空间运输航天器。① 在地表与近地空间之间执行任务的运输航天器称为近地空间运输航天器,包括一次性运载火箭、可重复往返使用的航天飞机、轨道间往返运输的轨道机动飞行器等。② 在地表与近月空间飞行的运输航天器称为地月空间运输航天器。例如未来将在月球表面建立月球无人科研站或载人月球基地,需要频繁地、持续不断地向月球进行人员或物资的往返运输。③ 在月球与行星际之间飞行的运输航天器称为行星空间运输航天器,可为火星及其他行星的探测任务实施提供远距离的物资运输和轨道转移支持。

上述三类运输航天器中,地月空间运输航天器和行星空间运输航天器尚处于概念研究阶段。相比较而言,近地空间运输航天器已有多个系统应用,相关系统开发与技术应用较为成熟。因此,本章在介绍运输航天器系统特点时主要是围绕近地空间运输航天器,并且聚焦运输航天器任务需求,重点介绍运输航天器系统总体、推进、电源和控制等支撑系统。最后,根据运输航天器开发与应用进展,概括介绍国外几种典型的运输航天器。

5.2 系 统 概 况

5.2.1 基本组成

运输航天器主要由有效载荷和平台两部分组成,如图 5.1 所示。有效载荷系统一般包括操控载荷、转移载荷等,具体载荷配置与运输航天器的任务有关。其中,与客户航天器、服务航天器类似,运输航天器的平台组成包括机械系统、控制系统、推进系统、电源系统、信息系统、热控系统等。

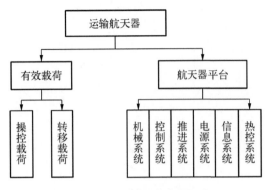

图 5.1　运输航天器主要组成

操控载荷是运输航天器的重要组成部分之一,包括机械臂、对接系统等,主要用于与目标航天器对接并实现所运输载荷的转移操作。从操控载荷的组成、功能及其特点角度,运输航天器在较大程度与服务航天器相似(可参见 4.2.2.2 小节),因此本章不再赘述。

转移载荷是运输航天器的"货物",通常是需在轨补加的燃料或者是蓄电池、动量轮、推力器等可供在轨更换的模块,特殊情况下也可能是舱段或整个航天器。转移载荷既可装载于运输航天器舱内,也可外挂于运输飞行器外表面。为适应主动段的特殊环境,货物运输一般均安装于运输航天器舱内。对于轨道间的复杂货物运输需求,可利用运输航天器舱外易于装载布局的优势,将各类待转移载荷安装于舱外。此时,须关注运输航天器系统的特殊设计,包括对接停靠接口、机械臂对货物抓取与转移的运动路径、机械臂与货物运输的动态包络要求等。

运输航天器支撑系统中,需要重点关注控制系统、推进系统和电源系统。运输航天器的控制系统通常由主动、被动光学测量敏感器组成。对于被动光学测量敏感器,一般是采用可见光/红外相机,可实现远距离目标捕获和近距离目标局部成像任务,以获取目标方位、几何与外形特征信息。对于主动光学测量敏感器,通常为激光雷达、激光测距仪等,可支持近距离目标特性三维测量和距离测量。通过主被动光学测量敏感器之间的协同工作,可实现对目标位置、属性、特性等信息的获取,为运输航天器近距离停靠、捕获操作等提供支持。推进系统是运输航天器的核心,是实现系统快速机动、大范围轨道转移等特定运输任务的关键。运输航天器推进系统组成与传统航天器类似,但在推力及推进剂装填等方面差别较大。除常规的推进体制以外,运输航天器推进系统针对不同运输任务还可选择低温推进、大功率电推进、核电推进、核热推进、新型推进等多种类型的推进体制。电源系统是运输航天器的另一个重要支撑系统。对于运输航天器在轨运输与多次在轨交会对接需求,其电源系统应突破多项关键技术,包括太阳电池阵构型设计、太阳电池阵在遮挡情况下的输出功率均衡管理、蓄电池组在轨充电管理等。其中,太阳电池阵构型设计的目的是在太阳光照条件恶劣时保证太阳电池阵输出功率均衡、各供电母线输出功率稳定。此外,由于运输航天器在轨供电需求复杂,需要通过有效的蓄电池组充电管理,以保证系统必要的蓄电池组寿命和稳定性能。

5.2.2　系统特点分析

5.2.2.1　系统总体

运输航天器具有交会机动与伴飞绕飞功能、相对测量功能、货物装载与运输功能及一般航天器平台的常规功能,如图 5.2 所示。对于多功能集成的特殊需求,运输航天器也可为客户航天器提供一定的在轨服务及其服务实施前可能需要的消旋抓捕功能。

(1)平台常规功能:包括结构与机构、电源供配电管理、与地面测控系统之间的测控

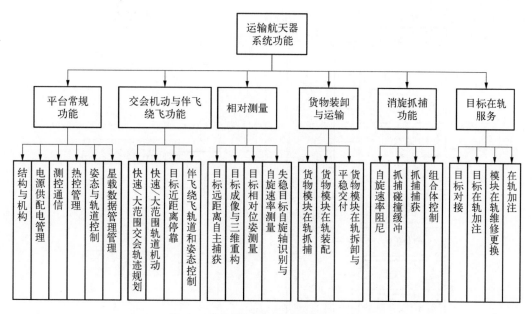

图5.2 近地空间运输航天器系统功能

通信、对接过程中高精度高稳定性姿控、轨控、星载数据管理、热控管理等;

（2）交会机动与伴飞绕飞功能:包括快速/大范围交会轨迹规划、快速/大范围轨道机动、目标近距离停靠、伴飞绕飞轨道和姿态控制等;

（3）相对测量功能:包括目标远距离自主捕获、目标成像与三维重构、目标相对位姿测量、失稳目标自旋轴识别与自旋速率测量等;

（4）货物装卸与运输功能:包括货物模块在轨抓捕、货物模块在轨装配、货物模块在轨拆卸与平稳交付等。

5.2.2.2 控制系统

根据系统总体任务需求,运输航天器控制系统应具有以下主要功能:目标高精度相对测量与控制、目标高精度伴飞与指向控制、交会对接控制以及组合体惯量在轨辨识与控制、自主导航、快速轨道机动控制等。

运输航天器控制系统的设计思路以继承传统航天器为主,其一般性设计可参考第3章、第4章分别关于客户航天器与服务航天器的控制系统介绍。针对运输航天器独特的应用需求,其控制系统需要满足基于GNC系统的自主交会对接。国外典型运输航天器的GNC系统组成如图5.3所示。GNC系统以中心管理单元(CMU)和执行机构驱动单元(ADU)为核心,形成"控制单元+驱动单元"的体系结构,并与敏感器、执行机构共同完成系统姿态轨道控制任务。各类敏感器中,惯性测量单元(inertial measurement unit, IMU)用于测量系统姿态角速度、加速度;数字太阳敏感器和星敏感器用于测量相对于惯性坐标系的系统姿态参数;可见光、激光、雷达等用于运输航天器交会过程中目标位姿测量。各类敏感器可根据具体的运输任务以及系统参数分配进行搭配设计,如图5.4所示为ATV飞行器配置情况,包含了4台2轴陀螺仪组件、2台恒星跟踪器、3台2轴加速度计、2台GPS全球定位系统接收机、2台视频仪、2台远距测向仪等。

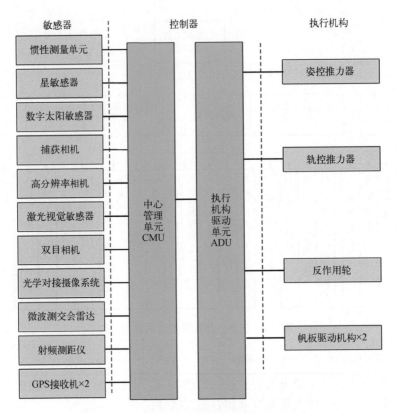

图 5.3　国外典型运输航天器的控制系统组成

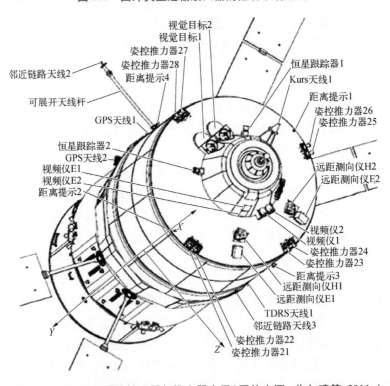

图 5.4　ATV 飞行器的敏感器与推力器布局(图片来源：朱仁璋等,2011a)

在运输航天器在轨飞行过程中,各类姿态测量敏感器按照功能不同完成相应参数测量任务,本节重点介绍惯性测量单元、星敏感器、捕获相机和高分辨率相机的组成与特点。

(1)惯性测量单元:主要由 IMU 组件及线路盒组成。IMU 组件包括陀螺仪、加速度计、结构本体、电连接器、基准镜等,如图 5.5 所示。根据在轨飞行过程中的测量任务需求,需要在 IMU 组件数量以及安装方式上进行特殊设计。以 ATV 飞行器为例,其 IMU 组件由陀螺仪组件、加速度计组件组成,前者由 4 个双轴干式调谐陀螺仪组成,呈棱锥几何构形,提供 ATV 飞行器惯性姿态速率测量信息,后者提供 ATV 飞行器非引力加速度测量信息。

图 5.5 典型惯性测量单元 IMU 和星敏感器(图片来源:常佳冲,2018;李斐然,2018)

(2)星敏感器:主要用于姿态测量与确定,提供星体相对惯性空间的姿态信息。由于航天器在轨工作时往往存在多种姿态指向需求,因此星敏感器在布局上尤其需要进行特殊设计(图 5.5),并且需要避开阳光和地球反照光的干扰。对于地月空间、行星空间运输航天器,在大部分轨道转移期间 GPS 接收机不可用。通过配置星敏感器,除满足姿态测量与确定功能以外,可利用基于星敏感器与自动图像辨识算法相结合的方式实现系统自主导航。

(3)捕获相机:用于在轨自主捕获目标,并对目标进行方位测量。通过窄视场捕获与跟踪敏感器,可对几百公里范围的目标进行方位测量。在工作距离内,太阳光由目标物体表面反射进入捕获相机的探测面,捕获相机通过识别算法完成识别与跟踪,并提供目标的天顶角和方位角信息。

(4)高分辨率相机:是在捕获相机引导下观测目标,获取目标的几何与三维特征信息,为运输航天器与目标航天器抓捕操作提供支持。高分辨率相机主要由光机镜头、焦面电路盒、调焦机构组成。光机镜头用于收集目标的放大光信号,并可抑制视场外的杂光信号。焦面电路盒接收管理控制板的指令控制,完成光信号的光电转换及图像数据的输出。调焦机构则实现相机的调焦功能。

5.2.2.3 推进系统

1)任务需求

从任务需求角度,运输航天器与传统航天器轨道机动任务相比具有系统规模大、跨空域范围广、时效要求高等特点。因此,运输航天器的推进系统有着高比冲、大推力、长寿命等特殊要求。

(1)高比冲:为保证运输航天器的工作效率,运输货物规模大(一般可达数吨级)、速度增量要求高。因此对于化学推进体制的推进系统应用,要求具有高推进比冲。在传统航天器推进系统技术基础上,通过低温推进体制替代化学推进体制,可节省燃料、降低推进系统规模,提高推进系统的工作效率。

(2)大推力:运输航天器运输货物规模大,且轨道机动的空域范围大,对于以电推进为代表的新型推进体制而言亟须提高推力,以实现提供几牛至十几牛大小的推力,以满足数吨级货物轨道转移任务的时效性要求。

(3)长寿命:对于轨道间的转移运输航天器,一般需要多次使用、长期执行轨道机动任务,且轨道机动空间变化范围广,飞行经历的空间环境复杂。这些复杂任务需求都对推进系统的可靠性和长寿命提出挑战。

(4)可补加:轨道之间往返运行的运输航天器须具备推进工质在轨补加能力,可在天地往返运输飞行器、轨道空间站等系统支持下进行推进剂工质补加,以实现系统多次可重复使用。

(5)可更换:运输航天器推进系统的配套组件在轨长期频繁使用,性能容易退化甚至失效,以推力器为代表的推进系统易损组件须具备在轨更换能力(可参考 3.2.2.5 小节),满足推进系统长期可靠工作要求。

2)推进体制

针对运输航天器对推进系统总体能力需求,基于化学推进、低温推进、大功率电推进、核电推进、核热推进、新型推进等多种体制优选,可支持不同任务类型的运输航天器推进系统开发,为未来在轨服务任务领域提供空间运输服务支撑。

(1)化学推进。化学推进是利用推进剂的化学反应产生高温高压燃气,通过喷管高速喷出产生推力。化学推进虽然比冲不高,但推力大、技术比较成熟,可满足轨道间大范围转移和快速机动要求。在传统航天器技术基础上,通过在发动机、推进剂贮箱扩容、发动机阀门与气路系统长寿命设计等方面进行攻关,以满足在轨服务运输航天器的应用需求。

从反应方式角度,化学推进技术分为单组元推进和双组元推进两种。目前,单组元肼发动机真空推力范围为 0.2~400 N,真空比冲为 200~240 s;双组元甲基肼/四氧化二氮(MMH/NTO)发动机真空比冲 310~325 s,应用十分广泛。针对轨道转移任务,则应关注更高比冲和更大推力的发动机,如美国先进材料双组元发动机(advanced material bi-propellant rocket engine, AMBR)试车推力已达到 598 N,比冲达 333 s,如图 5.6 所示。AMBR 的开发目标是采用 N_2O_4 和 N_2H_4 推进剂,发动机最终能达到推力 889 N、比冲 335 s。针对目前推进系统功能较为单一、使用寿命受限于推进剂装填量的问题,开发可分离可加注的推进服务舱将是运输航天器未来重要的发展方向。有关模块化可更换的推进舱设计可参考 3.2.2.5 节介绍及图 3.40 所示。

(2)低温推进。低温推进的工质在常温下为气态,只有在极低温度下才能转换并保持液体状态的工质,包括液氧(-182.8℃)、甲烷(-163.8℃)及液氢(-252.7℃)等。美国

图 5.6　AMBR 发动机及试车图(图片来源: Savage, 2008)

航天飞机外挂燃料箱采用了低温推进剂,如图 5.7 所示。该推进剂通常不能自燃点火,但比液体推进剂具有更高的性能。由于低温推进剂贮存和运输均比较困难,因此尤其需要关注低温推进系统在长周期任务时的推进剂蒸发量控制问题。低温推进剂目前主要是在一次性运载中使用。

液氢贮存温度要求高且贮存密度低,通过以液态甲烷代替液氢与液氧组合,可成为低温推进剂搭配的优选方案。首

图 5.7　航天飞机承载液氧和液氢推进剂的外挂燃料箱(图片来源: 景心,2005)

先,液氧和液态甲烷沸点相近,可获得相对简化的推进系统设计。其次,未来结合在轨制造技术,液态甲烷推进工质可通过其他行星资源进行原位制备,非常适合于具有高比冲和大范围推力调节要求的行星空间运输任务。

根据国外推进系统领域的发展态势,低温推进技术将作为未来 20 年重点发展的方向。低温推进系统的优先发展的关键技术及其指标包括:① 低温推进剂在轨长期存储技术,旨在实现低温推进剂蒸发率控制为零和低温推进剂在轨加注;② 液氧/甲烷挤压式主发动机技术,预计真空比冲可达 355 s,最大推力 178 kN,使用寿命 1 000 s~10 h;③ 液氧/甲烷泵压式主发动机技术,预计真空比冲≥360 s,最大推力 133.5 kN,使用寿命≥300 s。目前 SpaceX 公司研制的超低温液氧/甲烷发动机"猛禽"的真空比冲已达到 382 s,其主要参数见表 5.1,显示出低温推进技术的显著优势。按照开发计划,"猛禽"发动机将应用于火星探索的星际运输系统(ITS)。

表 5.1 猛禽发动机主要技术参数(表格来源: 杨开等, 2017)

性 能 指 标	参 数
循环方式	全流量分级燃烧
氧化剂	超低温液氧
燃料	超低温液态甲烷
燃烧室压力/MPa	30
节流能力	20% ~ 100%
海平面型喷管	
扩张比	40
海平面推力/kN	3 050
海平面比冲/s	334
真空型喷管	
扩张比	200
真空推力/kN	3 500
真空比冲/s	382

(3) 大功率电推进。大功率电推进利用大型太阳电池阵,将采集的太阳能转化为电能,并把电能转化为推进剂的喷射动能从而产生推力。按照工作原理的不同,可将电推进分为电热式、静电式和电磁式三大类。① 电热式:与化学推进类似,是利用电能加热推进剂以增加其焓值,从而获得较高的比冲。电热式电推进系统的主要类型包括电阻推力器、电弧推力器、微波电热推力器等,如图 5.8 所示,其比冲范围通常为 500 ~ 1 200 s。② 静电式:选用电离势较低的推进剂,经电离后在静电场中加速,获得电推进系统最高的比冲。静电式电推进包括离子推力器、场发射推力器、胶体推力器等,其中离子推力器的比冲较高,最高可达 10 000 s。③ 电磁式:利用电击穿推进剂时产生等离子体,并在电场力和磁场力综合作用下获得加速。电磁式电推进系统包括稳态等离子体推力器、磁等离子体推力器、脉冲等离子体推力器、脉冲感应推力器等。上述三类电推进系统的典型电推力器技术参数如表 5.2 所示,通常是电磁式电推进的比冲高于电热推力器、低于静电推力器,为 1 000 ~ 5 000 s。

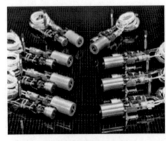  

(a) 电阻加热推力器　　　　(b) 稳态等离子推进器　　　　(c) 氙离子推力器
(Primex宇航公司)　　　(法克尔试验设计局)　　　(NASA格林研究中心)

图 5.8 几种典型的电推进推力器(图片来源: 丁亮, 2018)

表 5.2 典型电推力器指标(表格来源：杭观荣等,2013)

技术指标	MR-510 电弧推力器	SPT-100 霍尔推力器	PPS 1350-G 霍尔推力器	BPT-4000 霍尔推力器	XIPS 13 cm 离子推力器	XIPS 25 cm 离子推力器	NSTAR 离子推力器
功率/kW	2.0	1.35	1.5	3~4.5	0.42	2~4.3	0.52~2.32
比冲/s	>585~615	1 600	1 650	1 769~2 076	2 507	3 420~3 500	1 951~3 083
推力/mN	222~258	80	89	168~294	17.2	80~166	19~92.7
推进剂	肼	氙	氙	氙	氙	氙	氙
应用型号	A2100 平台	LS-1300 Eurostar3000 Spacebus4000 平台	智慧一号探测器	A2100M 平台	BSS 601HP 平台	BSS 702 平台	深空一号、黎明号探测器

面向在轨服务相对复杂的运输任务,推力可达数牛的大推力电推进系统受到广泛关注。大推力电推进系统特别适用于时效性要求不高的货物运输任务,能够获得较高的运输载重比,并降低自身的推进剂消耗量。与此同时,为确保电推力器产生足够大的推力,电源系统开发面临严苛要求。以开发数牛推力的电推进系统为例,其电源系统需要提供高达百千瓦功率。考虑当前太阳电池阵的效率水平,100 kW 功率的电源保障则要求太阳电池阵面积达到 300 m²,即使采用薄膜砷化镓超轻太阳电池阵,电池阵机电系统总重量也将达到 900 kg。这对电池阵开发、运输航天器系统重量指标分配、系统在轨飞行时的动力学控制等,都将提出严峻挑战。

(4)核电推进。核电推进是将核反应堆产生的热能转换成电能,一般可达到 100 kW 至 MW 级,使推进剂(通常为 Xe)电离、加速喷出,从而产生推力。核电推进可取代太阳能电池为电推进系统供电,规避大面积太阳电池阵的开发与应用难题。

核电推进系统主要由五大子系统构成,如图 5.9 所示,包括空间核反应堆子系统、热电转换子系统、大功率空间热排放子系统、电源管理与分配子系统和大功率电推进子系统,涉及核、电、磁、力、热、流体、控制等多个专业技术领域。

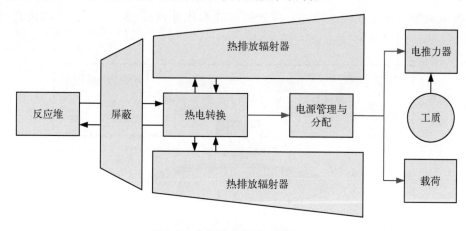

图 5.9 空间核电推进系统原理图

（5）核热推进。核热推进的原理是利用核裂变产生的能量（反应堆热功率范围100~200 MW），将工质加热至高温后通过超声速喷管膨胀以很高的速度喷出从而产生推力，又称为核热发动机。为了达到更高的比冲，核热推进系统通常采用分子量较小的液氢或者液氦作为工质。以每公斤 U-235 完全裂变释放能量完全用于加速为例，理论上可获得比传统化学推进提高近4个数量级的比冲。核热推进系统的一般构成包括反应堆、推进剂贮箱与涡轮泵系统、管路与冷却系统及喷管等，如图5.10所示。

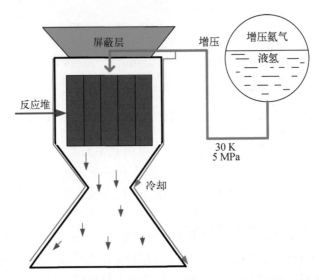

图5.10　空间核热推进示意图（图片来源：郭筱曦和杜辉，2019）

（6）其他推进体制。① 无工质推进：基于微波谐振腔产生推力。通过设计特定形状的谐振腔，电磁场在该类腔体内谐振时，会在腔体的不同方向产生不均衡的电磁力，进而在特定方向上形成净合力。无工质推进属于场推进技术，不需携带工质，并且具有重量轻、使用寿命长、使用方便等优点，适用于长时间使用或频繁使用的空间推进领域。② 激光推进：利用激光与推进剂工质相互作用形成等离子体喷射，产生反作用力进行推进，如图5.11所示。从能量转化的角度，激光推进是利用电能转换成激光的光能，并将光能转换成动能从而形成能量传递。激光推进技术比冲较高、推力较大、推功比高、集成度高。

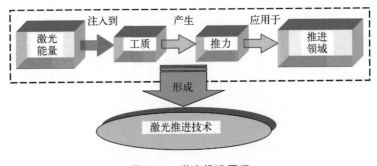

图5.11　激光推进原理

5.2.2.4　电源系统

运输航天器电源系统的功能与传统航天器相似,可参见客户航天器、服务航天器章节介绍。根据航天器系统应用需求,空间电源主要包括以下三大类:① 化学电源:如锂电池、锌银蓄电池、氢氧燃料电池等;② 太阳电池阵/蓄电池组联合电源:一般由太阳电池、蓄电池组和电源控制器组成,目前作为常规航天器电源的应用最为广泛;③ 核电源:包括放射性同位素温差发电器(radioisotope thermoelectric generator, RTG)和核反应堆电源等。

运输航天器的电源选用取决于系统功率需求和使用寿命。目前常用的电源中,化学电源通常用于时间相对短的任务;太阳电池阵/蓄电池组联合电源可提供功率最大为几十千瓦量级,寿命最长达到 15~20 年的航天器;RTG 电源通常应用于 1 kW 量级的长寿命使用探测器;核反应堆电源应用于功率需求大于几十千瓦的运输航天器。因此,针对在轨服务的空间运输任务需求,应根据实际运输任务的功率需求并结合各类空间电源特点,进行运输航天器电源系统开发。

1) 太阳电池阵/蓄电池电源系统

太阳电池/蓄电池系统是目前航天器应用最多的电源系统,也是运输航天器常用的电源模式,具备长寿命、重量轻、高可靠、功率适用范围宽等优点。太阳电池/蓄电池系统由发电装置(太阳电池阵)、贮能装置(如镉镍蓄电池、氢氧蓄电池、氢镍蓄电池、锂离子电池)及电源控制设备(太阳电池阵对日定向驱动装置、分流器、充电控制器、放电调节器)等组成。一次电源母线功率调节拓扑结构是太阳电池/蓄电池系统开发的核心,决定了电源系统的蓄电池、电池阵、电池阵驱动机构、电缆网等设计,其典型拓扑结构如图 5.12 所示。

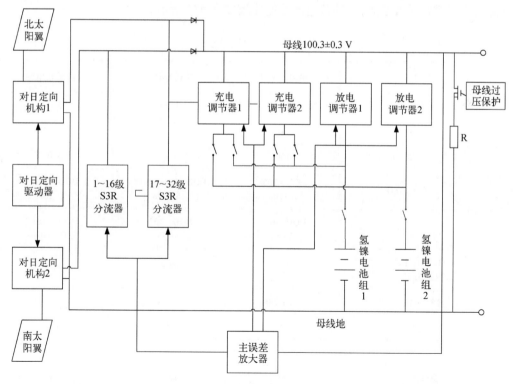

图 5.12　太阳电池/蓄电池系统的典型拓扑结构(图片来源:马世俊等, 2001)

目前航天器应用的共有四种空间电池,分别为太阳电池由背反射体硅太阳电池(BSR)、背场背反射体硅太阳电池(BSFR)、锗衬底单结砷化镓太阳电池(GaAs/Ge)和三结砷化镓太阳电池(GaInP$_2$/InGaAs/Ge),其主要性能参数见表5.3。各类空间电池与电池阵基板结合,形成不同刚性/柔性、固定式/展开式的电池阵。几类典型太阳电池阵的比功率分别为:刚性展开式太阳电池阵30~40 W/kg(3 J),柔性展开式太阳电池阵30~50 W/kg(Si),聚光太阳电池阵30~60 W/kg(GaAs),柔性展开式太阳电池阵80~100 W/kg(3 J)。

表5.3　典型空间应用太阳电池的主要参数

名　称	硅太阳电池		单结砷化镓太阳电池	三结砷化镓太阳电池
类型	BSR	BSFR	GaAs/Ge	GaInP$_2$/InGaAs/Ge
开路电压 V_{oc}(mV)	550	605	1 010	2 650
短路电流 I_{sc}(mA/cm^2)	38.2	42.5	31.2	16.5
最佳功率点电压 V_m(mV)	455	500	860	2 320
最佳功率点电流 I_m(mA/cm^2)	36.6	40	29.9	15.6
填充因子 FF	0.77	0.78	0.79	0.83
AM0 转换效率(%)	12.3	14.8	19	26.8
太阳吸收率 α_s	0.72	0.77	0.89	0.92
半球发射率 ε_H	0.82	0.84	0.82	0.80

对于应用为航天器贮能装置的蓄电池,国内外目前普遍应用的主要有镉镍蓄电池、氢氧蓄电池和锂离子蓄电池,三种蓄电池性能比较如表5.4所示。

表5.4　蓄电池性能比较

		镉镍蓄电池	氢氧蓄电池	锂离子蓄电池
平均工作电压(V)		1.2	1.25	3.6
比能量	W·h/kg	50	65	130~180
	W·h/L	150	100	350
循环寿命	GEO	DOD=70% 8~10a	DOD=70%~80% 15~20a	DOD=80% 10~15a
	LEO	DOD=40% 3~5a	DOD=40% 5~7a	DOD=30% 2.0~8.0a
-20℃放电性能 (25℃容量为100%)		30%	25%	90%
自放电率		72 h:18%	72 h:30%	一月:9%
充电速率		1C	1C	1C
记忆效应		有	有	无
安全性		好	较好	差

（1）镉镍蓄电池：技术最成熟、使用经历最长的贮能装置，经历几十年发展已开发出一套合理的充电控制、单体电池开路失效防护、克服记忆效应的在轨再处理等技术，其产品质量和可靠性均比较成熟。

（2）氢氧燃料电池：实际上是一种化学发电装置，其燃料贮存在电池组外部，只要提供足够的燃料，便可连续地发电。氢氧燃料电池在工作寿命期内可重复、多次使用，且独立性强，对外界环境有较强适应能力，特别适用于一般航天器的机动飞行以及载人飞行，后者应用过程中可有效利用电池反应产物。

（3）锂离子电池：比能量高、自放电率低、充电效率高、无记忆效应等，应用越来越广泛。

2）核电源系统

核电源系统的热能来源主要包括放射性同位素和核反应堆两种类型。核电源系统结构紧凑，可兼具较小的质量、长寿命和可摆脱太阳能源依赖的优点，可在空间辐射带内和极端环境下工作，是行星空间探测任务电源系统的最佳选择。

面向运输航天器的应用需求，空间核电源相比于传统太阳能电源具有以下优点：① 易于实现大功率供电（100 kW~15 MW）；② 能量自主产生，不依赖太阳照射，可全天时工作，并且可在较短时间实现大范围功率调节；③ 生存能力强，具有较强的抗空间碎片撞击能力，可在尘埃、高温、辐射等极端环境工作；④ 能量密度大，结构紧凑，体积小，且易于实现机动过程中的对日定向需求等。

（1）放射性同位素电源。半导体温差发电技术的基础是温差发电效应，其原理如图5.13 所示，主要是两种不同的金属构成闭合回路，当回路两端存在温差时将在回路中产生电流。半导体温差发电器主要组成包括 7 个部分：热源、温差电器件（含温差电材料）、电极、绝热材料、外壳（散热器）、辐射屏蔽与安全防护装置，以及电压变换和功率调节装置。

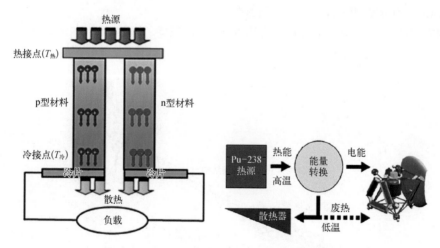

图 5.13　温差发电与 RTG 发电器能量转换原理（图片来源：王帝，2019）

RTG 电源是将同位素源衰变的辐射能转换为热能，从而为温差发电器提供所需热源。典型 RTG 电源系统由以下几个部分组成：放射性同位素源、吸收层、温差电元件、散热器和屏蔽层。RTG 电源具有无机械运动部件、无噪声、长寿命、体积小、重量轻、极少需要维

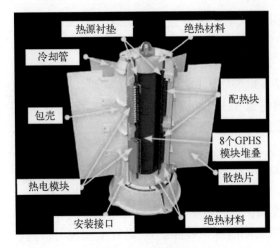

图 5.14　美国第八代同位素电源 MM‒RTG 剖面(图片来源:王帝,2019)

护等优点。图 5.14 所示为美国第八代同位素电源 MM‒RTG 剖面。

(2)核反应堆电源。核反应堆电源是指通过核反应堆堆芯燃料持续裂变反应释放热能,在反应堆堆芯内通过热电转换装置将裂变热能转化为电能,或通过冷却剂(或高温热管)将热能带出至热电转换装置系统,最终转化为电能。核反应堆电源的能量密度高,相比其他电源具有显著的高功率质量比优势。由于功率调节范围大、提升功率快、体积小、比面积小、环境适应能力强,核反应堆电源特别适用于对机动性高和隐蔽性要求高的航天器。此外,核反应堆电源对太空垃圾的撞击具有很好的抵御性,可在其他电源无法工作的恶劣环境中工作。因此,核反应堆电源在运输航天器领域具有良好的应用前景。

空间核反应堆电源主要由核反应堆系统和热电转换系统两部分组成,所采用的热电转换器件有温差电换能器和热离子二极管两种类型。根据热电转换器件的不同,核反应堆电源又分成核反应堆温差发电器和核反应堆热离子发电器(又称热离子反应堆)。尽管各种反应堆电源在设计上存在一些差异,但基本都是由堆芯、辐射屏蔽、热电转换装置、辐射散热器等构成,典型的核反应堆电源及其应用的运输航天器系统如图 5.15 和图 5.16 所示。

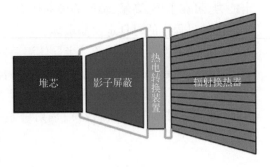

图 5.15　空间核反应堆电源结构(图片来源:苏光辉等,2020)

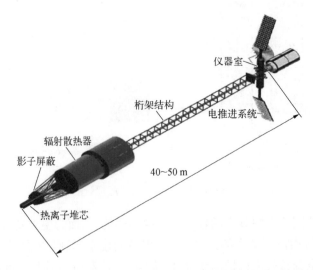

图 5.16　俄罗斯 Gerkules 空间核动力拖船(图片来源:苏光辉等,2020)

5.3 典 型 应 用

根据在轨服务任务空间的拓展性,运输航天器可分为近地空间运输航天器、地月空间运输航天器和行星空间运输航天器三种类型。本节针对三类运输航天器,挑选航天飞机以及处于概念研究阶段的几个案例进行介绍,分别阐述其应用特点、基本组成和系统开发的概况。

5.3.1 近地空间运输航天器

1) 航天飞机

航天飞机以运载火箭发动机为动力,垂直发射起飞,能在地球轨道上进行为期十余天的飞行,且可以多次重复使用、往返于地球表面和近地轨道之间。航天飞机自 1981 年"哥伦比亚号"首次飞行至 2011 年"亚特兰蒂斯号"返回地面与正式退役,期间还包括"奋进号""发现号"和"挑战者号"等航天飞机,为近地轨道任务、哈勃太空望远镜发射与五次在轨服务、国际空间站 ISS 在轨组装构建任务等,提供了巨大的运输服务支持。

航天飞机由轨道飞行器、固体燃料火箭助推器和外挂燃料箱三大部分组成,如图 5.17 所示。① 轨道飞行器是航天飞机的主体,外形近似于普通飞机,在航天飞机组成中最为复杂,每次任务都要经历发射、飞行和再入返回的全过程。轨道飞行器机身是一个直径 $\phi4.6$ m、长 18.3 m、容积 300 m³ 的大货舱,可运送 14.4 t 有效载荷或 30 t 货物至近地轨道,并可从太空携带约 10 t 货物返回地面。轨道飞行器尾部安装有三台以液氢/液氧为推进剂的主发动机,每个长 4.3 m,喷嘴直径 $\phi1.37$ m,总共能产生 6.3 MN 的推力。② 两台固体燃料火箭助推器平行布局在外挂燃料箱两侧,每台助推器自重 72 t,一共可装填 450 t 推进剂。发射时助推器与轨道器的三台主发动机同时点火,为航天飞机垂直起飞和飞出大气层提供约 78% 的推力。两个火箭助推器的初始总推力达 24 MN,以 3.094 km/h 的速度把航天飞机送到距地面 45 公里的高空,然后停止工作并与航天飞机分离,总工作时间为 117 s。③ 外挂燃料箱是航天飞机系统最大的部件,布局于轨道飞行

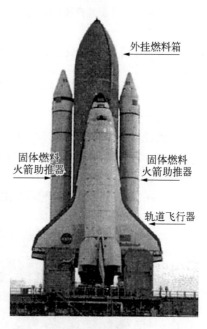

图 5.17 航天飞机组成(图片来源:景心,2005)

器下方,由液氧箱、液氢箱和箱间段组成。航天飞机在起飞升空 8.5 min 后主发动机关闭,外挂燃料箱与轨道器分离。

2) 轨道机动飞行器(OMV)

轨道机动飞行器是 NASA 针对可重复使用及远距离控制等需求所开发的运输转移飞行器,可对在轨航天器执行多种类型的转移服务任务。OMV 计划于 1986 年发

起,曾计划 1991 年进行第一次飞行,目的是对受大气阻力影响的哈勃太空望远镜进行轨道抬升服务。OMV 可以实现轨道运输、在轨修复等任务,是空间运输系统(space transportation system, STS)的重要扩展方向。同时,OMV 也是空间站和航天飞机早期在轨服务任务架构的重要组成部分(图 2.18),满足轨道转移和运输任务中较大的速度增量需求。

图 5.18　OMV 的 SRV 模块(左)和 PM 模块(右)(图片来源: Huber 等,1988)

OMV 充分考虑了模块化及可扩展设计(图 5.18),其基础系统是近距离飞行器(short range vehicle, SRV)。SRV 重达 5 500 磅,由冷气/肼双推进、电源、通信、数据管理、控制等支撑系统组成,可为空间站组装构建及运行任务提供超过 75% 的支持。对于高速度增量需求的任务,OMV 可扩展增加双推进模块(bipropellant propulsion module, PM),重约 11 000 磅。扩展后的 OMV 组合体总重将达到约 16 500 磅。PM 模块具备在轨可维护功能,可实现其双组元推进剂的在轨加注,满足多次转移运输所需要的高速度增量要求。此外,OMV 系统配置了载荷适应装置,可提供运输载荷的机械和单元接口。

5.3.2　地月空间运输航天器

1) 深空门户 DSG

依托国际空间站及其载人航天应用进展,NASA 规划开展载人深空探索,包括在月球附近建立小型空间站深空门户 DSG(图 5.19),以及建造可前往地月空间以远特别是火星

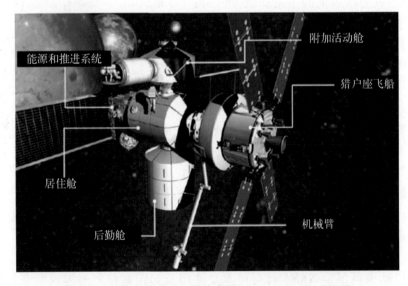

图 5.19　深空门户 DSG(图片来源: Cichan et al. , 2017)

的深空飞船"深空港"(Deep Space Transport，DST)。深空门户 DSG 将用作深空港 DST 的中转补给站。深空门户 DSG 由电源和推进系统、居住舱、后勤舱、附加活动舱组成。面向未来月球空间的在轨服务任务，包括月球轨道 EML1 的大型空间望远镜系统组装构建与维护、月球无人基地构建等，深空门户 DSG 将为其提供运输系统的重要支撑。

2）可重复使用月球转移飞行器

美国波音公司提出了一种可重复使用月球转移飞行器(lunar transport vehicle，LTV)，用于载人登月、月球基地构建等深空探测任务。首先，在 EML2 轨道建立空间站平台。空间站平台携带着陆器由地月 L2 点转移至 3 200 km 环月轨道后，着陆器与空间站平台分离，并与可重复使用月球转移飞行器 LTV 交会对接，如图 5.20 所示。图 5.21 为可重复使用月球转移飞行器 LTV，主要用于将着陆器由 3 200 km 环月轨道运送至 100 km 环月轨道的转移运输任务。LTV 是基于欧洲自动转移飞行器设计，包含 4 个主发动机，可装填 6.9 t MMH/N_2O_4 推进剂。LTV 目前的轨道飞行与登月方案包括两种：① 登月着陆器在到达

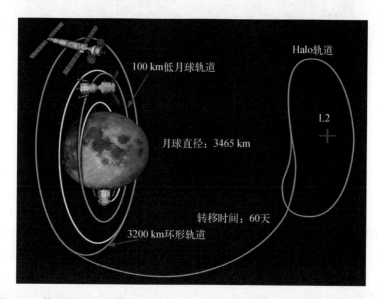

图 5.20　基于 EML2 轨道空间站转移平台的登月模式(图片来源：齐玢,2015)

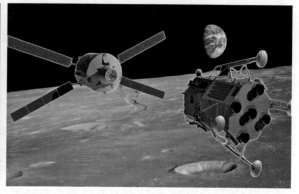

图 5.21　可重复使用月球转移飞行器 LTV 及其与登月着陆器分离场景(图片来源：齐玢,2015)

100 km 环月轨道后,登月着陆器与 LTV 分离,并整体下降至月面,完成月面着陆;② 空间站平台运行轨道为位于 EML2 轨道,由可重复使用月球转移飞行器 LTV 将登月着陆器从 EML2 轨道直接转移至 100 km 环月轨道。登月着陆器及 LTV 完成一次月球往返后,需通过与推进剂运输飞行器交会对接并完成推进剂补加。

5.3.3　行星空间运输航天器

深空门户 DSG 是 NASA 国际空间站以远开展深空探索计划中的第一阶段任务,紧接其后的第二阶段任务将建设深空港(图 5.22),作为深空运输系统用于太阳系内火星等深空目标探测。

图 5.22　深空港(图片来源: Cichan et al., 2017)

深空港的核心是其可重复使用深空港飞船,由电力系统与载人居住舱组成,最早将于 2027 年发射。深空港采用化学推进与电推进相结合,往返于深空目标与深空门户 DSG 之间,飞船经过补给和维护后可多次往返运输。深空港飞船重约 41 t,可通过补给和少量维护重复开展 3 次火星级别的探测任务,并可在地月空间接受推进剂补给等服务。两架猎户座飞船 Orion 是深空港的指挥控制中心,通过两架货运飞船组合可提供水和其他液体货物的运输服务。

深空港 DST 的电源和推进系统设计可直接继承深空门户 DSG,其太阳能电推进采用小推力高效推进体制。基于在从地球轨道到月球空间应用中获得的小推力应用,可支撑从月球到深空的轨道转移任务,从而降低从月球到火星的推进剂消耗。

5.4　小　　结

运输航天器是在轨服务体系的重要组成,其核心在于货物装载与运输功能,同时为实现装载、运输及在轨"交付",还需具备交会机动与伴飞绕飞功能、相对测量功能、捕获对接功能等。为此,运输航天器在控制系统、推进系统和电源系统方面的突出特点归纳如下。

（1）对于控制系统及运输航天器平台其他系统,应基于不同任务需求进行开发,包括对于运输航天器自身在轨补给与维护的特殊需求,可参考在轨服务体系架构中的其他系统进行联合设计。

（2）推进系统为运输航天器任务实现提供关键支撑,以实现系统运行跨空域范围广、运输规模大、时效要求高等任务需求。化学推进、低温推进、大功率电推进、核电推进及核热推进等为运输航天器提供多种类型的推进体制选择,可供不同任务类型的运输航天器选用。

（3）电源系统是运输航天器在轨长时间运行的重要保障。在太阳电池阵/蓄电池组联合电源模式基础上,面向地月空间和行星空间运输任务电源系统的超大容量、长寿命与高可靠的严苛要求,还应重点关注 RTG 电源、核反应堆电源系统的开发与应用,以满足未来在轨服务体系拓展需求。

参 考 文 献

晨驷,2017. 以猎户座飞船为核心——洛克希德·马丁公司的深空关口站和火星运输设想[J]. 太空探索,7：17-19.

常佳冲,2018. 光纤陀螺惯性测量单元高精度混合式标定技术[D]. 哈尔滨：哈尔滨工业大学.

丁亮,2018. 大功率电推进技术发展与规划[R]. 航天五院 2018 年科技情报研究课题.

范晓彦,尚社,宋大伟,2011. 空间交会对接雷达技术调研报告[R]. 航天五院 2011 年科技情报研究课题.

郭筱曦,2013. 欧洲自动转移飞行器项目概览[J]. 国际太空,3：11-18.

郭筱曦,许国彩,2014. 别了,欧洲货运飞船! 最后一个"自动转移飞行器"升空[J]. 国际太空,11：64-74.

郭筱曦,杜辉,2019. 国外核动力航天器总体关键技术研究[R]. 航天五院 2019 年科技情报研究课题.

杭观荣,洪鑫,康小录,2013. 国外空间推进技术现状和发展趋势[J]. 火箭推进,39(05)：7-15.

何丽媛,2017. 面向在轨服务的微小卫星空间机械臂操控技术研究[D]. 南京：南京航空航天大学.

胡海霞,2014. 国外新一代载人飞船 GNC 技术情报调研[R]. 航天五院 2014 年科技情报研究课题.

姜东升,程丽丽,2020. 空间航天器电源技术现状及未来发展趋势[J]. 电源技术,44(5)：785-790.

景心,2005. 美国"发现"号航天飞机的构造及最新技术改进[J]. 国外科技动态,7：26-33.

姜东升,刘震,张沛,2014. 欧洲自动转移飞行器电源系统设计及启示[J]. 航天器工程,23(6)：122-127.

刘宏,蒋再男,刘业超,2015. 空间机械臂技术发展综述[J]. 载人航天,21(5)：435-443.

廖宏图,2011. 核热推进技术综述[J]. 火箭推进,4(5)：417-429.

林飞,陈杰,2012. 德国航天器在轨操作技术面临的挑战及解决方案简析[J]. 中国航天,3：37-41.

李斐然,2018. 基于星敏感器和陀螺的组合定姿方法研究[D]. 西安：西安电子科技大学.

马世俊,韩国经,李文滋,2001. 卫星电源技术[M]. 北京：中国宇航出版社.

齐玢,2015. 国外轨道机动飞行器发展研究[R]. 航天五院 2015 年科技情报研究课题.

苏光辉,章静,王成龙,2020. 核能在未来载人航天中的应用[J]. 载人航天,26(1)：1-13.

腾月,2006. 太空拖船拯救越轨航天器[J]. 知识就是力量,3：60-61.

汪凤山,张榛,杨尚峰,2018. 空间无毒化双组元推进技术发展研究[R]. 航天五院 2018 年科技情报研究课题.

王帝,2019. 空间用核电源技术发展研究[R]. 航天五院 2019 年科技情报研究课题.

闻新,王浩,2011. 奋进号航天飞机的一生[J]. 中国航天,7:13-15.

王霄,2018. 月球轨道平台"门户"发展情况分析[J]. 国际太空,9:44-49.

王举,吴跃民,2013. 国外超柔性太阳电池阵技术调研报告[R]. 航天五院 2013 年科技情报研究课题.

徐凯川,赵宇,王遇波,2011. OTV 在空间攻防体系中的发展研究[J]. 航空科学技术,2:12-14.

杨开,才满瑞,2017. 国外液氧/甲烷发动机的最新进展[J]. 中国航天,10:14-19.

张敏,2016. 霍尔电推进技术——促成 10 年后去火星[J]. 国际太空,12:42-45.

赵宇,刘旺旺,张聪,等,2014. 美国载人小行星探测任务及其关键技术调研报告[R]. 航天五院 2014 年科技情报研究课题.

周成,张笃周,李永,等,2013. 空间核电推进技术发展研究[J]. 空间控制技术与应用,39(5):1-6.

朱仁璋,王鸿芳,徐宇杰,等,2011a. ATV 交会飞行控制策略研究[J]. 航天器工程,20(1):22-44.

朱仁璋,王鸿芳,徐宇杰,等,2011b. 美国航天器交会技术研究[J]. 航天器工程,20(5):11-36.

朱毅麟,2004. 研制中的轨道延寿飞行器[J]. 国际太空,12:20-24.

Cichan T, Timmons K, Coderre K, et al., 2017. The Orion Spacecraft as a Key Element in a Deep Space Gateway[R]. Lockheed Martin Corporation.

Galloway W G, 1988. Orbital Maneuvering Vehicle Support To The Space Station[R]. Space Congress Proceedings.

Han P, Guo Y N, Li C J, et al., 2021. GEO Satellites On-Orbit Repairing Mission Planning with Mission Deadline Constraint using a Large Neighborhood Search-Genetic Algorithm[J]. Systems and Control, arXiv:2110.03878.

Huber W G, 1988. Orbital Maneuvering Vehicle A new Capability[R]. NASA Report.

Huber W G, Cramblit D C, 1984. Orbital Maneuvering Vehicle (OMV) Missions Applications and Systems Requirements[C]. The Space Congress Proceedings, Cocoa Beach.

Li W J, Chen D Y, Liu X G, et al., 2019. On-Orbit Service of Spacecraft: A Review of Engineering Developments[J]. Progress in Aerospace Sciences, 108:32-120.

MacEwen H A, 2013. In-Space Infrastructures and the Modular Assembled Space Telescope (MAST)[C]. Proceedings of SPIE, Vol. 8860, 8860009.

Marietta M, 1987. Servicer System Demonstration Plan and Capability Development Final Technical Report[R]. NASA report, CR-178714.

Mavrakis N, Hao Z, Gao Y, 2021. On-Orbit Robotic Grasping of a Spent Rocket Stage: Grasp Stability Analysis and Experimental Results[J]. Frontiers in Robotics and AI, 8(6), 652681.

Oegerle W R, Purves L R, Budinoff J G, et al., 2006. Concept for a Large Scalable Space Telescope: In-Space Assembly[C]. Proceedings of SPIE, 6265, 62652C-1.

Ran D C, Sheng T, Chen X Q, et al., 2017. Adaptive Non-Singular Terminal Fault-Tolerant Control for Rigid Spacecraft Attitude Maneuver[C]. 36th Chinese Control Conference, Dalian.

Rucker M, Connolly J, 2018. Deep Space Gateway-Enabling Missions to Mars[R]. NASA Report.

Shayler D J, Harland D M, 2016. The Hubble Space Telescope From Concept to Success[M]. Chichester: Springer/Praxis Publishing.

Savage P G, 2008. AMBR Engine for Science Missions[R]. NASA Report.

Snoddy W C, Galloway W E, Young A C, 1986. Use of the Orbital Maneuvering Vehicle (OMV) for

Placement and Retrieval of Spacecraft and Platforms [C]. Proceedings of the Annual Rocky Mountain Guidance and Control Conference, San Diego.

Tkaczyk T S, Alexander D, Luvall J C, et al., 2018. Tunable Light-guide Image Processing Snapshot Spectrometer (TuLIPSS) for Earth and Moon Observations [R]. NASA Report from the Deep Space Gateway Concept Science Workshop.

Turner J R, Galloway W G, 1987. Orbital Maneuvering Vehicle (OMV) Servicing Capabilities [C]. AIAA First Space Logistics Symposium, Huntsville.

第6章
辅助支持系统

6.1 概　　述

辅助支持系统是指为实施在轨服务任务所必需的天基、地面辅助支持系统,旨在保证在轨服务系统研制、发射、在轨、回收、服务评估等任务实施过程得以顺利进行。其中,天基辅助支持系统主要提供信息支援功能,包括在轨服务所需要的中继卫星系统(可控服务或状态监视)、在轨服务目标识别所需的天基空间态势感知系统、自主性更强的天基测控系统等。地面辅助支持系统提供在轨服务各航天器系统运行控制、地基空间态势感知、服务后回收处置等功能,包括地基空间态势感知系统、航天控制中心、航天发射场、航天回收场、测控站、仿真试验验证系统等。

如前所述与传统航天器工程类似,在轨服务也是一个"大系统"工程,其体系架构不仅包括航天器自身,也包括运载火箭、发射场等。在轨服务任务需求主要包括在轨感知、在轨抓捕、在轨测试与试验、在轨补加、在轨清理、在轨模块更换、在轨发射及部署等,其核心在于通过服务航天器对客户航天器提供各类服务,从而对其进行修复、升级等。因此,对于在轨服务辅助支持系统的配套与开发,需要从在轨服务体系架构出发,并分析确定在轨服务任务对辅助支持系统的具体需求。

本章基于在轨服务体系架构,重点介绍中继卫星与天基空间态势感知等天基信息支援系统、航天控制中心与地基空间态势感知等地面支持系统,以及仿真验证与试验验证等地面平行系统,分别阐述各类辅助支持系统的基本组成与特点。最后,以应用案例形式介绍几类典型的辅助支持系统。

6.2 天基信息支援系统

6.2.1 中继卫星系统

中继卫星系统本身就是提供"在轨服务"的卫星,为中轨道、低轨道和深空探测的航天器与航天器之间、航天器与地面站之间提供数据中继,并且提供连续的跟踪与测控服务。由于高频段电磁波的直线传播特性和地球曲率的影响,地面测控站跟踪中、低轨道航天器的轨道弧段和通信时间受到限制。对于 GEO 中继卫星,相当于把地面的测控站搬到了地球静止卫星轨道高度,能够"居高临下"与中低轨道的大部分航天器实现链接。据测算,由适当配置的 GEO 两颗中继卫星和一座地面站组网,可取代分布在世界各地的大部分测控站,实现对中低轨道航天器 85% ~ 100% 的测控覆盖。因此,中继卫星系统利用天基平台轨道高、覆盖广的特点,实现了测控、通信的高覆盖率需求,同时还解决了高速数传和多目标测控通信等技术难题。典型系统为美国的跟踪与数据中继卫星系统(Tracking and Data Relay Satellite System, TDRSS)。

中继卫星系统使航天测控通信技术发生了革命性的变化,相关技术应用一直在快速发展。美国、俄罗斯等国的中继卫星系统均已进入应用阶段,正在发展后续激光中继卫星系统,同时致力于将中继卫星用于深空探测。ESA 和日本采用了新的发展思路和技术途径。我国在完成第一代中继卫星系统基础上,正在积极部署第二代系统,同时发射了首颗地月中继卫星"鹊桥号",将中继卫星系统由 GEO 拓展到 EML2 轨道,成功支持了嫦娥四号的月球背面软着陆探测任务。

6.2.1.1　基本组成

中继卫星系统基本组成与一般近地轨道航天器类似,主要包括卫星平台和有效载荷。卫星平台主要包括机械系统、热控系统等,有效载荷主要包括微波转发器、激光通信设备等。按照工作轨道来分,中继卫星系统可分为 GEO 中继卫星系统和地月中继卫星。按照载荷手段来分,可以划分为微波类中继卫星和激光类中继卫星。微波类中继卫星通过电磁波方式传递信息,是国际上大部分中继卫星采用的技术体制。激光类中继卫星应用了激光通信技术,中继数据传输效率得到显著提升。

6.2.1.2　系统特点分析

中继卫星系统具有覆盖率高、实时性好等特点,极大地提高对中低轨航天器的测控和数传的覆盖率,未来还能扩展深空领域的中继通信。中继卫星主要有以下几类具体的任务应用:① 提供与载人航天器的实时联系;② 实时传递中低轨航天器观测地球产生的数据和图像,增加其时效性;③ 实时获取在轨航天器状态信息,可保障其生存能力;④ 与其他应用类航天器类似,可具备实时提供覆盖区域的热点地区突发事件监测的能力。因此,应用中继卫星可大幅度减少地面站、测量船的数量。

(1)微波类中继卫星:有效载荷主要包括转发器分系统和通信天线分系统。转发器分系统对在轨卫星发来的信号进行接收、放大与变频等处理,并经过功率放大发送给地面,按照信息处理方式可分为透明转发和处理后转发。天线分系统用于从服务区/在轨卫星接收上行信号,向服务区/在轨卫星发送下行信号。如图 6.1 所示,为 NASA TDRSS 中继卫星为日本 ETS - Ⅶ 在轨服务任务提供数据中继服务,实现地面控制中心对星上服务机器人的遥操作。

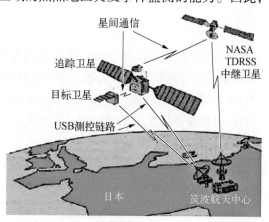

图 6.1　TDRSS 卫星为在轨服务任务提供数据中继服务(图片来源:Visentin 和 Didot, 1999)

（2）激光类中继卫星：属于新一代中继卫星，具有小型化、低成本的特点。激光类中继卫星主要应用于接收高分辨率遥感卫星数据，将所获得的信息"中转"至地面接收装置。相比微波类中继卫星，激光类中继卫星的主要优点是传输速率快、容量大、抗干扰性强，但对于信息捕获和远距离传输防衰减要求也会更高。为了实现空间光传输及捕获、跟踪与对准技术（acquisition tracking pointing，ATP），通常需要信号光与信标光等载荷。激光类中继卫星主要组成包括：① 光天线伺服平台，包括天线平台及伺服机构；② 误差检测器，包括光天线及光电探测器；③ 控制计算机，包括中心控制处理器与输入、输出接口设备；④ 光学平台，其中收发端机的功能是探测对方发来的信标光，确定信标光方位，给出误差信号使 ATP 系统校正接收天线的方位，完成双方光天线的粗对准。卫星激光通信是在自由空间中利用激光作为信息传输的载体，但光束传播过程中发散角很小，导致光束的对准难度大。因此，光通信的收发光束技术成为自由空间激光通信关键的技术之一。

6.2.2　天基空间态势感知系统

空间态势感知系统主要用于感知空间物体的特征，包括高低轨工作卫星、废弃卫星、空间碎片、经过近地空间的小行星和彗星，以及深空的行星和恒星等。天基空间态势感知是指以航天器为感知平台、对空间目标感知的系统。世界主要航天大国都关注天基空间态势感知系统，将空间态势感知和基础性情报作为重要事务，特别突出预测性感知应用，以支撑对空间其他目标态势的掌握。目前，天基空间态势感知系统领域发展迅速，已建成部署在多个轨道、共计数十颗的探测雷达、跟踪雷达、成像雷达、光学望远镜以及无源射频信号探测等多种类型的空间感知系统。依托相关系统协同感知与应用，实现对一定数量的空间目标的编目和管理。

天基空间态势系统感知能够克服地基系统的覆盖盲区、受天气与大气环境影响较大、容易发生观测误差等不足，可充分满足空间态势感知需求。因此，在继续完善、增强地基空间目标监视系统的同时，各国不断加大投入，持续推动天基空间态势感知系统的建设。

6.2.2.1　基本组成

从探测手段上讲，天基空间态势感知系统可划分为两大类：天基光学态势感知系统、天基微波态势感知系统。天基光学态势感知系统包括被动光学（可见光）和主动光学（激光）等手段。天基微波态势感知系统包括雷达和太赫兹等手段，主要用于目标搜索与识别编目、目标跟踪监视。从系统组成的角度，天基空间态势感知系统主要分为低轨空间态势感知卫星和高轨空间态势感知卫星。

（1）低轨空间态势感知卫星：用于高轨目标侦察监视以及部分低轨目标观测，获取目标卫星的有效载荷和工作状态等情报。卫星通常采用高度为 $600 \sim 1\,000$ km 的太阳同步轨道，配置有可见光探测器、成像相机和无线电侦察等设备。一般来说，低轨空间态势感知卫星能对 $15 \sim 16$ 星等的地球同步轨道目标进行感知，也能与其运行位置相距 500 km 内的低轨目标进行观测和近距离交会成像。基于感知数据，通过分析目标与恒星的相对位置，可对其进行定位，从而确定目标所在轨道的参数，并将星上所获图像和无线电信号等数据系统传输到地面。

（2）高轨空间态势感知卫星：主要用于对地球同步轨道目标的快速检测、预警、表征和识别。由于地球同步轨道上通信卫星、导航卫星具有极高战略价值，高轨空间态势感知卫星往往具有抵近侦察和一定的交会对接能力。

6.2.2.2 系统特点分析

天基空间态势感知系统具有全天时、全天候，近距离探测的优势。通过在不同轨道上部署感知卫星、多颗卫星进行组网、天基系统与地基系统相联合等措施，天基空间态势感知系统将有效减少对空间目标的观测盲区。尽管受发射限制，天基空间目标监视系统不能携带大型的观测设备，但由于在轨道上可以近距离观测目标航天器，因此其观测精度并没有下降。并且由于在外太空没有大气遮挡，天基光学探测系统的能见性要优于地基系统。特别是对于地球同步轨道，因轨位资源优势目前已部署大量的空间目标，应用天基空间态势感知系统将能获得更好的探测效果。

天基空间态势感知系统与对地观测卫星的功能有很多相似之处。不同的是，由于天基空间态势感知系统所观测的目标的特殊性，给系统构建带来更大挑战。主要原因在于，地面目标与对地观测卫星的相对几何关系比较稳定，相对速度也较小。对于天基空间态势感知卫星，相对于空间目标的几何关系变化较大，并且相对速度最大可以达到 15 km/s。因此，复杂运动条件下对目标的观测、识别与跟踪等是天基空间态势感知系统发展中需要解决的关键技术。

面向在轨服务领域的天基空间态势感知应用，服务航天器往往自带空间态势感知传感器，在进行在轨服务前，其相当于一颗"天基空间态势感知卫星"。以图 6.2 所示的空间碎片清除任务为例，首先，当服务航天器接近目标时，采用激光雷达完成对目标识别和状态确定，通常采用 1 个推力弧段可接近到距离目标数百米左右的位置。其次，采用红外相机或激光雷达可实现对目标的全方位观察，进一步确认目标的状态，如失速旋转角速度等参数。再次，当接近至数十米左右时，采用光学相机对目标巡视，确认捕获点，完成相对目标的状态同步。最终，完成对目标实施捕获，并在稳定控制后执行目标清除离轨动作。

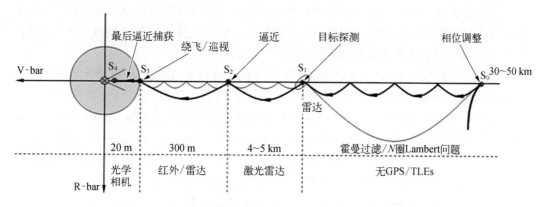

图 6.2　典型空间碎片清除任务剖面（图片来源：曹喜滨等，2015）

6.3   地面支持系统

6.3.1   航天控制中心

航天控制中心是航天器飞行的指挥控制机构,又称航天测控中心,是航天测控和数据采集网的信息收集、交换、处理和控制的中枢。航天控制中心的任务主要包括:① 实时指挥和控制航天测控站,完成各种数据的收集、处理与发送;② 监视航天器的轨道、姿态、载荷等各设备的工作状态、载人航天任务中的航天员生理状况等,并实时发送控制指令;③ 确定航天器的轨道参数,发布轨道预报;④ 对航天测控网中的各个航天测控站进行实时指挥和控制等。北京航天飞行控制中心、美国的休斯敦航天中心和俄罗斯的莫斯科航天中心是目前国际上的三大航天控制中心。

6.3.1.1   基本组成

航天控制中心主要由数据处理系统、通信系统、指挥监控系统和时间统一系统组成。

(1)数据处理系统:由多台大型高速计算机和软件系统组成,处理各个航天测控站汇集来的数据。软件系统包括管理程序、信息和数据处理程序等。计算机通过软件控制和管理整个测控系统和航天器。

(2)通信系统:由载波和无线电通信设备、数据传输设备组成,具有可靠性和高速性的特点,保证控制中心与各测控站、发射场等地面各系统之间的通信联系和数据传输。

(3)指挥监控系统:由各种监控台、屏幕显示器和绘图仪等设备组成,通过文字、指示器、数据曲线和图像等直观显示各测控站的设备工作状态、执行命令情况,支持指挥控制人员下达指挥命令和发出控制指令。

(4)时间统一系统:由高精密时钟、标准时频信号源和相应接口设备组成,为航天控制中心的各设备提供标准时间和频率。通过与短波和长波标准时频信号的比对,使整个航天测控和数据采集网在统一的标准时间架构下工作。

6.3.1.2   系统特点分析

在轨服务任务往往需要地面提供监视和控制,形成人在回路的控制环路,有异常问题及时终止和调整,保证在轨服务任务的顺利完成。航天控制中心系统特点在于"人的参与",包括通过对航天任务监视和控制,增加了人在回路参与。

对于在轨服务任务,航天控制中心将承担地面任务指挥、在轨服务各航天器以及机器人系统的信息交互与控制。以1997年成功飞行的ETS-Ⅶ在轨服务任务为例,NASA依托数据中继TDRSS卫星,为ETS-Ⅶ地面控制团队及时掌握双星在轨飞行状态提供重要支撑,最终保障了追踪卫星对目标卫星的在轨服务飞行验证,包括交会对接、目标状态感知、ORU更换与桁架组装等。在机械臂提供操作服务过程中,通过航天控制中心的地面遥操作系统实时监视,持续跟踪获取机械臂及其末端的运动状态。通过获取目标卫星进行服务操作时的局部特征信息(图6.3),结合控制算法优化,地面控制中心及时优化机械臂及其三指灵巧机器手的操控策略,最终确保了各项在轨服务任务的顺利完成。同时,依托航天控制中心的支持,ETS-Ⅶ任务还针对性地验证了机械臂遥操作及其中继通信条件下的远程控制模式可行性。

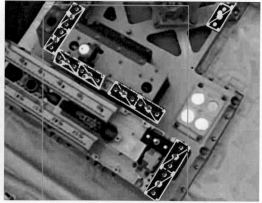

图 6.3　地面控制中心根据 ETS-Ⅶ卫星机械臂在轨状态实时优化操控策略(图左为在轨实施监视状态,图右为地面控制算法优化过程中的图像处理)(图片来源:Visentin 和 Didot,1999)

6.3.2　发射场

航天发射场是发射航天器的特定区域,是带有航天器的运载火箭的发射场所,也是航天器与运载火箭开展发射前总装、测试、加注等活动的场所。发射场的主要功能包括:① 为航天器发射前总装测试提供场地、电、气、通信、环境、运输、吊装、安全等条件保障,完成运载火箭和航天的装配、测试和发射;② 为发射提供天气预报、遥测及安全控制,对飞行中的运载火箭进行跟踪测量与数据处理,对运载火箭和航天器进行监视和安全控制;③ 执行发射任务的组织指挥和计划协调工作,完成检测和发射的后勤保障等。发射场的遥测及安全控制主要承担一、二、三级火箭飞行段的跟踪测量、遥测及安全控制任务,一般与航天器没有直接接口。航天器发射场选择一般须考虑运载火箭选型,包括发射场对运载火箭和航天器的保障能力、发射弹道和飞行区域特别是火箭残骸落区的地面安全等。

发射场通常由测试区(技术场所)、发射区(发射场所)、指挥控制中心、地面测控系统及相关辅助设施组成。① 测试区:是进行技术准备的专用区,主要任务是对运载火箭和航天器进行装配、测试,对相关配套设备进行检测、试验。测试区的主要设施是运载火箭装配测试厂房、航天器装配测试厂房、供电站、发电站、火工品库、地面设备库和各种实验室;② 发射区:是发射前准备和发射的专门区域;③ 指挥控制中心:是发射任务的组织指挥和计划协调中心,包括发射任务时的现场指挥中心;④ 地面测控系统:是对运载火箭和航天器进行跟踪测量,接收遥测信息,发送监控、安全指令和通信信息等。

发射场的配套设备可分为专用技术设备和通用技术设备。对于专用技术设备,主要包括运输设备、起重装卸设备、装配对接设备、地面供电设备、地面检测和发射用电气设备、自动控制设备、推进剂贮存和加注设备、废气和废液处理设备、发射勤务设备、遥控和监控设备、测量和数据处理设备等。对于通用技术设备,主要包括动力、通信、气象、计量、给排水、供气、消防、修理等设备。

此外,对于固体火箭的航天器发射场,一般设有专门的固体火箭装配厂房及其辅助设施。对于航天飞机发射场,还设有轨道器返回着陆设施(如跑道和其他着陆设施)、轨道器检修、装卸载荷、有毒燃料处理等设施。

航天发射场的场址选择主要都是以航天器、运载火箭的发射使用需求作为选址建设的出发点和基础。一般来说,航天发射场主要有九个方面的选址原则:① 航天发射任务的性质与任务类型;② 航天器与运载火箭类型,结构尺寸、质量与运输要求;③ 使用的推进剂类型、种类与加注要求;④ 发射飞行轨道与射向范围要求;⑤ 发射周期与年发射能力要求;⑥ 气象与环境条件要求;⑦ 地面技术支持与保障要求;⑧ 发射控制与航区、残骸落区安全要求;⑨ 测量控制与通信要求。

同时,航天发射场的位置也要根据航天器发射的技术特点和安全要求选定。运载火箭发动机所用的推进剂多有毒性,且易燃和易爆,火箭发动机点火后喷出的有害气体会污染周围的环境,助推火箭或运载火箭的第一级在完成工作后坠落地面,或因故障和失误造成发射失败,都会对地面生命财产构成严重威胁。因此,通常把航天器发射场选在人口稀少,地势平坦,视野开阔,地质、水源、气候和气象条件适宜的内陆沙漠、草原或海滨地区,也有建在山区或岛屿上的。此外,地球自转的影响也是选址的考虑因素之一。特别是发射地球静止卫星或小倾角轨道航天器的发射场,宜选建在地球赤道附近或低纬度地区以便于获得小倾角轨道,能减少变轨所需的能量、缩短从发射点到入轨点的航程。

6.3.3 回收场

1984 年 2 月美国通信卫星西联星 6 号(Westar - 6)搭载航天飞机发射,由于在轨推进系统失效导致轨道偏低。当年 11 月航天飞机在轨将其捕获并携带整星返回地面着陆场。随后,整星在进行维修后又重新发射并完成在轨应用。因此在有返回任务的在轨服务体系中,回收场的作用不可或缺。

航天器返回过程一般包括制动离轨段、自由滑行段、再入大气层段和着陆段。根据不同的维度可将航天器再入返回分为不同类型。

(1) 按再入轨道不同,可划分为:弹道式、弹道升力式、升力式、跳跃式和椭圆轨道衰减式。

(2) 按着陆方式不同,可划分为:软着陆、硬着陆。

(3) 按回收方式不同,可划分为:陆地回收、海上回收和空中回收。

根据航天器的再入返回轨道设计,回收场系统可根据落点预报、跟踪测量和标位装置等确定航天器返回舱的位置,在返回舱着陆后进行快速搜索,并且在特殊情况下进行回收救生。航天器的回收可以选择陆地降落、海面溅落或在空中用飞机直接钩取等 3 种方式,对此在回收场方面须相应配置陆上回收系统、海上回收系统和空中回收系统。根据回收任务需要,回收场可按需组建直升机搜索分队、地面搜索分队,并配备跟踪、通信、运输和救护等设施。其中,对于陆地回收场系统建设,应根据航天器运行轨道特点明确四个条件:航天器将从其上空多圈次通过、场地开阔、地势要平缓且地表要足够坚硬、回收场天气状况要好。

6.3.4 测控系统

地面测控系统的主要任务包括：① 对航天器进行跟踪测轨,确定并预报航天器轨道；② 按要求接收和处理航天器遥测数据,监视航天器工作状况；③ 按要求发送遥控指令和注入遥控数据,完成对航天器的控制与管理；④ 按需完成"星地"校时。测控体制包括统一载波测控体制和扩频测控体制。

地面测控网一般包含三个部分,分别为航天器测控中心、地面测控站及数据通信系统,如图6.4所示。对于航天器测控中心,是负责对在轨航天器进行测控与管理,主要组成包括由信息处理系统、监控显示系统、前端通信处理机、通信系统等。测控中心的主要任务包括：① 自动生成航天器的各种飞行计划；② 实时接收、记录多个测控站发出的各种遥测信息,并进行处理与显示；③ 实时接收多个测控站发来的测轨信息,计算出航天器的轨道根数并进行轨道预报；④ 对航天器轨道、姿态等进行计算与控制决策；⑤ 对航天器遥控指令的决策和注入数据计算；⑥ 对测控站实施远程监控。

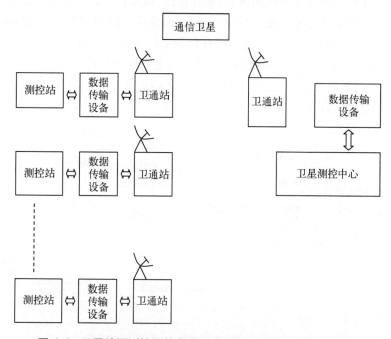

图6.4 卫星地面测控网的典型组成(图片来源: 夏南银,2002)

对于地面测控站,由固定测控站、活动测控站和远洋航天测量船组成。测控站负责对在轨航天器进行跟踪测量、控制、遥测信号的接收解调,主要由天线与跟踪指向分系统、射频收发信道、基带设备、系统监控台、时间/频率分系统组成。地面测控站的主要任务包括：① 对航天器进行跟踪测轨；② 接收和处理航天器遥测数据；③ 按要求发送遥控指令和注入遥控数据。

对于数据通信系统,是实现测控中心与各测控站(船)及国外航天器控制中心之间的数据、语音、电报等通信,主要由卫通、地面传输、指挥通信、时统、网管等组成。数据通信系统的主要任务包括：① 保证测控网指挥与调度的畅通与可靠；② 实现测控网时间同步；③ 测控中心与测控站之间各种测控、监控信息的实时传输。

6.3.5 地基空间态势感知系统

对于地基空间态势感知系统，由于不受体积和质量等限制，因此可以通过大口径的光学望远镜和雷达实现远距离、高精度的探测。地基空间态势感知系统主要负责低轨目标的编目定轨和成像识别，同时兼顾所在区域上空的高轨目标探测编目和成像识别。目前地基空间态势感知的主要手段是光学和雷达。其中，地基雷达是低轨目标编目定轨的主要手段，地基光学系统是低轨目标特性获取与识别、高轨目标编目定轨的主要手段。光学探测包括可见光、红外、多光谱等，雷达探测包括微波雷达和毫米波雷达等。除此之外，通过地基激光对空间碎片进行监测也逐渐成为地基空间态势感知领域的研究热点。

6.3.5.1 基本组成

对于地基空间态势感知系统的种类，按任务要求可分为专用型、共用型和贡献型，根据探测器的工作原理则可分为探测雷达、跟踪雷达、成像雷达以及光学望远镜。图 6.5 所示为美国地基空间态势感知系统，可探测空间目标数量达到 23 000 余个，能够编目管理的空间目标数量达 17 000 多个，并且能对所有在轨工作卫星进行轨道预测计算分析和碰撞预警。地基空间态势感知典型系统的技术指标包括：低轨目标分辨率 5 cm、静止轨道目标分辨率 50 cm、低轨目标探测能力 10 cm、定轨精度 1 km（24 h）、高轨目标探测能力 30 cm、定轨精度公里量级等。

图 6.5 美国地基空间态势感知系统（图片来源：张欣，2011）

6.3.5.2 系统特点分析

对于空间目标的地基光学监视，主要的关键技术包括：① 多源信息探测技术：使用多光谱手段进行探测，包括红外、可见光等，保证地基系统对空间目标的全天候跟踪、监视和识别。② 光学综合孔径技术：主要用于天文观测和测量、空间目标测量和成像等。随着大面阵 CCD 器件和图像处理等技术发展与应用，空间目的成像质量和监视能力将得到进一步提升。③ 地基监视系统的组网技术：地基光电探测系统和地基雷达探测系统可以配合使用，雷达设备通过向光电探测设备提供跟踪空间目标的指向数据，最终可联合完成对空间目标的精细成像和识别。其中，通过开发大口径光学望远镜，可以实现对高轨道空间目标、低轨微小暗弱目标的监测，并具备较强的深空目标甚至是星际轨道目标观测能力。

对于地基光电观测系统，主要观测设施包括地基大口径光电望远镜、自适应成像光电望远镜和深空光电望远镜等。通过各类探测手段应用，可观测目标包括中高轨道上的导弹预警、电子侦察、军事通信、数据中继等军用卫星及低轨暗弱目标。系统观测能力主要是聚焦上述空间目标的光亮度特征采集，以及对目标周围半径 500 km 内的其他目标进行成像观测。关于光电系统口径及其对空间目标的感知能力，可进行类比表述，例如 $\phi1.8$ m 口径光电望远镜可以观测到亮度强于 20 星等的空间目标，$\phi4$ m 口径光电望远镜可观测目标亮度强于 24 星等。地基光电观测系统感知能力的主要技术指标包括以下几个方面：大口径光电望远镜的测角精度可达 $1''$，对同步轨道的定位精度优于 200 m，对 600 km 高度低轨目标定位精度为 5~10 m。由于大气湍流的影响，地基普通的光电望远镜无法对空间目标进行清晰成像，借助自适应成像光电望远镜，能够通过自动校正消除大气扰动影响以获取空间目标较为清晰的图像。自适应成像光电望远镜主要用于对重要的空间目标进行光学成像，获取目标高分辨率图像，判明其有效载荷类型，判定目标属性和工作状态，并及时掌握空间目标活动态势。2 m 口径的自适应成像光电望远镜能对亮度强于 10 星等的空间目标进行成像，分辨率优于 0.2 角秒。当等效为观测距离 500 km 时，系统分辨率为 0.5 m；观测距离 1 000 km 时，分辨率为 1 m。因此，自适应成像光电望远镜可对光学成像侦察卫星、雷达成像侦察卫星、航天飞机、空间站等低轨重要空间目标进行成像。此外，对于深空光电监视系统，主要是用于监测深空目标，弥补空间监视雷达及其他天基感知系统的不足。

对于地基雷达监视系统，其开发重点包括两个方面：① 建造口径更大、频率更高的地基雷达系统。以美国"电磁篱笆系统"为例，注重建设更高频率、更大口径的地基雷达，实现对更小尺寸空间目标的观测。该系统 X 波段雷达预计可观测到 1 cm 的低轨空间目标，其大口径 W 波段雷达可用来探测高轨目标，同时可兼顾对各轨道上的小尺寸目标进行成像。② 分布式雷达相参处理：由于雷达天线形面精度的约束，单部雷达的阵面尺寸不可能无限增大，因此限制了雷达能力的拓展。近年来，通过应用起源于通信领域的多输入多输出技术（multi-input & multi-output, MIMO），雷达系统利用多站同时发射正交信号、多站多通道接收等手段，再对接收信号进行带宽综合或孔径综合，从而获得更大的阵列增益和更高分辨率。以此为基础，地基单部雷达的能力和设计复杂度要求将大幅降低，成为地基空间态势感知雷达系统发展的新途径。

对于地基激光雷达监视系统，一般需要借助其他手段引导，从而实现对空间目标的探测。随着激光技术的发展，增加输出频率可缩短探测目标时间间隔，从而保证探测连续、规避目标丢失，并且探测精度可进一步提高。通过国内外多个地基激光站开展的空间非合作目标测距验证，实际测距精度接近 1 cm。

6.4 平行系统

6.4.1 仿真验证

在计算机出现之前,几乎所有的复杂产品的评估和测试都是依靠物理样机(physical mock-up, PMU)来完成的。所谓物理样机,是指一个与实际产品成等比例或缩放比例的物理实体模型,一般由纸张、木材、金属或实际生产材料制作而成,用于验证产品设计。随着产品复杂度的不断提升,物理样机的不足越来越明显。20世纪90年代,数字样机技术(digital mock-up, DMU)逐渐取得发展。相对物理样机而言,数字样机是一种利用计算机技术,按照产品特征信息建立而成的数字模型,它描述了产品的结构、功能、性能并对其开展仿真、测试和评估。数字样机的优势非常明显,利用构建的数字样机,设计师可在物理样机制造出来之前就能够及时发现潜在的设计问题。数字样机允许适时的设计变更,减少实物验证后进行设计更改特征的循环,从而缩短研制周期、降低成本、提高设计质量,而且数字样机可以重用。正是因为上述优点,数字样机在短时间内得到了快速发展。早期由于计算机软件和硬件的制约,数字样机通常是指建立反映产品几何特征的全三维数字模型,实现对产品整体结构形状的显示和装配过程的模拟。近年来,随着计算机技术的进一步发展,数字样机正在从三维显示逐步向产品功能、性能仿真验证等方面转变。

在轨服务航天器面向任务更为复杂,维护成本比地面要高,对高性能数字样机提出了更多需求。传统的航天器工程仿真基于多学科设计优化的思路来开展,通过充分利用各学科(子系统)之间的相互作用所产生的系统效应来获得系统的整体最优解或工程满意解。随着航天器复杂程度逐步提升,基于模型的多学科设计优化(model-based multidisciplinary design optimization, MB-MDO)方法受到广泛关注。对于在轨服务领域的各系统设计与在轨服务实施,MB-MDO可为系统研制与复杂的在轨服务任务实施提供重要支撑。其中,航天器仿真模型不仅应包括传统的机械、电子、热控、轨道等设计、分析、仿真的专业学科模型,而且还须包含描述系统层面需求、参数、结构、行为的系统模型以及系统模型与专业学科模型的关联关系。MB-MDO核心在于通过循环迭代仿真,如图6.6所示,验证系统设计及其指标分解的合理性,并建立系统模型。基于系统模型建立学科数学模型,利用各学科设计、分析工具集成各学科知识,开展联合各学科的多学科综合仿真分析优化,最终实现系统的设计优化。

对于在轨服务领域应用,MB-MDO的实施过程主要包含:① 航天器系统数学模型建立;② 在轨服务系统仿真模型建立;③ 在轨服务系统总体和分系统的划分;④ 系统任务和指标分解;⑤ 学科数学模型建立;⑥ 学科仿真模型建立;⑦ 多学科分析优化。系统(总体)和各支撑系统(分系统或学科)的划分是开展多学科设计优化的重要基础,也是系统建模的重要组成部分,系统建模生成的系统模型是经过仿真分析验证的,涵盖航天器系统总体技术要求、总体对各支撑系统的技术要求、总体方案等内容。

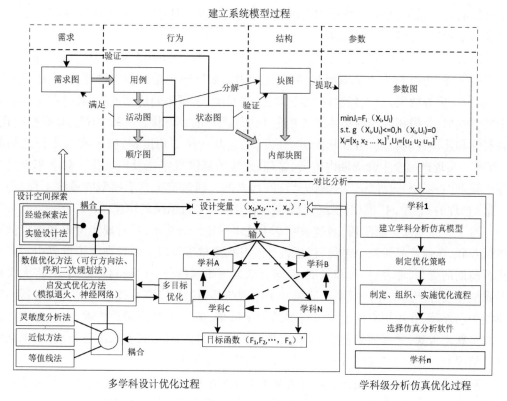

图 6.6　MB‑MDO 过程(图片来源：于勇等,2017)

6.4.2　试验验证

为验证航天器的性能、寿命和可靠性,需要开展试验验证工作。航天器试验继承火箭试验的程序和技术,并在此基础上发展了空间环境试验,一般分为研制试验、鉴定试验、验收试验、寿命试验和可靠性试验等。试验对象包括零件、部件、分系统和航天器整体。零部件试验验证是航天器整体试验的基础,主要包括环境应力筛选试验、回收系统的试验、姿态控制系统的试验、温度控制系统的热真空试验、结构系统的模态试验等。环境试验是航天器整体试验的主要内容,其环境试验支撑技术和设备组成复杂。试验通常要求在模拟的某种地面运输、发射或空间环境下进行,以考核航天器在实际运行环境下的性能。3.2.2.1 小节介绍了客户航天器在地面开发与在轨运行阶段的试验情况,其中针对服务任务的地面以及在轨试验验证等,为在轨服务航天器系统的试验验证提供参考。

6.4.3　平行系统构建

航天器系统设计是一个复杂的多学科设计、分析、优化的过程,通常会涉及轨道、机械、信息、能源、热控、控制、推进、有效载荷等多个学科,多个学科间相互关联、相互耦合、相互制约。因此,航天器系统的综合性能指标优化是各学科协调耦合的结果。对于在轨服务任务提出的平行系统,是在航天器仿真系统基础上,针对在轨服务各航天器系统研制、发射、在轨运行全过程,基于数字化技术构建一套包含各系统物理特性、功能特性及关键性能的运行系统,开展系统全周期的同步仿真、推演与评估,保证在轨服务航天器执行任务的实时性、可靠性和准确性。

随着互联网、大数据、人工智能等技术发展,数字孪生(digital twin, DT)技术逐渐引起人们的关注,也被称为数字双胞胎、数字化映射。数字孪生是指利用物理模型、传感器更新、运行历史等数据,集成多学科、多物理量、多尺度、多概率的仿真过程,通过在虚拟空间中完成映射,获得相对应的实体装备在全生命周期中的映射状态。数字孪生具有模块化、自制性和连接性的特点,可以从测试、开发、工艺及运维等角度,打破现实与虚拟之间的"藩篱",实现产品全生命周期内生产、管理、连接的高度数字化及模块化。数字孪生是在基于模型的多学科设计优化的基础上发展起来的。通过实施基于模型的系统工程,积累大量"物理的+数学的"模型,最终完成数字孪生体即平行系统的构建。

对于产品地面研制阶段,通过数字孪生技术构建平行系统,可对现实世界和虚拟世界进行互联,覆盖产品研制全过程,包括设计、制造、测试等阶段。通过在虚拟世界中对产品进行前期的规划、部署、仿真和验证,能够有效发现研制过程中出现的各种问题,将大大提升系统软硬件产品的生产效率和质量。美国国防部通过数字孪生技术实现了飞行器的健康维护与保障,在虚拟空间建立飞行器的数字模型,通过先进传感器技术,实时将飞行器的真实状态采集,并反馈给数字模型,实现虚实产品的状态同步,在每次飞行后,根据结构现有情况和过往载荷,及时分析评估是否需要维修维护等。

对于产品应用过程,面向在轨服务航天器系统发展,基于数字孪生的平行系统技术对在轨实时监控、及时检查及预测性维护等方面将发挥重要作用。早在阿波罗登月计划中,NASA就曾开展数字孪生技术开发以及航天员在轨操作的应用,并且在阿波罗13号救险中发挥了重要作用。阿波罗13号任务的救险成功并非偶然,NASA在飞船系统的地面研制过程中,已经同步在地面搭建了基于15个模拟器的平行系统,用于宇航员和任务控制员的各项任务和模拟训练,包括多个故障场景应对预案演练,如图6.7所示。在发射前,

图6.7　位于休斯顿控制中心的阿波罗任务地面平行系统

这些模拟器用于定义、测试和完善"任务规则",覆盖在轨航天员和地面控制人员计划中的所有关键任务场景。在众多模拟器中,指挥舱模拟器和登月舱模拟器占据了整个任务29 967 小时训练工作的 80%。阿波罗 13 号正是充分利用了模拟器所开展的大量平行验证,并依据飞船在轨受损状态开展快速仿真迭代以匹配航天器实际状态,最终在最短时间内确定了最优的救险策略并确保飞船成功返回地球。针对未来在轨服务各项任务需求,平行系统将为在轨服务各航天器系统地面研制及在轨服务任务实施,特别是应急状态下的航天器在轨维修、复杂航天器在轨组装构建等提供重要支撑。

6.5　典型应用

与常规的航天器任务相同,发射与测控保障等将为在轨服务航天器任务实施提供常规的辅助支持功能。除此之外,中继卫星系统和空间态势感知系统相关技术的发展将为在轨服务任务实施提供越来越重要的支撑,并且上述系统已在国外航天器系统开发领域取得显著进展。因此,本节侧重介绍中继卫星系统以及天基和地基的空间态势感知系统,并且突出阐述多个轨道空间的系统开发与应用特点,包括地球空间和地月空间的中继卫星系统等。

6.5.1　中继卫星系统

美国于 1983 年至 1997 年建成了第一代地球静止轨道的跟踪与数据中继卫星系统TDRSS(图 6.8),开创了天基测控新时代。TDRSS 已为包括哈勃太空望远镜在内的各种中、低轨道航天器提供跟踪与数据中继业务。2000~2002 年,美国部署了下一代的高级跟踪与数据中继卫星系统(ATDRSS)。从 2013 年起,美国开始部署第三代跟踪与数据中继

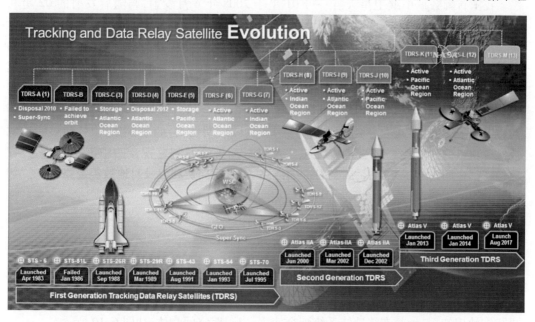

图 6.8　美国跟踪与数据中继卫星系统 TDRSS 发展历程(图片来源: 郝雅楠,2019)

卫星系统,并于 2017 年建成,第三代系统共包含有 10 颗卫星。TDRSS 系统所能提供的通信频段包括 C、S、Ku 和 Ka 等,其中 Ka 频段通信速率最大能达到 800 Mbps。目前 NASA 正在通过相关任务开展在轨激光通信技术试验验证,并择机应用至中继卫星系统。

俄罗斯(苏联)已建成多个军用和民用数据中继卫星系统,其民用系统又称为"射线"系统,包括东部、中部和西部三个独立的中继通信网络。从 1985 年至今,俄罗斯已发展了两代"射线"中继星,其星地通信采用 Ku 波段,星间通信采用 UHF 波段。

ESA 于 2001 年发射了第一代中继卫星"阿特米斯"(Artemis)。自 2016 年开始,下一代中继卫星系统(European Data Relay Satellite System, EDRS)陆续部署。在中继卫星系统开发过程中,激光通信技术一直受到关注。以半导体激光星间链路试验计划(Semiconductor-Laser Intersatellite Link Experiment, SILEX)为例,包含了两种激光通信终端(OPALE 和 PASTEL),分别装载于高级中继技术任务卫星和法国的地球观测卫星 SPOT-4。EDRS 系统聚焦于激光通信技术应用,旨在 LEO 卫星和 GEO 卫星之间建立稳定可靠的中继链路,并能进行高速率的双向信息传输。EDRS 首个激光通信中继载荷 EDRS-A 已于 2016 年发射,可提供激光和 Ka 波段两种双向星间链路,星间传输速率可达到 1.8 Gbps。此外,ESA 还在规划基于 EDRS 的全球覆盖系统,形成以激光数据中继卫星为骨干的天基信息网。

日本也在研发自主的中继卫星系统,其最为成功的通信终端开发计划包括:① ETS-VI 计划:旨在实现 GEO 卫星光通信终端与地面站之间的激光通信;② OICETS 计划和 SOCRATES 计划等空间激光通信项目:旨在实现 LEO 卫星光通信终端与地面终端之间的激光通信。2019 年激光数据中继卫星完成发射,将当前数据中继系统的微波链路替换为激光链路,实现先进光学卫星等新一代高分辨率对地观测卫星数据的激光中继传输,速率最高可达 2.5 Gbps。

我国首颗数据中继卫星天链一号 01 星于 2008 年 4 月发射,与随后发射的 02 星和 03 星实现全球组网运行,实现第一代中继卫星系统正式建成,为载人航天器及其交会对接、卫星、运载火箭等提供数据中继、测控和传输等服务。2021 年 7 月天链一号 05 星成功发射,标志着第一代中继卫星系统建设圆满完成。天链二号 01 星是中国第二代数据中继卫星系统的首发星,已于 2019 年 3 月发射成功。2022 年 7 月天链二号 03 星成功发射实现三星组网,此时我国在轨中继卫星增加至 8 颗。全球首颗地月中继卫星"鹊桥"于 2018 年成功发射,在地月三体系统平动点 L2 点做周期运动,如图 6.9 所示,通过定期轨控保持轨道的稳定性。"鹊桥"中继星实现对月面着陆器和巡视器的中继通信覆盖,在地、月、星之间建立了三条链路,对月前向链路、对月反向链路以及对地数传链路,实现"鹊桥"与嫦娥四号探测器的双向通信以及与地面的双向通信。

6.5.2 天基空间态势感知系统

1) 同步轨道空间态势感知计划

同步轨道空间态势感知计划(Geosynchronous Space Situational Awareness Program, GSSAP)是由美国空军运营的空间监视卫星系统,包括 6 颗卫星,可对地球同步轨道目标进行在轨感知,与地基态势感知系统配合使用,以跟踪空间物体,如图 6.10 所示。

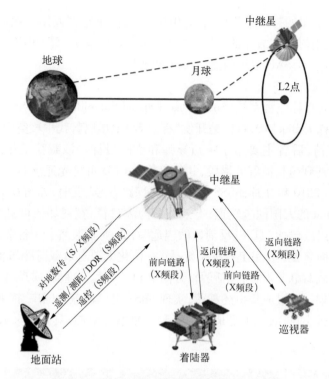

图 6.9　嫦娥四号中继星部署与地月中继链路

图 6.10　美国 GSSAP 卫星(图片来源：郝雅楠等,2019)

　　GSSAP 卫星具有执行交会、对接与操作的能力,可在感兴趣的空间物体附近进行机动,以表征目标异常情况并增强监视能力,同时保持飞行安全。这种交会对接技术可以用于救援合作目标,是 GSSAP 卫星最为核心的能力。由于 GEO 资源日益紧缺,GSSAP 卫星还将提供精确的轨道跟踪,应用于卫星碰撞预警。2014 年 7 月,第一批的两颗 GSSAP 卫星通过 Delta IV M 火箭完成发射,进入 GEO 附近的任务轨道,倾角为 0.5°。卫星在 GEO 上下方漂移,每天移动 2.36°,漂移周期大概 154 天,可对 GEO 上的所有卫星进行感知操作。2016 年 8 月,第二批的两颗 GSSAP 卫星发射升空,与前两颗 GSSAP 卫星在轨组网,大幅提高对 GEO 卫星的持续监视能力。2016 年 8 月,美空军调用一颗 GSSAP 卫星进行机动,抵近详查发射时遇到故障的美海军"移动用户目标系统-5"(MUOS-5)卫星以确定其故障原因,展示了 GSSAP 卫星的交会与感知能力。

2)天基空间监视卫星

美国天基空间目标监视系统(Space Based Space Surveillance, SBSS)分两个阶段进行建设。第一阶段称为 Block10,目标是开发"探路者"卫星以替代中段空间试验计划卫星的"天基可见光"载荷,后者主要用于跟踪导弹和空间目标。该载荷工作波长为 110 nm~28 μm,覆盖从紫外到超长波红外谱段,并且安装有 CCD 可见光遥感器,卫星于 1996 年发射,2008 年失效。2010 年 9 月,SBSS 首颗卫星"探路者号"发射,如图 6.11 所示。该卫星运行在高度 630 km 的太阳同步轨道,有效载荷为大口径、宽视场的可见光相机。可见光相机载荷的主要组成包括:① 三反消像散望远镜;② 对焦装置;③ 备选滤光器的滤色轮(共 7 种);④ 焦面装置;⑤ 星上校准系统;⑥ 一体化无源有效载荷冷却装置等。此外,通过配置超低噪声载荷电子设备,包括两轴万向节和可编程处理器,实现有效载荷的视线指向控制和数据收集。通过应用上述载荷,实现 SBSS 卫星覆盖范围广、探测精度高,可快速精确定位并跟踪微小目标,且不受地理位置和气象条件限制,具备全天候、近实时的空间态势感知能力。

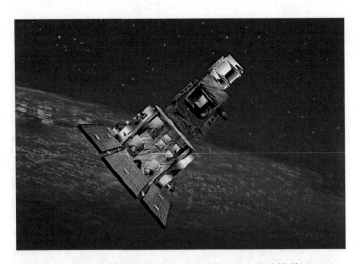

图 6.11　天基空间目标监视卫星(图片来源:郝雅楠等,2019)

利用第一阶段技术基础,第二阶段(Block20)采用更为先进的技术并部署由 4 颗卫星组成的星座,并于 2014 年建成,实现对地球轨道所有空间目标的实时探测和跟踪。据测算,Block20 每天能够提供 1.2 万次对空间目标的观测。与地基监视系统每次只能观测一个目标不同,SBSS 可同时观测多个空间目标,显著提升空间目标的观测频次。

6.5.3　地基空间态势感知系统

1)美国

美国在专用型、共用型和贡献型地基空间态势感知系统领域均取得一定进展。专用型系统以空间监视为首要任务,具体能力如表6.1所示,主要包括目前仍在运行的地基光电深空侦察系统、光学空间监视系统、AN/FPS‑85相控阵雷达。2013年空军空间监视系统(又称空间电磁篱笆系统)正式关闭,新一代空间篱笆系统开始部署。

表 6.1　美国专用型地基空间态势感知系统

系　统	类　型	部署数量和位置	主要任务	基本能力
空军空间监视系统(AFSSS)	电磁篱笆	3座VHF波段发射站和6座接收站,位于美国北纬33°	中低轨空间碎片监测	10天的观测量累计超过17万圈次,覆盖约95%的中低地球轨道10 cm以上空间目标
AN/FPS‑85雷达	相控阵雷达	1部雷达,位于美国艾格林空军基地	高倾角轨道目标和极轨目标探测	低轨道上接近95%的目标都从该雷达的作用范围通过
地基光电深空侦察系统(GEODSS)	光电望远镜	4套光电探测系统,分别位于美国新墨西哥州、夏威夷毛伊岛、印度洋迪戈加西亚岛和西班牙的莫龙航空基地	高轨空间目标探测和识别	可观测到40 000 km高度足球般大的物体。白天可以观测8星等的空间目标,晚上可以观测16.5星等目标,实现了准实时对空间目标的精密跟踪
光学空间监视系统(MOSS)	光电望远镜	1套光电探测系统,5套望远镜,位于西班牙莫龙	近地轨道目标自适应高分辨成像	能对轨道高度在4 800 km以下的目标进行可见光和长波红外成像识别,同时可对高轨目标进行探测

共用型系统如表6.2所示,主要包括导弹预警探测雷达、支持导弹发射和试验的测距雷达等。两类雷达载荷均具备一定的空间监视能力,承担着相当比例的空间目标监视任务。共用型系统目前包括弹道导弹早期预警系统、"铺路爪"相控阵雷达和环形搜索雷达特性鉴别系统。

表 6.2　美国共用型地基空间监视系统

名　称	类　型	部署数量和部署位置	主要任务	基本能力
弹道导弹早期预警系统(BMESW)	相控阵雷达	3部雷达,分别位于美国阿拉斯加州的克利尔空军基地、格陵兰岛图勒空军基地和英国菲林代尔斯	中低轨目标探测、跟踪	作用距离4 800 km,方位覆盖范围240°~360°
"铺路爪"雷达	相控阵雷达	2部雷达,分别位于美国加利福尼亚州的比尔空军基地、马萨诸塞州的科德角空军基地	低轨目标探测、跟踪	观测空域范围方位角240°、俯仰角85°,作用距离4 800 km
环形搜索雷达特性鉴别系统(PARCS)	光电望远镜	1部雷达,位于美国北达科他州卡凡利空军基地	高倾角轨道目标和极轨目标探测、跟踪与识别	可同时跟踪数百个空间目标

对于贡献型系统(表6.3),主要是民用科研机构的无线电综合设施,如麻省理工学院建设的4部大功率雷达(同时也是林肯空间监视综合设施的一部分)和由陆军负责运行的远距离跟踪识别雷达等。

表 6.3　美国贡献型地基空间监视系统

名　称	类　型	部署数量和部署位置	主要任务	基本能力
MIT 空间监视雷达	机械雷达	4 部雷达,部署在马萨诸塞州	高轨目标跟踪、成像和识别	每年用 600 小时监测太空,可发现厘米级别的空间目标,分辨率 25 cm
远距离跟踪识别雷达 ALTAIR	机械雷达	部署在西太平洋马绍尔群岛夸贾林环礁	高轨目标跟踪,可对 1/3 地球同步轨道带上的目标进行跟踪监视	Ka、W 双波段雷达,具有高轨目标跟踪监视和低轨目标超精细成像能力

2) 俄罗斯

俄罗斯拥有规模仅次于美国的地基空间监视网络,用于搜索空间目标,探测跟踪各种航天器,测定空间目标的轨道参数,并通过空间监视中心发送原始信息情报(包括卫星类型、编号、国籍和轨道参数)。俄罗斯的地基空间态势感知系统主要包括专用型空间目标监视系统、弹道导弹预警系统和卫星测控系统。对于空间目标监视系统,主要包括由沃罗涅日 DM 远程导弹预警雷达等组成的雷达探测网、"天窗"系统等组成的光学探测网、空间监视中心等。

对于高轨空间目标的探测跟踪,部署在俄罗斯、哈萨克斯坦、塔吉克斯坦、乌克兰等国的光学和光电系统联合发挥作用。其中,"天窗"系统作为主要的光学观测站,一共装备了 10 台光学望远镜,系统部署于塔吉克斯坦境内。载荷系统主要使用的是 AZT - 14、SBG、ZEISS 系列的光学望远镜,口径范围为 45~100 cm,每台望远镜根据所观察目标的高度来校正"目力"。按照跟踪距离不同,短距型望远镜可跟踪 200~1 000 km 高度的空间目标,普通型望远镜可观测中轨道目标,远距望远镜能跟踪 GEO 轨道目标,目前已具备获得 GEO 目标形状、结构或器件表面材料基本特性的能力。

对于低轨空间目标的探测跟踪,主要使用部署在莫斯科、伊尔库兹克、摩尔曼斯克等地的早期预警雷达网,包括"第聂伯"(Dnepr)和"达里亚尔"(Daryal)预警雷达等。此外,设在莫斯科地区(经纬度分别为 N55°/E37°)的 2 部 400 MHz 特高频反导雷达也可用于空间目标监视,方位角分别是 255~305° 和 65~120°。雷达探测网每天可产生多达 50 000 条的观测数据,保障大部分为低轨的近 5 000 个目标的编目任务。由于雷达布站位置的限制,对小倾角轨道和大偏心率轨道目标的观测能力有限,对低轨 50 cm 以上目标的编目能力与美国空间监视网接近,但对 10~50 cm 目标的编目不如后者完备。

3) 欧洲

欧洲计划对欧委会 27 个成员国现有的雷达和光学观测设施进行融合,打造独立于美国之外的欧洲一体化空间态势感知系统,如表 6.4 所示。经过 2009~2012 年的筹划准备阶段,欧洲空间态势感知系统在 2012 年正式进入建设与应用阶段。2021 年 6 月,ESA 启动"欧盟太空计划",以进一步加大在空间态势感知等领域的投入。法国、德国拥有一些先进的地基空间态势感知系统,如法国的电磁篱笆和德国的跟踪成像雷达。此外,ESA 非相干散射雷达、奥地利格拉茨站、英国赫斯特蒙索站、德国蒂戈站等在空间目标探测领域也发挥着一定作用。

表 6.4　欧洲地基空间目标监视雷达系统

名　称	国　家	体　制	工作频段	覆盖范围	检测能力
跟踪与成像雷达系统 TIRA	德国	碟形天线的单脉冲精密跟踪雷达	L	波束宽度：0.5°	1 000 km 处 0.02 m，同时对低轨目标成像分辨率可达 0.15 m
电磁篱笆系统 GRAVES	法国	未调制连续波/1 个发射站/4 个接收站	VHF	方位 180°仰角 20°	1 000 km 处 0.3 m
下一代非相干散射雷达系统 EISCAT - 3D	欧洲	碟形天线的脉冲雷达/单站	UHF	波束宽度：1.16°	1 000 km 处 0.02 m

4）中国

长春站自 1982 年起开展卫星激光测距工作,1997 年与日本、捷克及上海天文台合作,对测距系统进行了升级并建立了一套标准校准系统。采用单光子雪崩二极管(single-photon avalanche diode, SPAD)作为光电探测器件,观测精度与数量实现大幅提升。其中,标准点精度由原来的 3 cm 提升到 7 mm,单次测距精度由原来的 5~6 cm 提升到 1.5 cm。2007 年,长春站对原有的激光测距系统进行升级,成功实现了常规千赫兹卫星激光测距和白天测距,大大提高了激光测距系统的测距能力和水平,成为国际上少数具备白天对常规千赫兹卫星测距能力的台站之一。上海天文台在上海佘山观测站建立了大能量高功率的 Nd：YAG 测距试验系统(图 6.12),开展对空间目标的激光跟踪和测距试验,2008 年 7 月获得火箭残骸等空间目标的漫反射激光测距数据。云南天文台从 2008 年开始开展空间碎片漫反射激光测距研究,并于 2010 年 6 月 7 日获得火箭残骸等空间目标的回波。北京房山激光观测站于 2010 年 8 月首次获得千赫兹激光测距的观测数据,对高轨卫星测距的精度大约 15 mm,对中低轨卫星测距的精度大约 10 mm。

图 6.12　上海天文台 1.56 m/60 cm 双望远镜激光测距系统
（图片来源：门涛等，2018）

6.6 小　结

在轨服务整个体系架构中,辅助支持系统发挥的作用不可或缺,天基和地面各类辅助支持系统的开发要求归纳为以下三个方面。

(1) 各类辅助支持系统为客户航天器、服务航天器及运输航天器等在轨服务核心系统的研制与应用提供支撑。针对在轨服务的具体任务需求,结合上述核心系统的功能特点,应优选应用已有的辅助支持系统能力,或对待建系统进行提前规划与建设。

(2) 天基、地基空间态势感知系统为在轨服务任务实施提供关键的感知信息支撑,在轨服务的全过程也离不开中继卫星系统的保障。对于这些辅助支持系统的能力需求,主要是分析在轨服务核心系统感知和地面测控系统等已有能力的缺项,进行相应的辅助配套支持。在各类在轨服务系统开发过程中,需要根据任务特点结合辅助支持系统基础,为在轨服务各核心系统开发提出功能与性能的约束条件,并在系统开发过程中开展工程大系统接口验证。

(3) 未来在轨服务系统开发过程中,需要利用先进的分析仿真与试验技术开展验证。面向复杂服务操作和大型空间系统长周期在轨组装与维护任务需求,关于在轨服务任务实施过程中的动态仿真及效果评估与预测等,都将是平行系统构建与应用的重点方向。

参 考 文 献

曹喜滨,李峰,张锦绣,等,2015. 空间碎片天基主动清除技术发展现状及趋势[J]. 国防科技大学学报,37(4): 117-120.

陈罗婧,李劲东,2009. 国外天基空间目标监视系统研究现状及进展[C]. 中国空间科学学会第七次学术年会,大连.

邓大松,2012. 欧洲空间态势感知系统(ESSA)概述[J]. 电子工程信息,5: 1-8.

符菊梅,首俊明,2008. 新一代航天发射场建设发展探讨[J]. 装备指挥技术学院学报,5: 62-65.

郝雅楠,陈杰,张京男,2019. 美国天基空间态势感知系统的新发展[J]. 国防科技工业,3: 41-45.

黄海,谭春林,裴晓强,2007. 卫星总体参数多学科优化与建模探讨[J]. 航天器工程,3: 38-42.

李英华,李勇,2010. 国外航天器仿真系统综述[C]. 中国宇航学会学术年会论文集,881-885.

刘家騑,李晓敏,郭桂萍,2014. 航天技术概论[M]. 北京: 北京航空航天大学出版社.

刘承志,赵有,范存波,等,2002. 长春卫星激光测距站的性能和观测概况[J]. 科学通报,47(006): 406-408.

门涛,谌钊,徐蓉,等,2018. 空间目标激光测距技术发展现状及趋势[J]. 激光与红外,48(12): 5-11.

闵桂荣,1998. 航空航天科学技术(航天卷)[M]. 济南: 山东教育出版社.

宋立军,杨锐,唐伟文,2010. 商用卫星通信发展综述[J]. 电信技术,4: 47-48.

谭春林,庞宝君,张凌燕,等,2008. 对地观测卫星总体参数多学科优化[J]. 北京航空航天大学学报,5: 529-532.

涂歆滢,杨雷,2009. 国外航天器协同设计中心现状分析[J]. 航天器工程,18(1): 83-88.

王希季,1991. 航天器进入与返回技术[M]. 北京: 中国宇航出版社.

文援兰,何星星,李志,等,2010. 天基照相跟踪空间碎片批处理轨道确定研究[J]. 宇航学报,31(3):
888 – 894.

夏南银,2002. 航天测控系统[M]. 北京:国防工业出版社.

于勇,范胜廷,彭关伟,等,2017. 数字孪生模型在产品构型管理中应用探讨[J]. 航空制造技术,7:
41 – 45.

张碧雄,巨兰,2010. 2030 年前航天测控技术发展研究[J]. 飞行器测控学报,29(5):11 – 15.

张欣,2011. 美国空间监视系统发展综述[J]. 电信技术研究,1:53 – 61.

郑同良,2005. "军事星"卫星通信系统综述[J]. 航天电子对抗,21(3):51 – 53.

庄存波,刘检华,熊辉,等,2017. 产品数字孪生体的内涵、体系结构及其发展趋势[J]. 计算机集成制造系
统,23(4):753 – 768.

Edwards B L, Israel D, Wilson K, et al. , 2012. The Laser Communications Relay Demonstration[C].
International Conference on Space Optical Systems and Applications, Corsica.

Jonchay T S, Chen H, Gunasekara O, et al. , 2021. Framework for Modeling and Optimization of On-Orbit
Servicing Operations Under Demand Uncertainties[J]. Journal of Spacecraft and Rockets, 58(4):
1157 – 1173.

Shayler D J, Harland D M, 2016. Enhancing Hubble's Vision Service Missions That Expanded Our View of the
Universe[M]. Chichester:Springer/Praxis Publishing.

Visentin G, Didot F, 1999. Testing Space Robotics on the Japanese ETS-Ⅶ Satellite[J]. ESA Bulletin,
(99):61 – 66.

第7章
服务机器人

7.1 概　述

　　服务航天器的有效载荷包括在轨感知载荷、服务操控载荷及服务配套设备等。服务机器人是指在空间执行各类服务任务的机器人,是服务航天器最为重要的服务操控载荷。服务机器人的操作任务类型主要包括目标抓捕与释放、在轨维修(如推进剂加注、模块更换、太阳电池阵展开等)、在轨制造、在轨组装等。在轨服务操作要求高,部分操作任务甚至是在轨临时确定,因此服务机器人在轨任务存在一定的不确定性。在特殊情况下,服务机器人还需要在轨移动以增大其操作可达范围,并且要求有较强的多任务适应性,比如同时满足抓捕、搬运、更换、加注、拆装等任务需求。另外,服务机器人往往还要求具有较强的多对象适应能力,例如设备模块、标准件、太阳电池阵、线缆、空间碎片等。

　　本章从服务机器人的基本组成出发,介绍各个支撑系统的特点,并从单臂机器人、多臂机器人和新概念机器人等维度介绍几种典型应用案例。

7.2 系　统　概　况

7.2.1 基本组成

　　服务机器人的组成较为复杂,是一个特殊的系统,一般包括机械系统、控制系统、感知系统等,每个支撑系统通过特定适应性设计最终集成形成整个的服务机器人系统。

　　(1) 机械系统:是指支持空间机器人执行规定动作的系统,各类机械组件根据服务任务进行适应性设计,除空间生存必要的结构机构件之外,通常还包括压紧释放装置、为机器人提供运动功能的关节、执行特定操作的末端装置等。

　　(2) 控制系统:支持空间机器人进行分析、决策、规划和过程控制,通常包括由处理芯片、外围电路等组成的控制器、处理模块(如交换机)、控制算法软件等。

　　(3) 感知系统:支持空间机器人获取工作环境、操作对象及自身状态等各类信息,由各类传感器组成,通常包括获取视觉信息的成像设备、获取力觉/触觉信息的力觉/触觉传感器、位置传感器、信息处理单元等。

　　(4) 遥操作系统:根据具体服务任务按需配置,支持地面控制人员对服务机器人进行多种模式控制。通常包括空间机器人获取外部信息(包括环境和操作对象)和自身状态信息的显示模块、控制指令输入模块、控制结果仿真模块等。

（5）通信系统：支持空间机器人与服务航天器、客户航天器、遥操作系统等进行信息交互。

（6）电源系统：支持空间机器人获取电源，并按各组成部分的电源需求完成配电及管理，通常包括供电模块、配电模块、电缆网等。其中，供电模块可以是独立获取外部电源的模块，如由太阳电池阵和一次电路组成的一次电源，也可以是航天器总体提供的二次电源、蓄电池组等。

（7）热控系统：支持空间机器人各组件、器件的温度稳定在其许用温度范围之内。通常包括多层隔热组件、热控涂层等组成的被动热控部分，以及由测温元件、控温元件以及热控电路等组成的主动热控部分。

服务机器人在实际研制中，通常会包括上述功能的一种或几种。上述各支撑系统的划分有可能是独立界面，也有可能进行集成设计。例如对于在轨自主服务机器人，可按需配置遥操作系统，支撑完成空间操作任务。对于高度集成的服务机器人，热控系统可并入机械系统、电源系统可并入控制系统等，从而进行支撑系统的集成设计。

7.2.2　系统特点分析

7.2.2.1　系统总体

服务机器人系统总体设计工作包括需求分析、可行性论证、总体方案设计、总体方案详细设计等。首先，根据在轨服务任务需求，分析服务机器人的功能和性能要求，开展概念性方案设计。其次，根据总体要求，确定系统组成和接口关系，完成各支撑系统指标的分解，形成系统可行性方案论证。再次，完成各支撑系统初步设计，必要时进行关键技术攻关，形成总体设计初步方案。最后，完成各支撑系统详细方案设计，完成空间环境分析、故障模式及影响分析、可靠性与安全性设计、试验/测试方案及试验矩阵，形成总体、各支撑系统及单机的详细设计。

关于服务机器人功能要求，可划分为末端操作、感知测量、控制、决策与规划、交互、故障检测、修复与升级等类型。各功能具体内涵包括：① 末端操作功能：一般指完成特定目标的特定操作，如阀门的开合、线缆的剪切、螺钉的旋拧、接口的插拔等。② 感知测量功能：是对具体操作任务的工作环境、操作对象、机器人自身重要参数的测量，如机器人自身位姿、机器人移动速度、末端操作力/力矩、局部环境温度、操作空间等。③ 控制功能：根据操作任务，机器人在具体操作中可实现位置控制、速度控制、力控制等，以适应特定任务要求。④ 决策与规划功能：机器人根据测量结果和操作任务具体要求，对任务的实施进行决策规划并控制，如信息融合、路径规划、运动规划、判据设计等。对于复杂的在轨服务任务，对服务机器人自主决策规划能力的要求较高。⑤ 交互功能：指机器人与地面操作、在轨操作等的交互。结合机器人的自主能力，服务机器人可能需要在以下模式下执行任务，包括地面指令操作、地面遥操作、在轨自主操作等。⑥ 故障检测功能：指机器人在执行任务过程中对自身状态的实时检测能力，包括在可能出现危险情况下采取紧急保护措施，保证机器人自身、操作对象或其他系统的安全。⑦ 可修复与可升级功能：随着在轨服务任务需求的发展，在轨操作的复杂性和任务强度逐步增加，特殊情况下，服务机器人采用模块化设计,可在轨自我修复与升级,以提高机器人的可维护性与可拓展性。

关于服务机器人性能指标,一般包括自由度、工作空间、精度、刚度、输出力、承载能力、质量、功耗、包络、可靠度、寿命、最大移动速度/加速度等。自由度反映机器人运动的灵活性,可根据运动需求通过关节进行配置,其中移动自由度可通过多种驱动机构实现。工作空间指服务机器人基座固定情况下,机器人末端所能到达的空间包络。工作空间还可分为可达空间和灵活工作空间,其中,灵活工作空间指机器人末端能以相应姿态抵达的空间,可达空间则是机器人能够到达的最大工作空间。对于可移动的服务机器人,由于具有整体移动能力,因此其工作空间与在轨服务范围能力更为灵活。精度指标一般包括机器人本体的位置精度和姿态精度、机器人配套末端的位置精度和姿态精度等。其中,位置精度还可分为绝对定位精度和重复定位精度。绝对定位精度指实际值与理论值差异,重复定位精度指重复到达同一位置的精度。刚度是指服务机器人基座固定情况下完成特定任务时的变形,以保证较大负载时机器人工作的精度和稳定性。输出力是指机器人在轨操作过程的最大输出力/力矩,一般指末端操作工具的输出力。承载能力是指机器人基座固定情况下,机器人任意位姿下末端所能承受的最大质量。此外,质量、功耗、包络等都属于服务机器人的基本性能要求。

7.2.2.2 机械系统

服务机器人机械系统的设计主要包括两个方面,分别为机器人构型设计、机器人的结构与机构设计。

1)机器人构型设计

服务机器人构型设计包括构型设计和布局设计。在进行构型设计需求分析时,应涵盖服务机器人的在轨全过程状态,包括发射状态、在轨待命状态、在轨操作状态,其中在轨操作状态应细化至每个动作状态。针对具有移动能力的服务机器人,机器人构型多种多样,如仿手指或仿蜘蛛等多足型、履带型、轮臂混合型等,此时在构型设计过程中主要考虑其移动的对象及周围环境。对于固定基座的服务机器人,其构型设计主要关注组成机器人的各关节间的连接关系,包括关节类型、数量及其连接方式等。机器人的构型表达通常采用基于图论的有向图和 D-H 参数关联矩阵的方法。其中,关联矩阵的格式设计紧凑,包含涉及机器人构型的关节自由度种类、连接方式和关节的装配位置等信息。机器人配置自由度关系时,应注意避免构型奇异性,规避无效的关节驱动设计。

2)机器人结构与机构设计

服务机器人结构与机构主要包括结构、关节、末端执行器、压紧释放机构、移动机构等。结构为系统提供支撑,包括发射阶段与在轨阶段。关节为机器人提供自由度。末端执行器为各类在轨服务任务提供直接执行能力。压紧释放机构可使机器人适应发射段的力学环境。在轨服务特殊任务条件下,需要配置可移动机器人,此时移动机构是其必要的组成部分。

(1)机器人结构。结构是服务机器人的骨架,具有维形作用,同时为机器人部件提供安装接口,并承受发射段及在轨段的静动力载荷,保证机器人的力学环境,保障其服务操作功能顺利实现。

机器人结构的常用材料包括铝合金、镁合金、钛合金等金属材料,以及树脂基、金属基等复合材料。在材料的具体选择中,需综合考虑比强度、比刚度等性能、空间环境要求、经济成本等多方面因素。

机器人结构设计可以分为系统结构设计和部件结构设计两个阶段,如图 7.1 所示。根据服务机器人系统设计的需求分析,包括主动段及在轨空间环境、构型布局等对结构的约束条件,设计、优化并最终确定系统结构的初步方案。通过仿真分析获得各部件的详细要求,进而完成各部件结构的设计方案。此外,作为结构设计的重点内容,须根据结构设计要求和相关的设计准,对机器人结构的安全裕度进行合理设计。

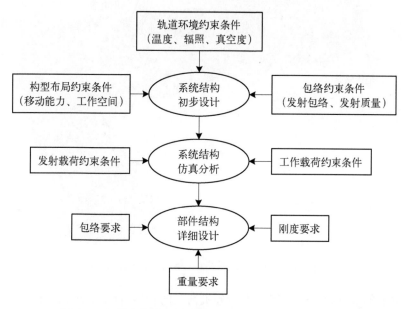

图 7.1　机器人结构设计流程(图片来源：王耀兵,2017)

（2）关节。关节是服务机器人的重要组成部分,为机器人提供在轨服务操作的运动能力。按照关节运动形式,包括回转关节、摆转关节、移动关节等类型。在服务机器人系统的构型优化设计过程中,通过不同关节的组合设计,可实现机器人的多种运动形式。回转关节在服务机器人系统中最为常用,主要是通过构型设计实现摆转功能。

关节组成一般包括以下部分,如图 7.2 所示,分别为驱动源、减速器、传感器、控制器等。关节驱动源一般为电机,包括步进电机、直流有刷电机、直流无刷电机等不同类型。步进电机定位精度高,但体积、质量和功率等较大。直流有刷电机不适用于服务机器人长寿命、高强度工作条件。直流无刷电机是目前常用的驱动装置,通过电子设备和位置传感器测量技术,可解决其定位精度差的问题。减速器可放大电机输出力矩、降低转速,从而提高关节运动精度。减速器一般包括行星减速器、谐波减速器、摆线针轮减速器等。由于谐波减速器可兼具传动平稳、结构简单、传动精度和效率高等性能特点,是服务机器人关节设计常用的减速器。传感器用于感知关节状态,包括关节角度、关节运动速度、力和力矩等。关节常用传感器包括位置传感器、速度传感器、力传感器、电流传感器、温度传感器等。传感器的具体配置取决于操作任务和功能需求。基于在轨服务任务多样、精度要求较高等特点,服务机器人相比于与其他机器人需要更多的传感器配套种类,且性能要求较高。控制器主要用于记录关节当前位置、速度等信息,并与服务机器人上位机进行通信。根据机器人总体要求,通过控制器的控制,机器人关节按一定的量输出位置、力、力矩和速度等。此外,通过配套的热控组件设计,可保证关节在空间环境中处于适宜的工作温度。

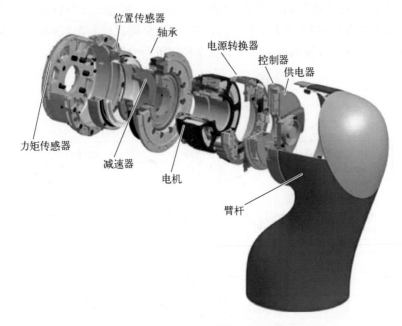

图 7.2　机器人关节(图片来源:姜万利,2018)

关于关节的设计,首先,需要分析服务机器人的功能、性能需求,分解确定关节的功能和性能需求。其次,明确关节的元器件配置和选型,尤其是传感器的功能配置,完成关节轴系设计。最后,根据关节的集成要求,对线缆布局进行设计。

关节作为运动部件,其设计过程同样需要考虑裕度设计,其裕度分为静力矩(力)裕度和动力矩(力)裕度。一般情况下,在轨静力矩(力)裕度应大于100%,动力矩(力)裕度应大于25%。

$$\text{静力矩(力)裕度} = 100\% \times \left[\frac{\text{驱动力矩(力)} - \text{产生规定加速度所需的力矩(力)}}{\text{阻力矩(力)}} - 1 \right]$$
(7.1)

$$\text{动力矩(力)裕度} = 100\% \times \left[\frac{\text{驱动力矩(力)} - \text{阻力矩(力)}}{\text{用于产生规定加速度的力矩(力)}} - 1 \right]$$
(7.2)

(3)末端执行器。末端执行器安装于服务机器人末端,用于执行目标捕获、模块更换、线缆剪切、接口插拔等具体操作任务。根据操作任务具体需求,末端执行器一般可分为通用末端和专用末端。通用末端一般可应对多种任务和在轨尚未完全理解的任务,如灵巧手装置。专用末端是应用于具体类型的操作任务,如螺钉旋拧、接口插拔等。对于在轨多类型服务的任务需求,服务机器人的末端可按"多工具配套+按需选用"的思路进行设计。此时,服务机器人在进行系统设计时可按服务任务规划确定末端执行器的类型需求,开发出不同类型的末端执行器,配置于工具箱。在轨服务操作过程中,服务机器人即可根据具体任务类型相应更换末端执行器。对于末端执行器多次更换的需求,要求其具备可快速更换接口。国际空间站移动服务系统、日本 ETS-Ⅶ 服务机器人和 ESA 空间机器人 EUROBOT 等都配置了末端执行器可快速更换接口,可为末端执行器与机器人之间提供机、电、热、信息等多种功能连接。

与关节相似,末端执行器的组成可以分为以下几个部分。

① 驱动源:一般为电机,特殊情况下,也可应用无源末端执行器,可采用弹簧等储能装置。

② 传动器:其作用主要包括减速和提高输出力矩,同时将电机回转运动转化为满足执行器的运动形式。

③ 执行器:是末端执行器功能的最终执行机构,如捕获型末端执行器中的夹持机构、线缆操作型末端执行器中的剪刀等。

④ 控制器:与上位机通信,感知并控制末端执行器力/力矩、电机电流、温度等工作状态。

⑤ 传感器:根据末端执行器具体需求,配置速度、位置、电流、力/力矩、温度等多种感知组件。

⑥ 热控组件:必要情况下,末端执行器也需要配置热控组件,保证末端执行器工作于适宜温度。

末端执行器的设计过程如图 7.3 所示,首先,通过任务需求分析确定末端执行器的基本机构类型、主要性能需求等。其次,通过机构分析、仿真分析等确定性能参数与机构设计参数之间的关系。最后,通过优化设计确定末端执行器各组成部件的最终设计参数。面向服务机器人的多种类型任务需求,末端执行器开发都应关注几类典型的功能和性能特点,包括软捕获、大容差、高精度、自感知能力强、在轨长寿命应用等。

(4)移动机构。对于可移动的服务机器人,是通过配置移动机构,实现服务机器人在轨整体移动,从而提高机器人的服务范围。按照接口方式不同,可以将可移动服务机器人分为有对接接口、无对接接口两类。针对有对接接口的应用场景,服务机器人开发时其移动机构和可预先设定的移动接口进行协同设计,获得满足任务要求的服务包络范围,并兼顾移动接口与机器人移动机构的高效设计,例如设计较少的移动接口及相对简单的移动机构。以国际空间站遥操作机械臂系统 SSRMS 为例,通过设计移动基座设计满足机械臂系统能够整体沿桁架移动,既满足移动服务范围,同时借助主桁架良好的刚度特性,移动基座设计相对简单,并且能够保障机械臂系统在轨移动和服务操作时的基座刚度。

对于无对接接口的情况,通常是借助服务对象的共性特征进行服务机器人的移动机构设计,应重点关注移动机构选型、移动时的通用对接机构设计等。首先,关于移动机构的选型设计,常见的包括腿式移动机构和轮式移动机构等。根据在轨服务操作的一般任务需求,腿式移动机构具有较强的适用性。采用四腿或六腿移动机构,可达到服务机器人

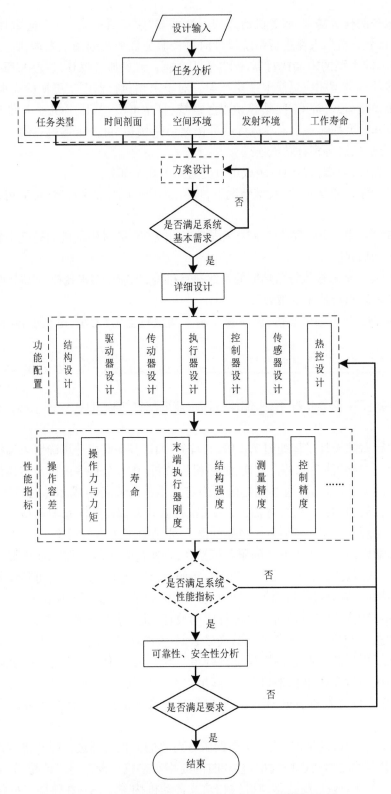

图 7.3　末端执行器设计流程(图片来源：王耀兵,2017)

移动过程的系统结构稳定性要求。针对腿式移动机构的移动效率不高的特点,可通过单腿多自由度设计,包括髋关节、膝关节、踝关节及末端局部自由度等,可有效提升移动机构的灵活性及适应性。其中,可通过将腿式移动机构单腿标准化设计,结合多自由度布局,可实现腿式结构的模块化、标准化设计。根据上述设计思路,腿式移动机构的单腿多节部分可采用相同的结构形式、自由度配置也兼顾单腿标准多节组成,既可实现移动机构的低成本研制,又可结合控制策略优化实现在轨便捷移动以提高移动机构自身的可维修能力。其次,关于移动过程中的对接机构设计,通常可简化为"抱抓式"动作,主要是聚焦于移动机构末端执行部分的设计。如图 7.4 所示,当抱抓对象为圆形截面杆时,腿式移动机构中两腿成合拢姿态将圆杆包络,并通过腿足的几何形状完成锁紧,实现移动机构对于移动边界的对接。当抱抓对象为矩形截面杆时,若截面面积较小以至于腿式移动机构的小臂可与机器人相对的第四条边完全接触,则可实现对物体的几何形状的锁紧。若截面面积较大,则腿式移动机构通过大臂和中臂与目标点接触、而小臂与物体左右两边紧密贴合,也可实现锁紧。

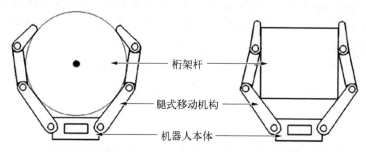

图 7.4　圆形与矩形截面杆的抱抓动作(图片来源:时月天等,2018)

　　(5)压紧释放机构。压紧释放机构的主要功能是保证发射阶段机器人各部件收拢并压紧,在发射段和飞行段可以承受相应载荷以保证机器人安全,在轨工作阶段通过分离机构解除机器人各部件的约束,最终恢复机器人的全部自由度。

　　压紧释放机构的特点在于释放装置,可以分为火工释放装置和非火工释放装置。火工释放装置包括爆炸螺栓、切割器、分离螺母、火工锁等,具有质量轻、性能可靠、技术成熟度高等特点。非火工释放装置包括热刀、形状记忆合金释放装置等,具有冲击小、地面试验成本低等特点。目前基于可靠性考虑,释放装置仍多采用火工释放的方式。压紧释放机构既要保证服务机器人在发射载荷作用下各部件不松动、滑动,又要保证各部件不产生较大塑性变形和损坏。因此,压紧释放机构预紧力需进行设计与验证。

　　压紧释放机构的布局设计关系到承载、轻量化、可靠性等多个方面,须重点关注以下四个方面的要求:① 满足发射阶段机器人基频前提下,应尽量减少压紧点数量,以实现机构质量最小;② 压紧释放机构所压结构应进行刚度设计,满足压紧释放机构发射阶段、释放阶段的承载要求;③ 压紧释放机构两侧的被压紧件和所压结构本体之间应相互隔离,被压紧部组件避免承受所压结构变形引起的载荷,所压结构避免承受被压紧部件释放过程产生的动力载荷;④ 压紧释放机构释放分离后的零部件不影响其他机构工作,尤其是对于服务机器人的在轨操作和运动需求,确保避免形成多余物。

（6）其他。在轨操作过程中,服务机器人的部组件之间将出现长时间的相对运动。在真空、微重力、高低温交变等空间环境下,部组件的润滑设计须满足轻载高速、重载低速等多种工况下的润滑需求,并兼顾润滑蒸发及其对其他部组件的污染等问题。润滑材料一般包括润滑油材料、润滑脂材料、固体润滑材料、自润滑材料等。空间润滑一般采用固体润滑、脂润滑或二者复合方式。脂润滑方式适用工作条件相对宽泛,在润滑同时可以在发射前防止表面腐蚀,提高部组件存储寿命,且具有一定的减振和缓冲作用,但是存在真空挥发的缺点。固体润滑材料是减摩良好且耐摩的材料,通过刷/布、黏结、溅射沉积等方式,在相对运动表面形成润滑膜实现润滑。固体润滑方式可承受耐磨载荷较大、适用性广,但其影响部组件尺寸的容差设计,另外还需考虑磨耗碎片的影响。

服务机器人机械系统的试验验证主要是关节和末端执行器的功能与性能验证。对于关节,主要是开展连接刚度、传动精度、回差、力矩特性、转速和扭转刚度等验证。对于末端执行器,主要是开展操作容差、操作精度、操作力、连接刚度等验证。其中,力矩特性可以分为额定输出力矩、最大输出力矩、连接堵转力矩及制动释放反向驱动力矩等。此外,服务机器人作为搭载服务航天器的一类特殊的空间系统,还需开展必要的空间环境适应性验证和可靠性试验。空间环境适应性试验主要包括力学环境（如微振动、冲击、发射过载、微重力等）、热环境（如热真空、热循环等）、空间环境（如辐照、原子氧、真空等）、地面环境（如腐蚀）等。可靠性试验主要包括寿命试验、可靠性鉴定与验收试验等。

7.2.2.3 控制系统

服务机器人控制系统的主要功能包括：① 接收服务航天器或其他系统发送的操作指令,对机器人进行任务规划;② 针对具体操作任务对机器人进行控制运算,实现机器人运动的有效控制;③ 监测机器人的状态。

1）系统组成

服务机器人的控制系统主要包括中央控制单元和执行控制单元。中央控制单元作为上位机,负责机器人总体控制。执行控制单元是根据上位机指令对机器人系统进行控制。

（1）中央控制单元。中央控制单元的主要组成及其在控制任务中的具体工作流程包括：① 接收各渠道传递的操作指令,转换为机器人控制指令;② 根据当前状态及操作控制指令,调用相应的规划和计算单元,生成运动控制指令并发送给执行控制器;③ 监控机器人的运动状态并进行碰撞检测、运动超限检测等,应急状态下及时转入安全工作模式;④ 接收机器人的感知测量数据,进行适当的数据融合处理。

（2）执行控制单元。执行控制单元硬件设备包括关节控制器、末端执行器控制器、相机控制器等。对于关节控制器和末端执行器控制器等,主要用于接收中央控制单元的指令,通过控制驱动源,完成关节转动、末端执行器旋拧/插拔等各类动作控制。此外,还用于监控并反馈部件状态,如运动角速度、运动速度、电流等,形成闭环控制以保证部件运行安全。相机控制器用于自主调整相机运行参数,保证相机高质量成像,并确保数据有效传输。

2）控制系统架构

服务机器人控制系统架构通常分为集中式和分布式两种。对于集中式控制系统架构,一般是通过一台控制设备实现控制系统的全部功能,控制设备与执行机构之间主要是进行能源与通信传输,如图7.5 所示。对于分布式控制系统架构,由多台功能相对独立的控制设备协同工作,各控制设备之间采用专用总线进行数据和指令传输(图 7.6)。面向复杂、高精度的服务操作任务,服务机器人一般采用分布式控制系统架构。

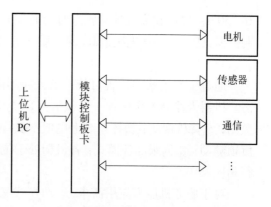

图 7.5　集中式控制系统架构(图片来源:张传斌,2013)

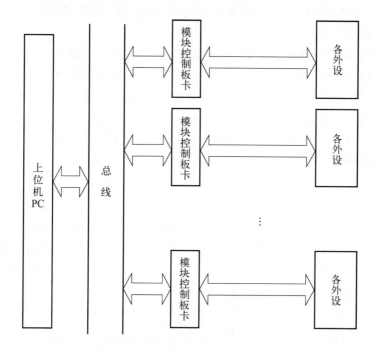

图 7.6　分布式控制系统架构(图片来源:张传斌,2013)

3）信息流

服务机器人通信总线主要包括以下几种类型:485 总线、CAN 总线、1553B 总线、1394 总线、Spacewire 总线等。其中,485 总线、CAN 总线和 1553B 总线的传输速率一般小于 1 Mb/s,1394 总线、Spacewire 总线的传输速率一般大于 100 Mb/s。CAN 总线和 1553B 总线为常用总线,CAN 总线电气接口由 82C250 芯片或其兼容芯片定义,1553B 总线通信协议实现是在 1553B 芯片的支持下完成。

一般来说,信息流主要传输以下三类数据:① 通过周期性传输,表征系统状态的常规数据,传输周期约 0.5~1 s;② 用于表征系统重要状态下的关键数据,传输周期一般为

10~50 ms,以便在发生异常状态时及时评判状态并采取处理措施;③ 传输控制指令的控制数据,此类数据优先级最高,保证服务机器人在任意情况下均处于可控状态。

4) 工作模式

通过工作模式的设置可使机器人在不同模式间切换,使其快速到达某种特定应用状态。机器人控制工作模式一般包括:① 关机模式:此时仅运行单个设备进行热控和状态监测;② 待机模式:操控系统上电但不执行操作;③ 自由模式:在待机模式基础上,机构解锁随动;④ 伺服准备模式:各机构处于位置保持状态;⑤ 运动模式:机器人运动,并执行相应操作。

对于服务机器人应用需求,运动模式又可分为视觉自主模式、目标参数输入控制模式、力控制模式、位置控制模式等。其中,视觉自主模式是根据视觉系统实时提供的目标位姿信息自主完成运动规划,执行相应操作任务,具有高精度、适用范围广的特点,较适用于服务机器人的运动控制。对于目标参数输入的控制模式,一般是根据设置的目标位置、运动速度和加速度等信息,自主完成机器人运动规划并执行相应的操作。

5) 硬件设计

控制系统的硬件设备主要包括电源模块、继电器、电机驱动模块等各种电子设备。对于控制系统硬件设计,主要是上述电子设备中相关的处理器、FPGA、通信接口芯片、电机驱动芯片等的选型及设计。选型过程主要考虑基础性能、抗力学设计、降额设计、电磁兼容设计、热设计和抗辐照设计等。控制系统硬件通过合理的单机设计和系统设计,可实现各类电子设备在具体操作任务中均可正常工作,并且对外传导或辐射的电磁干扰不会对其他系统造成影响。

6) 控制算法

机器人控制算法种类较多,主要包括位置控制、力控制、视觉自主控制等。

(1) 位置控制。机器人关节控制是服务机器人系统位置控制的基础,单关节控制不考虑关节间的相互影响,并将机械运动产生的惯性影响作为扰动项进行考虑。单关节位置控制的典型架构如图 7.7 和图 7.8 所示,对应的三闭环控制系统有两种类型,分别是位置环/速度环/电流环、位置环/力矩环/速度环。

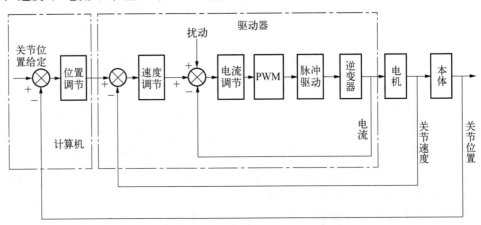

图 7.7　单关节位置控制系统架构(图片来源:谭民,2007)

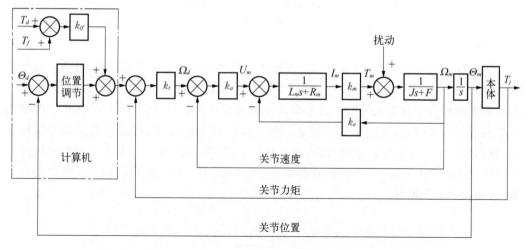

图 7.8 带有力矩闭环的单关节位置控制系统架构(图片来源:谭民,2007)

在上述基础上考虑关节之间相互影响并对每一个关节分别设计,可实现多关节控制。一般情况下,其他关节对某一关节的影响应作为前馈参数引入位置控制器,其典型控制系统架构如图 7.9 所示。在关节位置控制基础上,给定操作末端的位置和姿态,利用逆运动学算法解算各关节的位置,可实现机器人操作末端按照给定的位置和姿态执行运动。

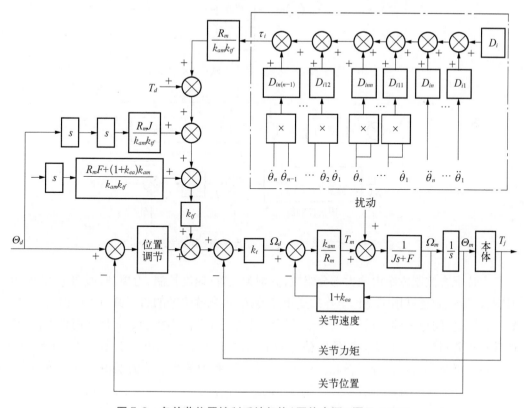

图 7.9 多关节位置控制系统架构(图片来源:谭民,2007)

（2）力控制。位置控制往往以到达期望的末端位置和姿态为目标,容易导致末端刚度过大而受损。因此,主动柔顺力控制逐步受到重视,具体可细分为阻抗控制、力位混合控制、动态混合控制等。

阻抗控制是利用适当的控制算法,使操作末端具有适宜的刚性和阻尼,包括力反馈型阻抗控制、位置型阻抗控制等。力位混合控制指分别建立位置控制回路和力控制回路,通过控制率的综合实现柔顺控制。动态混合控制是指在执行任务过程中,某些自由度采用位置控制,另一些自由度则采用力控制。对于阻抗控制的应用,可通过力反馈型阻抗控制,将力信号引入位置控制系统,以实现柔顺控制,如图 7.10 所示。对于位置型阻抗控制的应用,如图 7.11 所示,是将位置偏差和速度偏差作为广义力,通过转换为关节的力或力矩,从而达到柔顺控制。

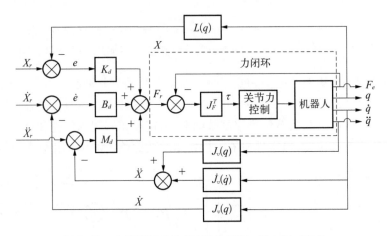

图 7.10　力反馈阻抗控制（图片来源：谢心如,2016）

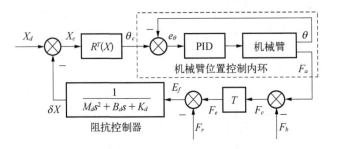

图 7.11　位置型阻抗控制（图片来源：谢心如,2016）

力位混合控制方案由两大部分组成,分别为位置/速度控制、力控制,如图 7.12 所示。其中,位置控制是利用雅克比矩阵的逆矩阵转换,将末端位置的给定值与当前值之差进行转换,获得空间位置的增量,作为关节位置增量的一部分。力控制部分是利用雅克比矩阵的转置矩阵,将末端力/力矩的给定值与当前值之差进行转换,获得关节的力/力矩,作为关节位置增量的另一部分。在此过程中,末端位置和力的当前值需要由多种传感器实时测量。通过对位置控制部分和力控制部分的输出进行加权,作为关节的位置增量期望值。最终,利用上述位置增量,控制系统对服务机器人各个关节的位置进行控制。

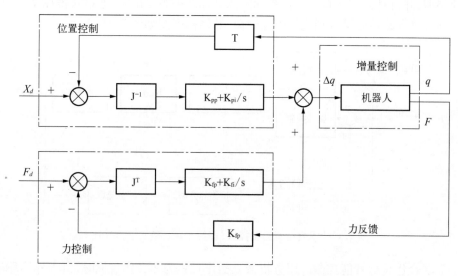

图 7.12　力位混合控制（图片来源：陆英男, 2009）

（3）视觉自主控制。常见的视觉自主控制算法主要有三类参数输入类型，分别为位置输入、图像输入以及混合输入。基于位置的视觉自主控制架构如图 7.13 所示，图像信息通过空间几何模型、摄像机模型和手眼关系等转换成目标与末端执行器的相对位姿，将末端执行器的期望位姿和实际位姿作差，进而控制末端执行器向期望位置运动。基于图像的视觉自主控制架构如图 7.14 所示，是利用图像信息作为反馈信息对机器人进行控制，降低了机器人视觉自主控制系统对摄像机模型、机器人模型、系统手眼模型和摄像机标定精度等因素的依赖程度。混合视觉自主控制系统是将末端执行器控制分为平移和旋

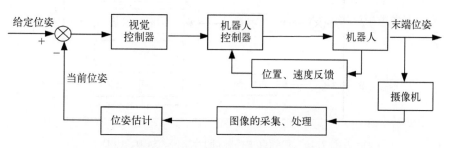

图 7.13　基于位置的视觉自主控制（图片来源：路艳巧, 2011）

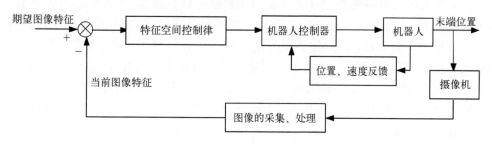

图 7.14　基于图像的视觉自主控制（图片来源：路艳巧, 2011）

转两种类型,并将其分别在直角坐标系和图像坐标系中表示出来,通过获得控制反馈信息中的平移分量和旋转分量分别施加到控制律,其结构框图如图7.15所示。

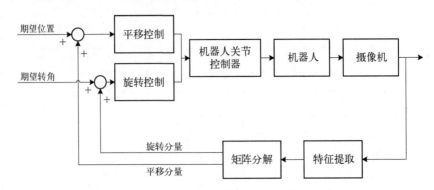

图7.15 混合视觉自主控制(图片来源:孙冬雪,2018)

(4)非合作目标智能控制。服务机器人操作对象为非合作目标时,由于外界环境、操作目标、操作任务多变,要求机器人具有自主学习能力、高精度、强稳定性等。在此情况下,可将强化学习应用于控制系统设计,使得服务机器人更智能。控制系统架构如图7.16所示,内回路为基于强化学习的运动控制系统,外回路为移动基座或平台的轨道与姿态稳定控制系统。

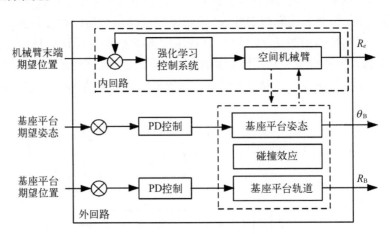

图7.16 智能自主控制(图片来源:刘帅,2019)

(5)多机器人协同控制。对于复杂的在轨服务任务需求,服务机器人需具有多任务自适应能力,主要有以下特征:① 操作对象可能是螺钉、螺帽等小型标准件,也可能是舱段甚至整个航天器;② 操作类型可能是接口插拔等精细操作,也可能是结构件剪切等大力矩、低精度操作;③ 操作范围可能是接口对接等原位操作,也可能是桁架搬运等远距离移动操作。在此特殊情况下,单一服务机器人往往难以满足上述操作要求。多个服务机器人协同操作时,如图7.17所示,单机器人通过感知模块获取外界环境,再由通信系统获得区域内其他机器人的状态信息,通过综合分析生成反馈信息并由控制系统进行控制律优化,最终形成执行策略传递给末端执行器并作用于外界环境或操作

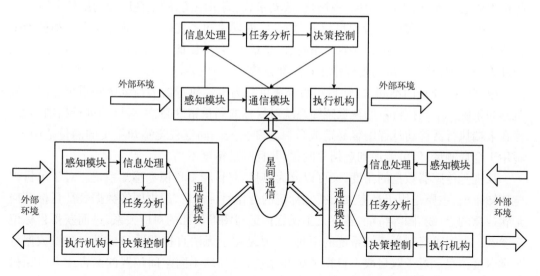

图 7.17 多机器人协同控制(图片来源:靳中兵和杨明政,2018)

目标,直至完成服务任务。

7.2.2.4 感知系统

感知系统为机器人实现闭环控制、高精度操作提供重要支撑。随着在轨服务操作任务复杂度的提高和人工智能、深度学习等技术的快速发展,智能机器人技术是服务机器人的重要发展方向,更加依赖感知系统的多源传感及其处理技术。感知系统可分为内部感知和外部感知,内部感知指位置、速度、力等操作系统的内部状态感知,外部感知指利用视觉、触觉等传感器对外部环境和操作对象状态的感知。

在地面研制过程中,服务机器人感知系统需要进行一系列地面试验验证,主要包括功能/性能测试、专项试验、环境试验等三大类。功能/性能测试主要检验感知系统的功能、性能技术指标。专项试验是针对任务需求和工作特点开展针对性考核试验。环境试验是验证感知系统地面储存、地面运输、发射、在轨等阶段的力学适应性、热适应性及电磁兼容特性等。

1) 视觉感知

视觉感知主要实现目标识别和目标测量。目标识别指判断测量目标是同一目标还是新的目标。目标测量指对目标与传感器的相对位置、姿态、线速度、角速度等信息进行测量,并对目标进行三维建模,如图 7.18 所示。视觉感知系统的技术

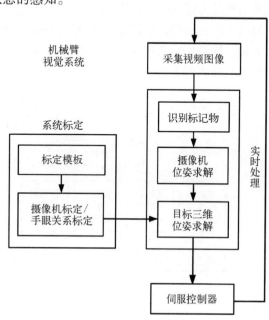

图 7.18 机械臂视觉测量流程(图片来源:
刘玉等,2014)

指标主要包括质量、体积、功耗、视场角、杂光系数、测量距离、测量精度和测量频率等。

根据在测量过程中是否向目标发射能量,视觉感知系统分为主动感知系统和被动感知系统。被动感知系统信息获取效率高、信息量丰富、功耗低、重量轻等优点,但易受光照条件等的影响,并且测量精度低于主动感知系统。

根据空间分布的不同,视觉感知系统又可分为末端执行器的视觉感知系统和固定视觉感知系统。末端执行器的视觉感知系统对目标的测量精度高,可对局部进行精细测量,但在末端执行器移动过程中容易造成目标感知丢失。固定视觉感知系统的测量范围大,适用于全局测量,但可能遇到遮挡等问题,并且测量精度不高。

从视觉传感器数量的角度,又可以分为单目、双目和多目视觉感知系统。对于单目视觉感知系统,主要是用于具有人工视觉标记的合作目标测量,根据图像数据表征目标几何形状信息的点、线、圆等特征,建立人工视觉标记与图像特征的对应关系,进而获得目标位姿参数。关于单目视觉感知系统的不足,主要是在于无法直接获取目标纵向测量数据等各类深度信息。对于双目或多目视觉感知系统,是利用不同空间位置的两台或多台相机完成图像同步采集,通过相机方位及两幅图像的对应性计算获取目标位姿测量,可以直接获取目标深度信息。相对而言,双目或多目视觉感知系统的计算复杂程度高、计算量大,因此对测量信息的处理系统要求较高。

关于视觉感知系统的组成,一般包括光学组件、电子组件和结构组件三类。光学组件接收目标信号光能量,并可抑制杂光。电子组件将光学组件接收的光学信号转换为电信号,并对测量数据进行处理。对于主动感知系统,还应包括能量投射装置。结构组件用于提供支撑,以保证感知系统性能。视觉感知系统典型组成如图7.19所示。常用的景物和距离传感器包括摄像机、CCD传感器、超声波传感器、结构光设备等。其中,在视觉感知系统的硬件方面,视频信号数字化设备主要是把摄像机或CCD传感器输出的信号转化成计算机方便使用的数字信号,视频信号快速处理器用于实现视频信号实时、快速和并行算法处理。视觉感知系统的软件是用于对感知信息进行预处理、分割、描述、识别和解释等,控制和引导机器人完成操作。

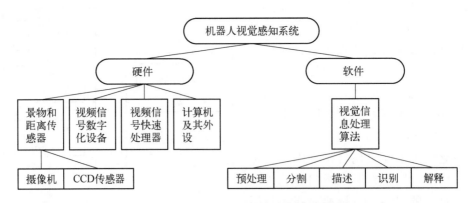

图7.19 视觉感知系统基本组成(图片来源:孙承琦,2004)

2) 距离感知

服务机器人在实施在轨服务过程中,距离感知主要是通过激光传感器进行确定,包含基于飞行时间的测距和基于三角测量的测距两种途径。基于飞行时间的激光测距传感器由发射器和接收器组成,其中发射器用于向目标投射激光,接收器用于检测目标反射、并与发射光束同轴的光分量,实现距离测量。激光测距过程如图 7.20 所示。首先,基于三角测量的激光测距传感器,利用获得的几何信息可确定目标的距离;其次,确定激光光束通过基准面反射至光敏器件上的点、通过待测面反射至光敏器件上的点,计算对应点的位移;再次,基于三角形相似原理计算,以确定基准面与待测面的距离。

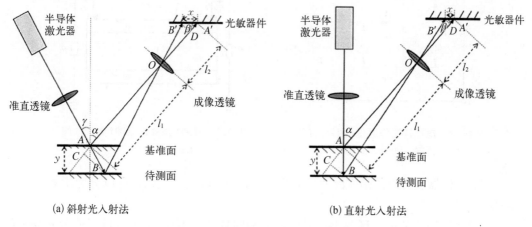

(a) 斜射光入射法　　　　　　　　　　　　(b) 直射光入射法

图 7.20　三角测距(图片来源:李高,2017)

依据入射激光光束和被测物体表面法线的关系,可将激光测距分为斜射光入射法和直射光入射法。两种方法测量原理相同,主要差异是在于感光元件上所接收到的成像是反射光或是漫反射光。对于斜射式测距,是通过检测反射光的光斑中心位移来测距。对于直射式测距,是通过检测漫反射光的光斑中心位移来测距,并且其测量效果不受待测面尺寸影响,更适用于远距离测量的应用场景。

3) 位置感知

位置传感器主要用于测量位移,包括角位移和线位移。典型位置传感器包括电位计、电位置传感器(position sensitive detectors,PSD)、编码器等。除此之外,服务机器人位置传感器还包括其他类型。以微动开关为例,作为广泛应用的位置传感器,通过在机器人的特定位置设置,可以检测是否到达极限位置,从而保护机器人运行安全。

(1) 电位计。电位计是给电阻器配置一个滑动触头,当受到外部作用时触头位置改变,导致电阻器上下电阻的比值相应变化,通过获得随外部作用下的输出端电压变化进而计算得到位置变化值。电位计的工作原理如图 7.21 所示。电位计分为直线型和旋转型,分别用于测量直线位移并监测直线运动、测量角位移并监测旋转运动。电位计测量具有结构简单、成本低、稳定度高和线性度好等优点,可通过提高工作电压来改善其灵敏度。由于电刷和电阻丝之间存在摩擦,电位计只能在较低频率下工作,并且使用寿命短,需要不定期的维护。

（2）电位置传感器。PSD 是一种光电器件,利用半导体横向光电效应实现对入射光点位置进行检测,具有灵敏度高、分辨率高、响应速度快和电路配置简单等优点。以一维 PSD 传感器为例,当光亮点移动时,以入射光引起的光电流作为输入,此时偏压电流被划分成两个输出电流,通过输出电流的分布显示,即可获得探测器的光斑位置,如图 7.22 所示。

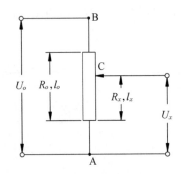

图 7.21　电位计工作原理(图片来源: 苏剑,2008)

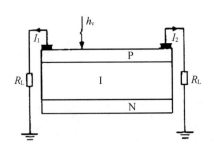

图 7.22　PSD 结构示意图(图片来源: 张新等,2005)

（3）编码器。编码器是广泛使用的测量角位移的数字传感器,可以分为增量式编码器和绝对式编码器。

增量式编码器的透光区与不透光区尺寸相同且交替出现,每个区域所表示的旋转角度或直线位移相同,测量分辨率取决于区域划分数量,如图 7.23 所示。增量式编码器可以检测机器人运动的变化。对于某一时刻的位置信息,只有在获取编码器初始位置的情况下才可明确给出,因此其应用时应进行复位。

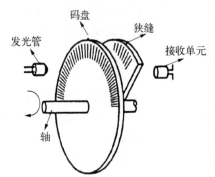

图 7.23　增量式编码器(图片来源: 卢新然等,2017)

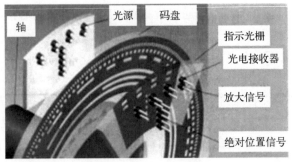

图 7.24　绝对式编码器(图片来源:韩旭东等,2016)

绝对式编码器可以分为光学编码器和接触编码器。光学编码器工作原理如图 7.24 所示,每个位置对应唯一的编码信息。与增量式编码器不同,光学编码器的码盘由多圈弧段组成,沿径向方向各弧段的透光与不透光特征组成唯一编码,实现位置精确指示。对于接触编码器,是由编码盘、电刷和电路组成。编码盘上有多个码道,每个码道分为多个导电区和不导电区。多个电刷分别与每个码道接触,定义电刷与码道导电区接触

时电刷输出电平为"1",否则输出电平"0"。测量过程中,通过编码器输出相应编码,即可
获得位置信息。

（4）陀螺。陀螺主要用于角位移、角速度和角加速度等参数的测量,一般分为机械陀
螺、压电陀螺、光学陀螺等。

机械陀螺一般包括速率陀螺和积分陀螺。速率陀螺的结构设计是外环固定、内环轴
垂直于待测轴。当待测轴旋转时,陀螺力矩将迫使转子一
起旋进,旋进角与限制该旋进的弹簧的变形量呈正比,通
过变形量测量即可确定待测轴的角速率。积分陀螺的不
同之处在于,需要利用线性阻尼器代替弹簧约束,所获得
的输出量为待测轴的转角。

压电陀螺的典型结构如图 7.25 所示,在矩形振梁四
个面分别贴有两对压电换能器。当矩形振梁围绕长轴旋
转时,在科里奥利力作用下,两侧换能器所检测的振动强
度会产生差异,由此转换成的电压信号与旋转速率呈线性
关系,进而实现转速的测量。

光学陀螺可以分为光纤陀螺和激光陀螺。光纤陀螺
是利用萨格纳克效应(Sagnac effect)来测量物体相对于惯
性坐标系的转动角速度,如图 7.26 所示。入射光束被一
分为二,沿闭合光路相向传播,返回起始点干涉后,干涉信
号的相位差正比于闭合光路敏感轴的旋转角速度。激光

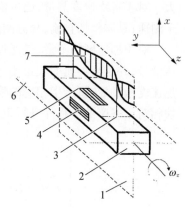

图 7.25　压电陀螺(图片来源:
　　　　　王利强等,2004)

1—驱动平面(x 轴);2—振梁;3—节
点;4—读出换能器;5—驱动换能器;
6—读出平面(y 轴);7—梁振动波形
包络图

陀螺同样利用萨格纳克效应,区别在于光纤陀螺光线是在光纤中传播,激光陀螺的光线在
谐振腔中传播。光纤虽然成本低,但存在光纤缠绕时张力不均、温度变化环境下光纤热胀
冷缩不均等不利因素。激光陀螺受外界影响较小、精度较高,但研制成本较高。典型激光
陀螺结构如图 7.27 所示。

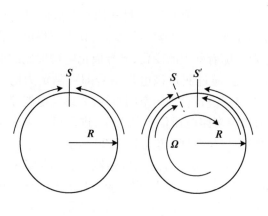

图 7.26　光纤陀螺测量原理图(图片来源:
　　　　　夏超,2015)

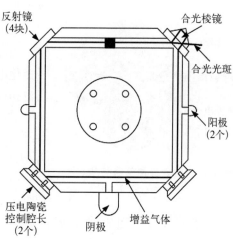

图 7.27　激光陀螺结构(图片来源:
　　　　　刘健宁,2014)

（5）速度与加速度的测量。位置感知与速度感知、加速度感知之间相互关联。对位置信号进行微分可获得速度信息，对速度信息进行积分可获得位置信息，依此同样可通过加速度测量获得位置信息。

基于编码器测速，是将编码器一定时间内所经历的脉冲量与时间取比值，获得该时间内的速度值。由于编码器为数字传感器，当机器人关节转速较小时，速度估算相对误差较大。对于直线速度测量，还可借助多普勒频移效应等方法。此外，测速发电机可直接应用于测速，具体包括直流、交流测速发电机两种类型。

对于加速度的测量，是通过将机械转速变换为电压信号进行测速，其输出值为模拟电压信号，并且与加速度成正比。加速度测量系统的典型结构如图 7.28 所示，质量块受到加速度激励后，将产生相应的惯性力，当惯性力与弹簧反作用力相平衡时，通过测量质量块相对于基座的位移并进行正比转换，即可实现加速度测量。

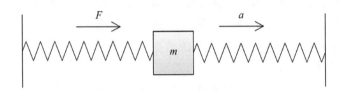

图 7.28　加速度传感器基本结构（图片来源：路永乐，2015）

4）力感知

力是服务机器人完成操作任务必需的感知参数，用于确定捕获与对接过程的碰撞状态、接口是否完成对接等，支撑机器人任务实施，并保障机器人系统的运行安全。力/力矩最直接的测量方法是对驱动电机的电流进行换算，其他测力传感器还包括力敏电阻、压电式力传感器、应变片等。

力敏电阻是将机械力转换为电信号的一种元器件，利用半导体材料的压力电阻效应，并且其阻值随垂直施加于表面的力的增大而降低，最终通过测量电阻阻值的变化量即可确定力的大小。

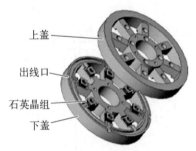

图 7.29　压电式传感器结构（图片来源：黄舒，2017）

压电式传感器是利用特定材料的压电效应进行测量。当晶体在外力作用下发生形变时，其表面将出现异号极化电荷。随着外力的变化，异号极化电荷形成的电场也相应变化，通过测量该电压信号即可确定力的大小。对压电材料进行合理的空间布局，并设计电路建立各维力、力矩与多路电压信号的关系，进而可实现多维力/力矩的测量，其典型结构如图 7.29 所示。

应变片是最常用的力测量传感器。通过测量应变片阻值可换算得到力的大小，利用应变片的布局设计可测量多维力/力矩。图 7.30 为基于应变片的三维力/力矩传感器结构，可测量三个相互独立轴方向的力和力矩。基于 Stewart 平台的六维力传感器是典型的机器人领域应用的力传感器，在机器人各类操作任务中的应用广泛，如图 7.31 所示。

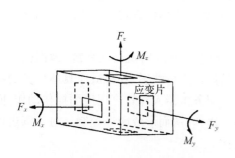

图 7.30　三维力/力矩传感器结构
（图片来源：谭民,2007）

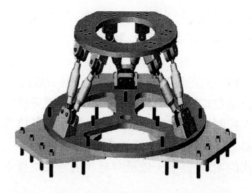

图 7.31　基于 Stewart 平台的六维力传感器
（图片来源：梅鹏飞,2015）

5）信息融合

多传感器信息融合是指把不同位置、不同类型传感器所测量的物理量加以综合,利用信息互补处理,以降低测量不确定性,获得操作对象与工作环境相对完整的感知信息。多传感器信息融合可支撑提高机器人的智能化应用水平,并可降低机器人操作过程中的风险。多源信息融合的典型架构如图 7.32 所示,其主要的处理任务包括：① 多传感器信息协同管理：根据目标特点和任务需求,完成坐标系选择、坐标变换、数据转换等相关工作;② 多传感器信息融合：应用特定的融合方法对多源传感器信息进行处理,包括定量或定性融合两种类型。定量信息融合是将一组同类数据经融合给出一致的数据,定性信息融合是将多类传感器信息决策融合为集体一致的决策;③ 多传感器模型数据库建立：为信息融合处理提供基础,定量描述传感器数据特性以及外界因素的影响等。

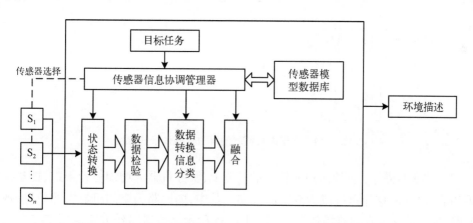

图 7.32　多源信息融合架构（图片来源：罗志增和蒋静坪,2002）

7.2.2.5　遥操作系统

空间机器人可分为在轨智能自主操作、遥操作两类模式。遥操作是指机器人在地面控制人员的监视和控制下完成各类操作,在轨服务任务中,由辅助支持系统为服务机器人操作过程等提供通信支持。服务机器人任务复杂且精度要求较高,对智能自主要求高,必要时需要与遥操作协同。遥操作系统一般可分为指令遥操作系统、双边遥操作系统、基于虚拟预测的遥操作系统、共享遥操作系统等。其中,指令遥操作方式由于实时性和交互性较差,并不适用于服务机器人。

(1)双边遥操作系统(图7.33):是指在地面建立一套映射机器人系统,地面控制中心根据在轨服务任务的具体需求,对服务机器人的操控进行映射,获得适应具体任务的机器人控制参数,并以指令形式上传至服务机器人。服务机器人在轨复现地面操作动作,同时将感知的状态信息反馈地面,支撑下一步的服务操作,从而形成闭环控制。对于双边遥操作的实现,需要天地低时延通信等关键技术支撑。

图7.33 双边遥操作系统结构

(2)基于虚拟预测的遥操作系统:在双边遥操作基础上,在地面引入虚拟环境,根据虚拟图像中机器人与目标的关系形成视觉闭环,并自动生成两路操作指令,一路是没有时延的操作指令,直接发送给虚拟现实的计算机系统,另一路通过通信链路发送给服务机器人。同时,由服务机器人反馈信息,支撑地面虚拟操作的不断修正,如图7.34所示。当操作任务对力敏感时,可在地面增加力、触觉感知设备用以判断卡滞是否发生、夹持是否稳定等。此时,基于虚拟预测的遥操作系统又可称作是基于力、触觉反馈的遥操作系统。

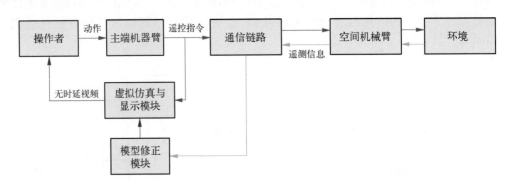

图7.34 基于虚拟预测的双边遥操作系统结构

(3)共享遥操作:在原双边遥操作的基础上,服务机器人增加位置跟踪、视觉指向跟踪等功能,改进遥操作系统成为双回路控制。其中,内回路为空间机器人的位置、视线跟踪回路,外回路是人在回路操作系统,如图7.35所示。该遥操作方法适用于存在大通信时延的操作任务,可兼顾服务机器人的智能水平和人在回路的远程控制与操作能力,平衡任务执行过程的反应性和交互性。

(4)当天地时延不容忽略时,可采用天地共享与虚拟现实相结合的遥操作系统,如图7.36所示,在地面复现服务机器人的位置、视线跟踪等功能,使其不受系统时延的影响并提供相对静止的图像,以便于确定合适的动态操作时机。

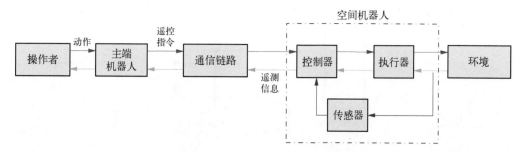

图 7.35 共享遥操作系统结构

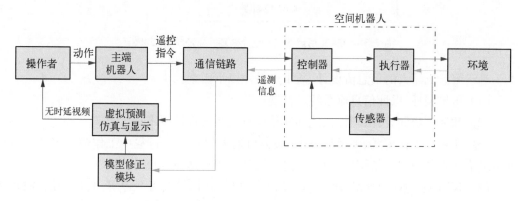

图 7.36 虚拟现实与天地共享遥操作系统结构

7.2.2.6 其他系统

1）通信系统

服务机器人依靠通信系统实现信息流传输。信息流数据包括工作模式、接口状态、遥测与遥操作信息、运动控制信息、力控制信息、运行状态信息等。由于服务机器人任务多样和操作对象多变的特点,分布式通信技术越来越受到重视。以 CAN 总线为例,作为多主方式的串行通讯总线,采用点对点、全局广播等形式发送和接收数据,实现全分布式多机通信,且无主从机之分,网络各节点都可向其他节点发送信息。典型的服务机器人 CAN 通信网络如图 7.37 所示,中央控制器作为上位机,可向全部节点发送控制指令,所有关节或模块作为节点,由节点向中央控制器反馈自身状态与环境感知信息,形成信息流回路。节点局部的总线接口形式如图 7.38 所示。

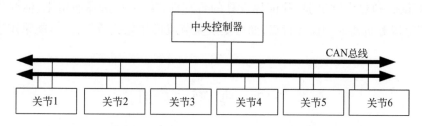

图 7.37 服务机器人 CAN 网络(图片来源:杨晓华等,2006)

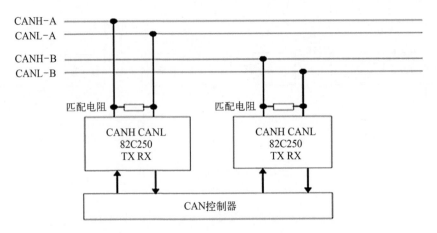

图 7.38　CAN 总线接口（图片来源：杨晓华等，2006）

对于服务机器人的信息流设计,须重点关注以下因素：

（1）可扩展性,保证信息流系统可扩展；

（2）软硬件协同设计,硬件性能须满足信息流系统设计要求；

（3）兼顾多工作模式、多运动模式,服务机器人执行任务过程中工作模式多变,在特殊情况下要求各模式频繁切换,因此信息流设计须进行适应性设计；

（4）保障关键数据传输顺畅,实现操作全过程实时可控、可急停等,且保证服务机器人工作安全；

（5）可靠性设计,通过一定的冗余设计、防错设计、故障隔离等,保证服务机器人在轨运行可靠性。

2）电源系统

服务机器人电源系统与航天器传统电源系统相似,一般要求包括：① 满足机器人任务过程中能源需求；② 电源元器件选型尽量采用标准部件、标准单元电路、标准电子功能模块或通用件；③ 机器人各设备的初始加电状态为已知且合理、安全、可重复；④ 对关键系统的供电应考虑安全性设计,规避操作失误或元器件失效风险。

3）热控系统

对于服务机器人的热控系统设计,通常采用被动热控和电加热主动控制相结合的方式,一般要求包括：① 热控系统元器件选择低功耗元器件,利用结构进行传热；② 对机器人进行热设计,满足元器件温度降额要求,并考虑在轨极端工况；③ 必要时开展服务机器人热平衡试验和热真空试验,验证热设计的合理性；④ 尽量选择通用化、标准化的元器件；⑤ 根据服务机器人的设计特点,如可更换关节或模块化关节等,尽可能采用通用化的热设计。

7.3　典　型　应　用

航天飞机机械臂和国际空间站机械臂在空间新系统应用与新技术在轨验证方面发挥

了关键作用,是服务机器人领域迄今最为成功的应用案例。本节阐述两类机械臂的服务任务概况、基本组成与功能特点。在轨服务任务发展不断呈现出多臂协同实施的迫切需求,并对服务实施精度、操作效率以及操作空间等复杂功能提出了更高的要求。对此,本节介绍国外已报道的 FREND 多臂机器人、可重构机器人以及柔性机器人案例,进一步阐述服务机器人的典型应用,作为本章关于服务机器人组成与系统特点分析的补充。

7.3.1　单臂机器人

加拿大第一代机械臂 SRMS 的开发工作始于 1969 年,1981 年随哥伦比亚号航天飞机成功首飞,成为航天飞机任务的"标配"。SRMS 机械臂共有 6 个自由度,总长度 15.2 m,直径 0.38 m,自重 410 kg,具备部署释放 332.5 kg 负载的能力,操作精度约为 152 mm。在总计近 70 次的在轨操作中,SRMS 机械臂表现近乎完美,最为著名的是先后 5 次对哈勃太空望远镜实施在轨服务,如图 7.39 所示。

国际空间站遥操作机械臂系统 SSRMS,又称加拿大机械臂二号(Canadarm2),在国际空间站的组装构建、维护、补给和使用的过程中发挥了关键性作用。SSRMS 机械臂、专用灵巧机械手、移动遥控服务基座系统共同组成国际空间站移动服务系统,如图 7.40 所示。

图 7.39　航天飞机 SRMS 机械臂(图片来源:刘宏等,2015)

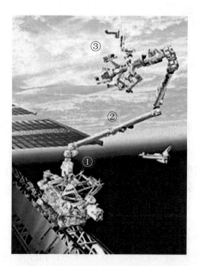

图 7.40　国际空间站 MSS 系统(① MBS;② SSRMS;③ SPDM)(图片来源:秦文波等,2010)

SSRMS 机械臂是 SRMS 机械臂的升级版本,其最大操作负载达到 116 000 kg,操作精度 6.4 mm,总重 1 640 kg,平均功耗及峰值功耗分别为 1 360 W 和 2 000 W,由 7 个关节和 2 个臂杆组成。SSRMS 机械臂的每个关节均配置有一个自锁型末端执行器,臂杆则用来装载和支撑各类电子设备和相机。相比于 SRMS 机械臂,SSRMS 机械臂多配置了一个腕部关节,在俯仰、偏航及滚动三个方向上均具有转动 540° 的能力。因此,SSRMS 机械臂在轨操作极为灵活,对各类任务都可以采用多种方式实施,可以通过控制优化实现操作效率的最大化。

图 7.41　灵巧机械手 SPDM(图片来源:
Ma,2004)

专用灵巧机械手又称为加拿大机械手,如图 7.41 所示,最大包络长约 3.5 m,质量约 1 660 kg,最大可负载 600 kg,平均功耗及峰值功耗分别为 600 W 和 2 000 W,共有 15 个自由度,配置有多种专用操作工具,可完成多类操作任务,包括装卸和操作小型设备等。

移动基座是国际空间站移动服务系统的根部支撑系统,它通过可移动转移系统与国际空间站主桁架连接,可沿着桁架外侧固定轨道进行移动,如图 7.40 所示。移动基座最大长度约 5.5 m,重约 3 t,配置 4 个能源 & 信息接口可供 SSRMS 连接锁紧,以满足 SSRMS 不同舱外任务需求。同时,移动基座配置了相机及 SSRMS 操作过程中相关设备的临时存放平台、计算机单元、用于载荷临时抓捕与固定的移动基座通用连接系统等。其中,由于在轨操作任务需求,移动基座通用连接系统配置了抓捕与机/电/信息多功能接口。

2020 年 6 月,加拿大航天局宣布建造新一代加拿大机械臂 Canadarm3。该机械臂能够在无人自主条件下维护深空关口站系统,包括开展深空关口站的科学实验等,其核心为高度自主的人工智能控制技术。新一代机械臂的小臂将用来在深空关口站舱内外之间转运重要物资,并且在必要情况下由小臂辅助维修大臂。随着自主性和人工智能技术的进步,新一代机械臂将具备在太空进行自我维护的能力,包括更换机械臂相关配套零部件等,以适应在轨各类精细化的服务操作以及机械臂自身的维护和升级需求。

7.3.2　多臂机器人

凤凰计划、地球同步轨道卫星自主服务 RSGS 项目、Restore－L 项目等的核心技术均为多臂机器人技术。在多个项目的支持下,FREND 机械臂技术开发获得了连续支持,相关技术指标不断得到提升。FREND 机械臂也从单臂应用发展到多臂机器人的服务航天器应用,如图 7.42 所示。

FREND 机械臂单臂长约 2 m,有 7 个自由度,能够在 GEO 以及地球地面重力环境中运行。在地面测试阶段,机械臂指令速率为 500 Hz,末端位置精度优于 ±1 mm,保证 FREND 机械臂在 GEO 轨道进行各种安全、灵活、可靠的操作。FREND 机械臂具有如下特点:① 刚度大:能作为对接系统抓捕客户航天器系统的配套硬件;② 精度高:能准确定位末端执行器,并与客户航天器交互;③ 能力强:能适应操作工具、相机和灯光等多种末端,并能通过机械臂传递电源和数据。FREND 机械臂协同智能控制算法开发历经十余年,能够执行脚本操作、遥操作、部分或全部自主操作,支撑各类在轨服务任务需求,还能进行故障检测、隔离及恢复等。

图 7.42 凤凰计划和 RSGS 计划的 FREND 多臂服务机器人
（图片来源：Henry，2016；Barnhart，2013）

7.3.3 新概念机器人

随着在轨服务任务复杂程度增加，服务机器人的操作精确性、效率要求不断提高，并且基于人工智能、灵巧操作、感知、协同控制等技术发展，服务机器人正在向智能化方向发展。具体来说，服务机器人在多任务自适应、多环境自适应等方面的能力不断发展，先后提出了可重构、柔性、闭链和仿生等新概念机器人，为服务机器人多样化、复杂环境的服务操作任务实施提供了保证。

可重构机器人是指机器人拓扑可变，通过自重构构型使得一套机器人可兼顾不同输出力、精度、自由度、工作空间的多样化操作需求，大幅提高在轨服务操作效能。基于机器人的模块化设计，形成一种变结构的模块化机器人系统，由多个同构或异构的模块单元组合而成。采用设定的重构算法，改变模块单元间的拓扑关系，可实现机器人的构型衍变，获得新的功能特性以适应复杂多变的工作环境。可重构机器人的核心技术包括多功能集成的模块单元设计、可重构机器人系统的拓扑表达方法、系统整体的重构控制算法与构型衍变规则等。模块化可重构机器人根据模块单元结构和功能的异同，可以分为同构系统和非同构系统，如图 7.43 所示。对于同构机器人系统，每个模块单元的结构和功能相同，易于重构和大规模批量生产。根据拓扑重构能力，同构可重构机器人还可分为串联式、晶格式、混合式机器人。对于非同构机器人系统，模块单元间的功能和形状不完全一样，各模块单元的专用性较强，通过协同可适应更丰富的任务，但重构性受到限制。

柔性机器人是指可承受大弹性变形的具有无限自由度的机器人，能够根据实际需要任意地改变自身形状和尺寸，从而增强机械臂的灵活性，对狭小、复杂空间条件下的服务操作任务具有较强的适用性。柔性机器人一般通过气动肌肉、牵拉绳系、形状记忆合金等方式驱动，可模拟蠕虫、章鱼、象鼻等动物或器官的运动。与刚性机械臂相比，柔性机器人对压力的阻抗较小，可以通过柔顺变形的方式与障碍物相容，故其针对狭小空间操作具有更高的安全性。闭链机器人为一种特殊的桁架机构，通过杆件伸缩实现翻滚、越障等运

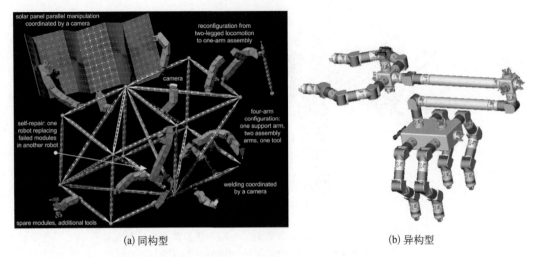

(a) 同构型　　　　　　　　　　　　　　(b) 异构型

图 7.43　不同类型的模块化可重构机器人（图片来源：宋希韬，2017；Zykov et al.，2007）

动，可应用于在轨组装大型空间系统领域的移动、搬运任务。仿生机器人是依据仿生学原理，模仿生物结构、运动特性等设计的类生命机器人，在精细操作、多任务适应性、强生存能力等方面具有明显优势。

7.4　小　　结

服务机器人是服务航天器有效载荷的重要组成部分，是无人在轨服务任务的操作者。面对在轨服务操作任务种类多样、对象多变的需求，开发服务机器人应重点关注以下内容。

（1）多任务自适应性：在轨服务操作对象可涵盖小尺寸的 ORU 模块、太阳电池阵/天线、大型独立舱段甚至更大规模的大型空间系统。操作种类也包括线缆切割、接口插拔、螺钉旋拧、柔性材料处置、太阳电池阵辅助展开、天线模块组装等。在服务机器人开发过程中，需要根据在轨服务的任务需求，对服务机器人的功能和组成进行规划，包括采用一套机器人系统结合系列化末端工具的方式适应多项服务操作任务，或是针对不同类型服务任务进行多个机器人配置等。

（2）高可靠性：无论是各类在轨维护任务还是大型空间系统在轨组装，服务机器人都必须保证在轨操作的高可靠性。系统开发时首先做好机器人系统可靠性预估、各项指标分配等，并在地面开发过程中择机开展可靠性验证。

（3）空间环境适应性：服务机器人应适应发射段力学环境和热环境，以及在轨高低温、微重力、真空、空间辐照、原子氧、复杂光照等环境要求。

（4）多机器人协同性：在轨服务任务复杂，未来将更多地应用多机器人协同操作完成，如太阳电池阵辅助展开等。多机器人协同控制技术为任务实施提供关键支撑，包括各类感知手段的综合应用、协同控制算法开发等。

参 考 文 献

陈小前,张翔,黄奕勇,等,2022.卫星在轨加注技术[M].北京:科学出版社.

韩旭东,徐新行,刘长顺,2016.用于星载激光通信终端的绝对式光电角度编码器[J].光学精密工程, 24(10):2424-2431.

黄舒,2017.压电式多维力传感器晶组设计与制作关键技术研究[D].济南:济南大学.

姜万利,2018.模块化驱动关节设计及关键技术研究[D].秦皇岛:燕山大学.

靳中兵,杨明政,2018.机器人的协同控制研究[J].电子世界,20:1-2.

金宗耀,谭春林,2015.空间机器人路径规划综合优化方法[J].航天器工程,24(2):35-39.

李高,2017.基于激光三角测距原理的激光雷达系统研究[D].广州:广东工业大学.

刘宏,蒋再男,刘业超,2015.空间机械臂技术发展综述[J].载人航天,21(5):435-443.

刘健宁,2014.全反射棱镜式激光陀螺关键技术研究[D].西安:西安电子科技大学.

刘帅,2019.空间机器人抓捕非合作目标的智能控制与识别[D].大连:大连理工大学.

刘玉,陈凤,黄建明,2014.空间机械臂视觉测量技术研究[J].载人航天,20(2):127-133.

卢新然,宋路,万秋华,2017.基于空间位置的增量式光电编码器误差检测系统[J].红外与激光工程, 46(10):1-6.

路艳巧,2011.基于位置的机械臂视觉控制系统设计[D].哈尔滨:哈尔滨工业大学.

陆英男,2009.CINCINNATI工业机器人力/位混合控制的研究[D].沈阳:东北大学.

路永乐,2015.小型悬丝摆式加速度传感器原理及关键技术研究[D].重庆:重庆大学.

罗志增,蒋静坪,2002.机器人感觉与多信息融合[M].北京:机械工业出版社.

梅鹏飞,2015.机器人六轴腕力传感器的开发[D].武汉:华中科技大学.

秦文波,陈萌,张崇峰,等,2010.空间站大型机构研究综述[J].上海航天,4:32-42.

时月天,侯绪研,饶笑山,2018.面向空间太阳能电站在轨装配的爬行机器人关键技术[J].空间电子技术,2:106-112.

宋希韬,2017.空间细胞机器人实现层设计研究[D].哈尔滨:哈尔滨工业大学.

苏剑,2008.双触点高精度密线绕电位器的研制[D].成都:电子科技大学.

孙承琦,2004.基于视觉的机器人环境感知系统研究[D].广汉:中国民用航空学院.

孙冬雪,2018.基于模型预测方法的机器人视觉伺服控制研究[D].长春:长春工业大学.

谭春林,刘新建,2009.大型挠性空间机械臂动力学与减速比对振动抑制影响[J].国防科技大学学报, 31(4):103-106.

谭民,2007.先进机器人控制[M].北京:高等教育出版社.

王利强,宋菲君,任文杰,2004.陀螺的分类、原理及应用现状[J].电子测量与仪器学报,2004年增刊: 857-863.

王耀兵,2017.空间机器人[M].北京:北京理工大学出版社.

夏超,2015.应用保偏光环行器的干涉式光纤陀螺仪的理论与技术研究[D].杭州:浙江大学.

谢心如,2016.六自由度机械臂阻抗控制方法研究[D].哈尔滨:哈尔滨工程大学.

杨晓华,孙汉旭,贾庆轩,2006.CAN总线应用层协议在空间机器人中的应用[C].第一届全国智能制造学术会议,杭州.

印波,2016.晶格畸变驱动自重构机器人系统及其关键技术研究[D].上海:上海交通大学.

翟坤,曲溪,李志,等,2014.非合作航天器相对姿态确定算法及地面试验[J].哈尔滨工业大学学报,46

（3）：61 – 65.

张传斌,2013. 基于 CAN 总线的移动机器人分布式控制系统研究[D]. 济南：山东大学.

张新,高勇,安涛,2005. PSD 光电位置传感器的实现及 SOI 结构研究[J]. 西安理工大学学报,21(3)：236 – 240.

张翔,刘红卫,刘卓群,等,2019. 空间智能软体机械臂动力学建模与控制[J]. 智能科学与技术学报,1（1）：52 – 61.

张忠强,邹娇,丁建宁,2018. 软体机器人驱动研究现状[J]. 机器人,40(5)：648 – 659.

Aghili F, Ma O, Lampariello R, 2021. Robotic Manipulation and Capture in Space：A Survey[J]. Frontiers in Robotics and AI, 8(7), 686723.

Akin D L, Roberts B, Roderick S, et al. , 2006. MORPHbots：Lightweight Modular Self-Reconfigurable Robotics for Space Assembly, Inspection, and Servicing[R]. American Institute of Aeronautics and Astronautics, San Jose.

Barnhart D A, 2013. The Phoenix Project[R]. Report for the United Nations Committee on the Peaceful Uses of Outer Space, DARPA.

Cheng R Z, Liu Z X, Ma Z Q, et al. , 2021. Approach and Maneuver for Failed Spacecraft De-Tumbling via Space Teleoperation Robot System[J]. Acta Astronautica, 181：384 – 395.

Cianchetti M, Calisti M, Margheri L, et al. , 2015. Bioinspired Locomotion and Grasping in Water：The Soft Eight-Arm OCTOPUS Robot[J]. Bioinspir& Biomim, 10(3)：1 – 19.

Flores-Abad A, Ma O, Pham K, et al. , 2014. A Review of Space Robotics Technologies for On-Orbit Servicing [J]. Progress in Aerospace Sciences, 68：1 – 26.

Henry C, 2016. DARPA Seeking Private Partners for In-Orbit Servicing Program[R]. DARPA Report.

Kelm B E, Angielski J A, Butcher S T, 2008. FREND：Pushing the Envelope of Space Robotics[R]. Washington：Naval Research Laboratory.

Li W J, Chen D Y, Liu X G, et al. , 2019. On-Orbit Service of Spacecraft：A Review of Engineering Developments[J]. Progress in Aerospace Sciences, 108：32 – 120.

Liu X F, Zhang X Y, Cai G P, et al. , 2022. Capturing a Space Target Using a Flexible Space Robot [J]. Applied Sciences, 12, 984.

Ma O, 2004. On the Validation of a Hardware-in-the-Loop Simulation Facility for the Space Station Dexterous Manipulator：SPDM[C]. 11th World Congress in Mechanism and Machine Science, Tianjin.

Yang W W, Herrmann G, Chen X Q, et al. , 2010. Dynamic Gain Scheduled Control of a Satellite with a Robot Manipulator[C]. 3rd International Symposium on Systems and Control in Aeronautics and Astronautics, Harbin.

Zong G H, Zhang J W, Wang W, 2007. Runtime Reconfiguration of a Modular Mobile Robot with Serial and Parallel Mechanisms[C]. 2007 IEEE/RSJ International Conference on Intelligent Robots and Systems, San Diego.

第8章
在轨服务经济性

8.1 概　述

在轨服务可以实现航天器在轨寿命延长、任务重构与拓展,以及大型空间系统在轨组装构建等,关于在轨服务的经济性主要是要回答两类问题:① 对于传统航天器的在轨服务,需要确定"相比于新研一颗航天器,对现有航天器实施服务具有显著更高的效费比";② 对于在轨组装的大型航天器,"通过在轨组装构建而成的航天器所带来的经济效益,显著高于在轨组装构建所需要耗费的发射、运输、组装及后续运行过程中在轨维护的成本"。

对于在轨服务带来的显著经济性,易于理解的案例包括:① 20 世纪 80 至 90 年代,航天飞机多次完成对入轨失效或在轨故障卫星的修复,甚至是将故障卫星回收至地面维修后再次发射入轨,实现卫星预定应用目标;② 哈勃太空望远镜多次出现故障情况下通过在轨服务完成修复及升级,包括针对主镜缺陷的在轨服务、因陀螺故障整星面临失效时将第三次服务紧急拆分成 SM‑3A 和 SM‑3B 并提前实施等。NASA 曾发表公告称,"每一位纳税人只要付出观看一场电影的花费,就能获得哈勃 15 年的科学观测成果"。足以看出,哈勃太空望远镜在轨运行给全人类带来了巨大科学成就的共享,同时具有显著的经济价值,其运行成本与经济效益的分析已足够精细。

国内外早有学者开展在轨服务经济性研究。1998 年美国海军研究实验室分析指出,在轨服务可以实现卫星在整个生命周期内的成本降低达到 28%、有效载荷应用效益能提高一个数量级等。尽管如此,要具体量化在轨服务的经济性并不容易,主要有三个方面的原因。

(1) 成本构成复杂:在轨服务的系统体系架构相比于传统航天器要更加庞大,相应其成本构成也更为复杂,需要涵盖在轨服务各系统的地面研制、发射、在轨运输、在轨服务实施、大系统的自身运行、地面配套的基础设施等。

(2) 预先规划效益与在轨状态的不确定性:从经济性角度,在轨服务顶层架构设计时需要明确成本构成、预期应用效益等。客户航天器在轨运行过程中,存在多种因素的不确定性,特别是在轨故障难以准确预计等。尽管在轨服务可以提前制订计划内的各项服务方案,但实际在轨实施服务时往往和规划方案存在一定差异,主要原因是在轨服务实际实施的不同状态会导致客户航天器应用效益相应出现不确定性。综上,在轨服务效益、客户航天器自身应用效益以及由在轨服务所带来的经济增长等,将难以准确预计。

(3) 风险及政策因素:如前所述,地面模拟试验可在一定程度上验证在轨服务各航天器系统设计的正确性及合理性。由于航天器系统经历主动段环境,实际在轨服务实施时,各项操作相关的系统状态、部件状态、边界约束、协同通信及其时延影响等,加上在轨真空、高低温交变以及粒子辐照等环境,都会给在轨服务的实施带来一定风险,从而给在轨服务经济性设计和评价增加难度。此外,复杂的在轨服务任务还会受到国内外政策因素的影响。以航天器运行轨道及其避碰、通信干扰等影响因素为例,在执行转移运输服务时,需要提前考虑并纳入服务实施方案设计。

国外在研究在轨服务航天器各类系统及配套技术之初,就重视在轨服务的经济性,并将其作为整个系统体系架构的重要组成部分。在轨服务相关研究中,已有多种经济性分析方法相继提出,并已开展了一定的应用研究。国内在轨服务航天器技术研究与应用不断推进,在经济性方面的研究也逐渐取得进展。

本章概括总结在轨服务经济性的组成要素,阐述在轨服务经济性分析方法,并介绍典型应用案例。

8.2　经济性要素

8.2.1　成本与效益的定义

20世纪90年代,美国曾估算GEO军事卫星硬件模块在轨更换成本范围为5 000~50 000美元/磅。由于模块化特殊设计,ROSE项目500 kg量级的模块化平台硬件重量成本相比传统航天器增大42 kg。因此,ROSE项目提出将模块化设计推广至通用平台,以降低地面生产与测试成本。通过可接受服务的设计,ROSE项目分析显示,将降低传统航天器的冗余设计最大达到30%。哈勃太空望远镜五次在轨服务修复了主镜缺陷,通过平台设备及有效载荷维护延长了系统寿命,且显著提升有效载荷指标最大达到30倍。

基于上述应用案例分析可以看出,在研究在轨服务经济性之前,首先要确定成本效益、系统收益两个基本概念。

(1)成本效益:是指在选择一种行动方案而不是另一种行动方案时所避免或节约的成本消耗。对于在轨服务系统开发,为保证在轨服务的可实现性,必然要区别于传统航天器进行特殊的在轨服务适应性设计。因此,开发一颗航天器可能需要引起过多的成本消耗,例如服务接口的配置、一定程度的可维护设备的模块化设计等。但在另一方面,采用标准化的系统开发方法,通过模块化系统设计以及标准化接口配置等,地面测试和试验可在一定程度上实现标准化。因此,相比于传统航天器各部件定制化设计,以及相应的总装、集成和测试过程中的地面工装、测试设备等,在轨服务系统开发也将在上述成本方面实现节约。

(2)系统收益:是指系统在同样的生命周期内其设备的可用性,或者是通过延长系统的运行周期提高设备总的可用效能,从而为用户提供尽可能多的运行效益。在轨服务的各类操作均可产生直观的系统收益,包括通过维护操作完成运行周期内的设备维修或更换升级、延长在轨服役周期、组装构建形成新的航天器等。

8.2.2 经济性要素组成

分析在轨服务的经济性要素,需要考察典型的在轨服务系统的全周期特征,包括航天器系统设计、硬件加工和软件开发、地面集成测试、在轨服役运行、在轨服务实施等。

以开发某客户航天器并实施在轨服务为例,其系统开发有以下经济性考虑: ① 通过开发参数化设计程序实现了客户航天器系统快速设计与优化,给设计成本带来节约。② 标准的模块化设计促成了模块化结构、单机设备、集成接口等在一定程度上实现标准零部件设计与制造,地面测试可采用标准化工装及配套设备等,也节约了研制成本。③ 瞄准接受在轨服务,客户航天器可减少一定的冗余设计,降低可靠性设计成本。④ 模块化设计带来了结构、接口等数量和重量,相比于传统航天器基于主承力的集成结构设计及其相应连接接口布局,模块化设计将不利于结构机构的减重设计。⑤ 服务航天器以及必要的运输航天器的研制成本,与传统航天器研制思路接近,其自身在必要时的可接受服务设计,可参考上述关于客户航天器的设计成本分析。⑥ 服务航天器提供服务、运输航天器提供运输保障等,形成对于客户航天器带来的收益。

基于上述分析,概括总结在轨服务经济性要素的基本组成包括以下 7 个部分。

1) 设计成本

包括在轨服务体系中的各类航天器设计成本支出。同时,客户航天器的可接受服务设计促使冗余设计减少等所形成的成本节约,是设计方面的成本效益。

2) 生产成本

包括在轨服务体系各类航天器的软硬件开发或加工成本支出。同时,客户航天器等系统通过采用模块化设计促成的生产、地面集成等方面的标准化和批量化,形成生产过程的成本效益。

3) 测试与试验成本

包括在轨服务体系各类航天器的软硬件开发与集成所需要的测试与试验成本支出。同时,系统采用模块化设计实现地面测试与试验工装、设备等的标准化配套,从而形成测试与试验方面的成本效益。

4) 发射与运输成本

主要是在轨服务体系各类航天器发射、在轨转移或运输等所消耗的成本支出,例如服务航天器从停泊轨道离开、向客户航天器机动以及交会抵近、服务操作过程中的服务航天器所耗费的组合体姿轨控消耗等。对于在轨组装大型空间系统所需要的多次运输,需要完整分析地面、在轨的所有运输成本支出。对于在轨组装任务的多次运载需求,通过可重复使用天地运输系统可降低运输成本。

5) 在轨服务操作成本

主要是客户航天器所接受的各类维护和组装操作所引起的成本支出,包括机械臂操作、设备更换、废弃设备处置、操作过程中的风险处置等。通过做好任务需求分析与顶层规划优化、大型空间系统组构建的序列优化设计等,将会带来服务操作方面的成本效益。

6) 客户航天器运行收益

包括客户航天器通过服务实现的生命周期内有效载荷可用性保证、有效载荷性能提升、系统寿命延长等收益。

7）其他

主要是指在轨服务体系各类航天器研制、服务实施、在轨运行等全周期内的项目管理、在轨运行管理及其他保障成本支出,地面配套工装及服务航天器停泊待命期间设备折旧、航天器研制与运行耗费的保险成本支出等。

8.3　经济性分析方法

8.3.1　分析模型

在轨服务经济性分析是指通过特定的分析模型,依据航天器研制与运行周期预估各类成本和收益情况,为顶层架构设计与服务任务周期内的任务优化提供支撑。本节介绍几种常见的在轨服务经济性分析模型。

8.3.1.1　成本分析模型

在轨服务成本组成涵盖相关系统设计、生产集成、测试与试验直至发射与在轨运行等过程,其成本分析的理论模型主要有确定成本模型、随机成本模型、建设期初始成本、运营期成本、资产折旧成本等模型。

（1）确定成本模型:如式(8.1)所示,是指通过累计在轨服务各类系统自地面开发至最终在轨退役所涉及的各类支出现值,分析获得生命周期成本现值 PVLCC(present value of life cycle costs)。其中,n 为在轨服务项目的持续年份;d 为贴现率;S_n 为以固定年美元表示的给定年的实际支出。采用电子表格形式进行在轨服务航天器开发至应用全过程的成本计算,可快速确定给定成本体系结构的最大单年支出,最终生成系统生命周期的支出概要。

$$PVLCC = \sum_0^n \left(\frac{1}{1 + d^{n-1}} \cdot S_n \right) \tag{8.1}$$

（2）随机成本模型:基于确定成本模型,通过模拟航天器在轨运行及在轨服务需求,包括:① 正常服役周期结束、接替航天器研制及发射入轨和运行;② 按照预定的周期实施在轨服务;③ 预定周期以外的按需在轨服务等。基于 FORTRAN 程序并借助蒙特卡洛算法,可开发出更符合实际应用的随机成本模型 SATCAV(satellite cost and availability model)。美国海军研究实验室和 NASA 马歇尔航天飞行中心在进行在轨服务成本分析时均应用了随机成本模型 SATCAV。

（3）建设期初始成本:初始成本 C_0 是建立特定卫星服务体系架构的固定初始投资,包括服务航天器的制造成本 C_{SP} （包括客户航天器采用模块化设计时区分于传统航天器的设计与制造成本支出等）、服务航天器的发射成本 C_{LV} 和任务保险费 C_{IO}。 初始成本通常与航天器重量、有效载荷类型、技术成熟度和当地劳动力价格水平等因素有关。

$$C_0 = C_{SP} + C_{LV} + C_{IO} \tag{8.2}$$

（4）运营期成本：运营支出成本 C_{payout} 是与特定在轨服务相关的必要现金支付成本，通常与在轨服务收益直接相关。运营支出成本主要由服务航天器基础运行成本 C_{OP} 和特定服务任务的保险费 C_{I} 组成。C_{OP} 可按在轨服务收益的比例来衡量，而 C_{I} 则被认为是支付卫星业务运营风险的费用，可通过具体服务任务的成功概率和服务任务收益来估算。可以看出，如果服务任务成功概率为 1，则保险费为零。

$$C_{\text{payout}} = C_{\text{OP}} + C_{\text{I}} \tag{8.3}$$

$$C_{\text{I}} = \left(1 - \prod p_i\right) V \tag{8.4}$$

（5）资产折旧成本：航天器及其配套系统开发是一种资产体现。根据相关会计政策，资产折旧计算有两种方法：直线法和加速法。一般采用加速折旧法估算特定在轨服务任务配套系统的资产折旧成本 C_{DE}。

$$C_{\text{DE}} = \frac{(C_0 - C_{\text{R}})(N - m + 1)}{N(N + 1)/2} t \quad t \in [0, 1] \tag{8.5}$$

其中，N 是资产的经济寿命周期（以年为单位），通常等于或短于在役航天器的使用寿命；m 是从 1 到 N 的自然数，表示折旧年份，与在役航天器的任务周期相对应；t 是特定任务所需的时间（以年为单位）；C_{R} 是任务期间的在轨服务收益，可由式（8.11）得出；C_0 为在轨服务配套系统建设的初始成本，见式（8.2）。对于多个服务配套系统，应按上述方法分别计算各系统资产的折旧。此外，计算出的资产折旧成本需要根据具体服务任务对各配套系统的使用情况进行合理分配。

8.3.1.2　财务评估模型

现金流及其净现值分析、实物期权法是财务评估模型的主要形式。现金流预估模型采用式（8.6），其中 PV（present value）是现金流的现值，r 是贴现率，t 是获得现金流收益的时间。在 PV 的分析基础上，净现值 NPV（net present value）是系统生命周期内的累计现值预估值。

$$\text{PV} = \frac{\text{Cash Flow}}{(1 + r)^t} \tag{8.6}$$

$$\text{NPV} = \sum_1^n \frac{C_t}{(1 + r)^t} \tag{8.7}$$

实物期权法是一种实物资产的基于金融期权定价理论的财务估值技术，如式（8.8）所示为 Black-Scholes 公式。其中，P 为期权股价，是在轨服务未来收益带来的现值；r_0 为无风险利率；K 为期权的行使价格，是在轨服务所有成本支出的总和；t 是指达到任务成熟实施的时间；σ 为股票利率反馈的每期股价波动；N 为累积正态分布函数。

$$V_{\text{option}} = P \times N(d_1) - Ke^{-rT}N(d_2) \tag{8.8}$$

$$d_1 = \frac{\dfrac{\ln P}{K} + \left(r_0 + \dfrac{\sigma^2}{2}\right)t}{\sigma\sqrt{t}} \tag{8.9}$$

$$d_2 = d_1 - \sigma \sqrt{t} \tag{8.10}$$

8.3.1.3 效益分析模型

服务航天器对客户航天器进行在轨服务,所获得在轨服务效益 C_R 按式(8.11)进行分析。其中, r_{reuse} 为净残值率,取值从 0 到 1; m_{reuse} 是再利用部件的质量; m_0 为维修航天器的初始干质量; C_{dis} 为处置费用,包括客户航天器报废后的离轨处置。

$$C_R = r_{reuse} C_0 \frac{m_{reuse}}{m_0} - C_{dis} \tag{8.11}$$

8.3.2 软件工具

在 80 年代末期,NASA 和美国空军联合开发飞行器硬件参数评估工具(NASA/Air Force Cost Model, NAFCOM,图 8.1)。NAFCOM 以工作分解结构(work branch structure, WBS)和航天器系统及其组件功能设定为基础,适用于子系统、组件及系统级参数评估。NASA 关于航天器研制与运行项目的 WBS 主要包含 11 个子模块:项目管理、系统工程、安全与任务保证、科学与技术、有效载荷、航天器系统、在轨操作任务(特指可执行机器人操作的航天器)、运载火箭及其相关运输服务、地面系统、地面集成与试验、教育培训与公共服务。自 1989 年建立 NAFCOM 项目文档数据库 V1 版本以来,NASA 于 1993 年首次推出自动计算数据平台,并在此后应用过程中不断升级版本(图 8.2)。其中,基于 WBS 构建了一套包含多个数据节点的参数数据库,当时在 1990 年的数据节点数量为 65 个,到 2002 年已扩展至 122 个。NAFCOM 这套数据库涵盖了 76 个地球轨道无人航天器、24 个深空与行星探测器、11 个不同类型的运载火箭、8 个载人航天器、3 个特殊的推进系统,为平台服务于各类航天器全生命周期的经济性评估提供最为完整、直接的数据支撑。

图 8.1 NAFCOM 软件基础界面(图片来源:NAFCOM 报告,2002)

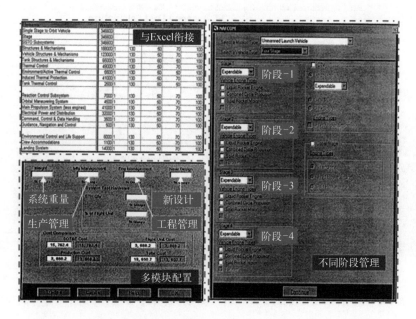

图 8.2　NAFCOM 软件运行界面(图片来源：NAFCOM 报告,2002)

NAFCOM 软件具有以下特点：

（1）可有效集成多个分系统的参数设置：NAFCOM 可以覆盖航天器生命周期多种成本参数,并兼顾各项成本的权重设置以及技术与管理两大类成本特性；

（2）基于航天器系统开发与运行时间进程,完成成本与技术参数配置；

（3）以研制阶段或生命周期进行成本估算,并具体分摊到分系统或单机；

（4）以系统重量、生产管理、工程管理、新设计、系统测试配套等多个模块对研制过程中的成本参数进行动态管理；

（5）独立的推进系统参数配置模块,突出天/地、轨道间的运输成本；

（6）软件运行与简洁化的 Excel 表格无缝衔接。

为解决空间飞行计划和项目管理要求中的政策指令(NASA Policy Directive, NPD)第 7120.5E 条款各要素全覆盖问题(NPD 7120.5E),基于 NAFCOM 的开发与应用,NASA 在 2010 年之后开发了一套改进的项目成本评估软件(project cost estimating capability, PCEC)。PCEC 旨在以要素全覆盖的 WBS 及其自动化运行能力满足不同飞行任务的成本估算需求,同时可并行研究成本估算的影响要素及其规律。PCEC 的操作界面简洁、适应性强,通过模块化的开源体系结构可以与现有成熟软件进行衔接(图 8.3)。PCEC 的核心数据模块是通过 NASA 安全防火墙进行可靠防护。

NAFCOM 和 PCEC 是航天任务成本分析的有效手段,其同样适用于在轨服务航天器项目,NASA 于 20 世纪 90 年代正是应用 NAFCOM 开展了在轨服务经济性评价研究和应用。对于在轨服务领域的实际项目成本评估,可结合在轨服务成本分析的各类模型及相关参数设置,对分析工具的特定模块进行适应性修改,最终完成适用于特定在轨服务任务的经济性评估。

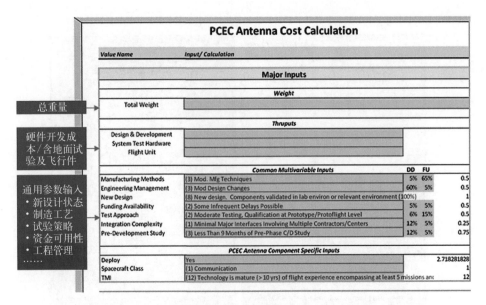

图 8.3　某项目天线系统的 PCEC 输入模块界面（图片来源：Prince et al. , 2014）

8.4　典　型　应　用

按照前述章节关于在轨服务系统的介绍，在轨服务从任务需求维度主要包括在轨维护、在轨组装两个类型。本节选取卫星在轨服务（以 GEO 通信卫星为例）、空间太阳能电站组装构建与运行为代表的在轨组装大型空间系统两个任务，作为在轨服务领域经济性分析的典型案例。通过阐述特定任务背景下在轨服务系统开发及任务实施的成本与收益要素，为在轨服务经济性分析与推广应用提供参考。

8.4.1　卫星在轨服务

针对美国诺格公司于 2020 年 2 月实施的 MEV－1 卫星在轨服务任务，中国空间技术研究院在轨服务团队分析研究了卫星在轨服务的经济性特征。基于实物期权法和净现值 NPV 分析模型，见式（8.6）~式（8.10），分析获得了 MEV－1 卫星提供服务的成本体系。根据在轨服务目标，MEV－1 卫星在轨服务的可接受价格区间得以构建，包括定量的最高服务价格、最低服务价格。经济性分析所应用的 MEV－1 卫星相关参数如表 8.1 所示，并采用以下假设，MEV－1 卫星及其客户卫星的所有成本均发生在任务初期，客户航天器接受服务后的收益定义是发生于在轨服务任务实施后。

研究发现，新的卫星运行收益较当前卫星状态提高 10%。对于当前 MEV－1 卫星研制成本及其服务运行规划，如果新研一颗替代卫星的成本超过 2.42 亿美元，此时在轨服务价值超过新研替代卫星方案，评估显示 901 号通信卫星新研替代卫星的成本将达到 3.16 亿美元。因此，客户卫星的研制成本越高，在轨服务的商业可行性越强，在轨服务对于类似的 GEO 轨道用户具有良好的商业应用前景。此外，根据在轨服务的可接受价格区间，可为类似在轨服务任务的商业可行性分析提供参考。

表 8.1　MEV‑1 卫星参数(表格来源: Liu et al. , 2021)

参　数　项	数　值
901 号通信卫星 Ku、C 波段转发器数量	68
每个转发器收益	111.6 万美元/年
901 号通信卫星延寿时间	5 年
901 号通信卫星延寿成本	1 300 万美元/年
MEV‑1 卫星重量	2 326 kg
MEV‑1 卫星运行寿命	15 年
MEV‑1 卫星折旧期	15 年
MEV‑1 卫星开发成本	8 000 万美元
MEV‑1 卫星发射成本	1 亿 2 600 万美元

8.4.2　在轨组装大型空间系统

针对多旋转关节空间太阳能电站方案(MR‑SPS,图 8.4),钱学森空间技术实验室分析研究了电站系统组装构建及运行的成本和效益,以评估电站运行产生单位电量的基础成本。空间太阳能电站系统整个生命周期可划分为 6 个阶段:规划与设计、研制、发射与运输部署、组装与测试、运行与维护、关闭与再利用。

图 8.4　MR‑SPS 空间太阳能电站方案(图片来源:侯欣宾等,2020)

空间太阳能电站系统的设计参数主要包括:① 发电功率 1 GW(平均功率);② 系统效率 13%;③ 系统运行寿命 30 年;④ 运输轨道包括两个部分:地面‑LEO、LEO‑GEO;⑤ 运行轨道为 GEO;⑥ 发射及转移运输能力:对应两个运输轨道均为最大 100 t/次;⑦ 运输成本: 5 亿元/次(地面‑LEO)、1 亿元/次(LEO‑GEO,包括轨道转移运输飞行器的折价成本);⑧ 发射及组装周期 1 年;⑨ 地面接收天线尺寸 5 km。

　　通过净现值 NPV 分析模型,确定空间太阳能电站系统各组成部分在 6 个阶段的成本构成,包括主要成本、次要成本、无成本、负成本等。其中,负成本是指电站系统相关部分可以再利用以增加价值。表 8.2 的分析结果显示,空间太阳能电站系统在轨组装构建及运行维护总成本约 2 520 亿元,其中发射及运输成本总计 900 亿元,占比 35.7%。按运行 30 年计算,电站系统总的发电量约 2 400 亿度。计算可知,空间太阳能电站系统运行获得的地面单位电量的成本约为 1 元每度电。

表 8.2　空间太阳能电站系统的成本组成(表格来源:侯欣宾等,2020)

		规划与设计	研制	发射与运输部署	组装与测试	运行与维护	关闭与再利用
地面段	整流天线	○	△	□	○	○	◇
	连接电网	○	△	□	○	○	◇
	地面控制中心	○	○	□	○	○	○
空间段	太阳能收集与转换分系统	○	△	△	△	△	○
	电力传输与管理分系统	○	△	△	△	△	○
	微波无线能量传输分系统	○	△	△	△	△	○
	结构分系统	○	△	△	△	○	◇
	姿态与轨道控制分系统	○	△	△	△	△	○
	热控分系统	○	△	○	○	○	○
	信息与系统运行管理分系统	○	△	○	△	△	○

备注: △—主要成本;○—次要成本;□—无成本;◇—负成本(可再利用)

8.5　小　　结

　　在轨服务系统开发与应用过程中,经济性因素及相应的设计应贯穿始终,归纳起来有以下三个方面需要关注。

　　(1) 在轨服务经济性研究是回答在轨服务必要性与可用性的前提,是在轨服务体系架构的组成部分之一。在轨服务经济性组成要素中,除常规的航天器开发与运营成本及收益之外,须重点关注特殊设计引入的成本与收益、在轨服务大系统的研制与运行成本,以及客户航天器接受在轨服务带来的运营收益。

　　(2) 基于航天器系统设计至在轨运营整个生命周期的经济性分析模型,有必要开发一套经济性分析工具,兼顾航天器系统开发与在轨服务独特的成本与收益计算方法。

　　(3) 典型案例表明,在轨服务提高了客户航天器载荷设备可用性、通过延长服役周期显著带来收益。系统开发至在轨运营全过程需要关注各种降成本措施,特别是对于占比突出的运输成本,应考虑服务航天器一次服务实现多项任务操作、运输航天器采用合理的推进体制等。因此,降低运输成本占比、开发低成本运输手段包括可重复使用天地运输系统等,将是构建经济型在轨服务体系的关键组成。

参 考 文 献

侯欣宾,王立,张兴华,2020. 空间太阳能电站概论[M]. 北京:中国宇航出版社.

王冀莲,王功波,杜辉,等,2020. 面向空间环境治理的在轨服务空间法问题研究[J]. 空间碎片研究,20(2):7-13.

Builteman H O, 1982. Analysis of Satellite Servicing Cost Benefits [R]. Lockheed Missiles & Space Company INC.

Chebotarev V E, Vnukov A A, 2018. Cost Efficiency Analysis of Space Debris Removal from Geostationary Orbit Using Service Spacecraft[J]. Advances in Engineering Research, 158:73-76.

Davinic N, Arkus A, Chappie S, 1998. Cost-Benefit Analysis of On-Orbit Satellite Servicing[J]. Journal of Reducing Space Mission Cost, 1:27-52.

Enright J, Jilla C, Miller D, 1998. Modularity and Spacecraft Cost[J]. Journal of Reducing Space Mission Cost, 1:133-158.

Galabova K K, Weck O L de, 2006. Economic Case for the Retirement of Geosynchronous Communication Satellites via Space Tugs[J]. Acta Astronautica, 58:485-498.

Graham A R, Kingston J, 2015. Assessment of the Commercial Viability of Selected Options for On-Orbit Servicing (OOS)[J]. Acta Astronautica, 117:38-48.

Hastings D E, Putbrese B L, Tour P A La, 2016. When will On-Orbit Servicing be Part of the Space Enterprise? [J]. Acta Astronautica, 127:655-666.

Hayes S, Jacobs M, 2015. Mining for Cost Estimating Relations from Limited Complex Data[R]. Report for NASA Robotic Earth/Space Science Projects, ICEAA Workshop.

Lamassource E, Hastings D E, 2001. A Framework to Account for Flexibility in Modeling the Value of On-Orbit Servicing for Space Systems[R]. MIT Report.

Li W J, Chen D Y, Liu X G, et al., 2019. On-Orbit Service of Spacecraft: A Review of Engineering Developments[J]. Progress in Aerospace Sciences, 108:32-120.

Liu Y, Zhao Y, Tan C, et al., 2021. Economic Value Analysis of On-Orbit Servicing for Geosynchronous Communication Satellites[J]. Acta Astronautica, 180:176-188.

Long A M, 2005. Framework for Evaluating Customer Value and the Feasibility of Servicing Architectures for On-Orbit Satellite Servicing[D]. Dissertation for B. S. Aerospace Engineering, University of Maryland.

Long A M, Richards M G, Hastings D E, 2007. On-Orbit Servicing: A New Value Proposition for Satellite Design and Operation[J]. Journal of Spacecraft and Rockets, 44(4):964-976.

Manger W P, Curtis H O, 1984. Simplified Parametric Cost Trade-offs in Satellite System Design[J]. Acta Astronautica, 11(12):795-802.

McVey M E, Warmkessel J, 2003. Valuation Techniques for Complex Space Systems: An Analysis of a Potential Satellite Servicing Market [C]. 41st Aerospace Sciences Meeting and Exhibit, AIAA 2003-1331.

Prince A, Alford B, Boswell B, et al., 2014. Development of a Project Cost Estimating Capability[R].

ICEAA Report.

Saleh J H, Lamassoure E S, Hastings D E, 2003. Flexibility and the Value of On-Orbit Servicing: New Customer-Centric Perspective[J]. Journal of Spacecraft and Rockets, 40(2): 279 - 291.

Science Applications International Corporation, 2002. NASA/Air Force Cost Model NAFCOM[R]. Propulsion for Space Transportation of the 21st Century.

Space Systems/Loral, 1990. Final Technical Report Satellite Servicing Economic Study [R]. Report NAS8 - 38142.

Sullivan B R, 2005. Technical and Economic Feasibility of Telerobotic On-Orbit Satellite Servicing[D]. City of College Park: University of Maryland.

Sullivan B R, Akin D L, Roesler G, 2015. A Parametric Investigation of Satellite Servicing Requirements Revenues, and Options in Geostationary Orbit [C]. AIAA SPACE 2015 Conference and Exposition, Pasadena.

Trivailo O, Sippel M, Şekercioğlu Y A, 2012. Review of Hardware Cost Estimation Methods, Models and Tools Applied to Early Phases of Space Mission Planning[J]. Progress in Aerospace Sciences, 53: 1 - 17.

Waltz D, 1993. On-Orbit Servicing of Space Systems (Orbit a Foundation)[M]. Malabar: Krieger Publishing Company.

第9章
展　望

早在 1962 年,钱学森在《星际航行概论》中展望了"星际航行进一步发展的几个问题"。首先,预示了基于在轨装配完成"卫星式星际航行站"的建造,并阐述在轨装配所需的多次运载火箭运输、轨道选择,以及地月空间交通等。其次,提出了利用在轨装配构建大型天线载荷可以提高"通讯效率",以及月面建造及其资源利用等。最后,阐明了需要考虑从系统在轨构建至运行的经济性问题。从本书前述内容可以看出,人类探索太空的步伐不断向前,自 1957 年第一颗人造地球卫星发射升空以来,各个领域航天器系统发展在一定程度上印证了钱学森的高瞻远瞩。

随着人民对物质生活和精神生活美好向往的不断攀升,人类探索太空的步伐不断加快,对航天器长寿命、低成本、高效能和航天产业发展新业态提出了更高的要求,在轨服务未来将在应用领域拓宽、新概念系统开发和新技术应用方面迎来更为广阔的发展前景。

9.1　应用前景分析

在轨服务自概念提出以来已取得丰富进展。特别是在近十年,得益于空间机器人技术进步,在轨服务各领域的研究突飞猛进。2020 年诺格公司 MEV 商业在轨服务任务的成功实施,实现了退役卫星恢复运行,将在轨服务系统开发与应用推向新高潮。国外学者对在轨服务的应用前景纷纷开展了研究,如图 9.1 所示,主要包括以下领域:小行星重定向、人造重力飞行器、在轨停泊站、高分辨率空间望远镜、行星表面原位制造、太阳能电推进、大型遮光罩、大型再入减速系统。2013 年 NASA 将机器人在轨服务纳入未来空间领域九大颠覆性技术之一,与激光通信技术、深空原子钟技术等并列。

本节对在轨服务领域的未来应用前景进行预测分析,主要包括地球轨道卫星系统的服务、大型空间系统的在轨组装与服务、行星表面的系统构建与服务三个方面。这些新的应用前景又将牵引并推动在轨服务领域的新概念系统、新技术开发与应用的发展。

(1) 地球轨道卫星系统的服务:未来围绕地球轨道卫星系统的服务应用,针对同一轨道面进行"一对多"的服务将是最为经济的服务模式。首先从服务任务实施的角度,预计将包括以下六个方面:① 针对初始入轨故障进行的转移运输或辅助入轨;② 卫星寿命

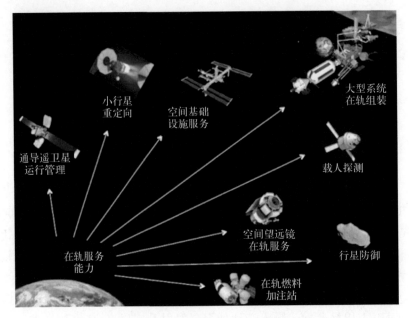

图 9.1　在轨服务应用前景展望（图片来源：Reed，2015）

期间常规的维护与升级、应急状态的维修；③ 卫星有效载荷规模的在轨扩展；④ 卫星在轨运行期间的系统重构、故障卫星部件再利用；⑤ 卫星寿命末期或失效卫星的辅助离轨、空间碎片清理、小行星重定向任务中的目标处置等。另外从在轨服务体系角度，预计可构建更为完整的在轨服务系统，主要包括：支持多次加注服务的太空燃料站、满足多种任务类型的大型服务平台、适应不同运输需求的轨道转移飞行器等。

（2）大型空间系统的在轨组装与服务：空间机器人在轨组装技术发展将缓解运载火箭能力约束的问题，百米甚至更大尺寸的空间系统开发有望成为现实。面向大尺寸空间系统的应用需求，在轨组装将颠覆传统航天器的研制模式，可避免航天器系统设计与地面验证中的各类难题。通过组装序列优化设计，获得系统各组成部分的分批次发射方案，最终通过在轨组装构建形成大型空间系统。系统在轨组装并实现运行之后，可以通过在轨服务对系统进行维护、升级或重构等。面向大型电推进系统、高分辨率空间望远镜、小行星防御与处置等应用，大型空间系统在轨组装与服务技术都将发挥关键作用。

（3）行星表面的系统构建与服务：随着金属、复合材料等各类材料的在轨制造技术发展，地外天体原位制造有望从概念发展成为现实，如图 9.2 所示。在此基础上，首先是地外天体的无人探测技术将得到极大的促进，其次是可以实现在开展载人探测之前、地外天体的系统性探测，最后将为地外天体表面的载人探测和长期驻留提供重要支撑。因此，依托卫星在轨服务及由此发展起来的在轨组装和在轨制造技术，未来地外天体的探测基地建设、载人移民工程等梦想终将取得突破。

图9.2　行星表面系统制造构建(图片来源: Belvin et al. , 2016)

9.2　新概念系统展望

1)客户航天器领域

对于客户航天器,模块化仍将是易于接受服务、实现大型空间系统在轨组装构建的主要特征。模块化设计所体现的开放特征、相应的标准化接口配置等,帮助实现客户航天器在轨接受服务的便捷性。从服务航天器角度,其相应配套与工具支撑等也易于实现标准化和系列化。

对于大型航天器系统,模块化设计将为系统开发与在轨应用带来更为广泛的发展空间。首先,通过模块化设计和在轨组装构建,十米甚至百米及以上量级的航天器开发成为可能,典型系统包括超大口径的对地遥感卫星、空间望远镜系统及面向新型能源利用的空间太阳能电站等。其次,大型服务平台在轨构建需要依托模块化设计及其在轨组装技术,包括从传统的在轨服务发展至空间后勤保障系统,将为航天器提供更为广泛且灵活的服务保障,并且服务平台自身也将具有良好的接受服务能力,以实现在轨长期运行与提供在轨服务。最后,对于成本高、难度大的深空探测任务,利用先进推进系统和模块化设计与在轨组装技术,可实现"一个组合体实现多类探测任务"的深空探测新模式。图9.3所示为基于模块化在轨组装的火星多任务探测器设想,系统首先是在地球轨道完成组装形成庞大的探测器组合体,在到达火星轨道后完成探测器子模块的分离与各自探测任务实施。最终,一个组合体同时实现火星全球遥感探测、火星大气详查探测、火星表面着陆巡视探测、火星轨道中继通信等多个任务目标。

2)服务航天器领域

首先,随着空间机器人技术发展,单臂或双臂服务航天器的配置与服务模式将逐渐向多臂协同方向发展。多机器人协同操作不仅可实现服务航天器交会抵近时的捕获对接更为便捷、可靠,同时多机器人协同方式为操控服务的任务规划、最优路径设计提供保障,并可实现多个服务任务协同进行。应用可移动机器人,服务航天器的操控范围与服务任务的可设计性等都将得到提升。

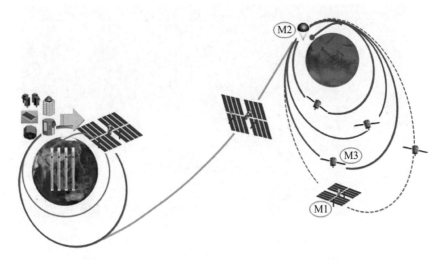

图 9.3 基于模块化在轨组装的火星多任务探测器及其任务设想(图片来源：刘华伟等,2019)

其次,服务航天器发展的重要方向之一将是从单星服务发展为基于大型服务平台的面向多星、多任务服务。通过服务平台设施配套,可为客户航天器进驻后在一定程度上提供"按需服务"。

再次,未来面向深空探测的在轨服务也将是一个发展方向。通过构建深空服务站,如美国的深空门户 DSG 系统,自 2002 年报道以来开展了多种模式的系统设计。除了近年来发展的载人登月保障系统设计之外,深空门户 DSG 系统针对深空服务需求开展了多种平台概念研究。通过装载配套的服务航天器 SCOUT,可为相邻深空轨道上的其他探测器提供服务(图 9.4)。

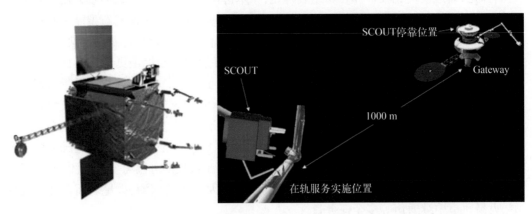

图 9.4 服务航天器多臂系统配置及基于 Gateway 平台的深空在轨服务设想
(图片来源：NASA 报告,2010;马里兰大学报告,2003)

最后,服务航天器的一个重要应用领域是故障或失效航天器等空间碎片的清理移除。随着空间碎片问题日益突出,借助服务航天器的各类有效载荷,例如机械臂、飞网、鱼叉式、爪式以及帆式装置等,可为人类探索太空的良好轨道环境提供保障。2020 年 11 月香山会议提出,将太空活动治理纳入国家治理体系。在轨服务潜在的政策法律问题逐渐得到关注,我国学者提出了在轨服务空间法问题的基础架构。

3) 运输航天器领域

运输航天器涵盖近地空间、地月空间、行星空间的不同应用。运输航天器领域的新系统开发重点在于低成本、高效率。天地运输能力需要提升,并且轨道间转移运输时应关注先进推进系统的开发,包括利用化学推进的大范围快速机动、利用电推进实现空间系统的高效运输。

对于近地空间运输,首先需要开发大推力的运载火箭,以显著提升天地运输能力,包括开发"航班化"、低成本重复使用的天地运输、轨道转移运输系统等。其次,运输航天器为在轨服务提供运输保障时,往往应兼顾一部分的提供服务以及接受服务的能力。

对于地月空间运输,随着"地月经济"的概念提出和相关新系统研发,"航班化"的地月轨道运输将促进地月空间的探测任务发展。应用"航班化"地月运输,不仅可以拓展当前相对单一的地月空间航天器部署及探测任务,还可以推动地月空间在轨转移运输等各项在轨服务任务发展。

对于行星空间运输,需要开发新型的轨道运输系统。图9.5为火星探测运输航天器和深空多任务转移运输航天器,突出特征包括大尺寸、功能多样化,其自身需要通过在轨组装构建完成,并且具备良好的接受服务特征等。

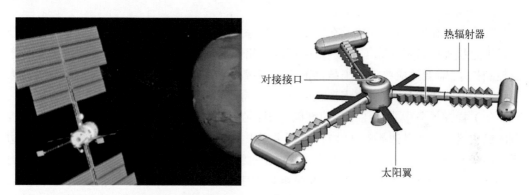

图9.5 行星空间轨道运输系统设想(图片来源:Rucker 和 Connolly,2018;Adams et al.,2017)

9.3 新技术应用展望

1) 机械系统技术领域

为适应更宽范围接受在轨服务,模块化设计技术将是客户航天器机械系统技术发展的主要特征。模块化设计需要兼顾效费比,瞄准新技术应用与在轨任务实施目标,模块化设计应与其他各单项技术及其技术成熟度的演进状态进行综合考虑。

标准接口技术和机械系统的模块化设计相配套,应在标准化、系列化发展的基础上着重考虑低成本设计。标准接口既要满足机械连接刚度、不同阶段承载需求、电源和信息等多功能集成连接的精度与可靠性要求,还需要通过设计优化,以较低成本实现标准接口的

图 9.6　在轨可更换单元标准接口的多功能集成设计

多功能集成设计,如图 9.6 所示。

对于服务航天器的各类捕获对接装置,不仅要借助先进机构技术的发展,还要关注新型捕获机构的原理创新、新型功能材料技术的应用,包括应用形状记忆材料或大变形复合材料技术的可变结构概念、利用微小卫星与可展收桁架相结合等开发新型捕获装置。在轨服务系统大规模开发与应用之前,对于当前已经在轨运行的各类传统航天器将逐步面临退役或失效,如何利用传统航天器上的已有特征部位(如星箭对接环、发动机喷管等)开发一套简单而实用的抓捕机构,也是机械系统技术发展的热点。

对于在轨组装以及逐步发展的在轨制造领域,基于在轨等材、增材及减材各类制造的部件加工工艺、对在轨航天器各类部件的重复利用等,将是不同于当前机械系统开发且值得持续研究的技术问题。

2) 机器人系统及其操控技术领域

加拿大机械臂一代、二代及在研的下一代系统 Canadarm3 可为分析在轨服务操控技术发展趋势提供参考。除了负载、末端精度等相关指标提升,机械臂系统发展的关键在于其控制技术,需要适应要求越来越高的服务操控任务。由机械臂发展起来的服务机器人系统的控制将更为复杂,主要表现在以下三个方面。

(1) 操控任务中非线性参数的准确辨识:在轨服务各类操控任务过程中,机器人控制的最大挑战在于其边界非线性特征,其主要来源于两个方面。首先,是非线性的外部边界。服务航天器实施在轨加注、模块更换、在轨组装等各类服务任务时,将引起系统动力学特性变化。特别是大型空间系统在轨组装构建过程中,系统动力学特性变化更为复杂,主要表现为:① 组装过程中系统体积和质量都在不断发生变化;② 机器人操作时的移动带来系统质量特性变化,对于大型柔性天线等较大面质比系统组装任务则更加突出;③ 在轨组装部件搬运导致的系统质量特性变化等。其次,是非线性的内部边界。在服务操控过程中,机器人系统基座至末端的各类运动部件运动、末端操控时的振动等,都将产生不同程度的非线性。由以上内、外部边界的非线性引起的动力学特性变化,需要机器人系统进行合理辨识,指导其控制策略自主调整与优化。此外,还须关注目标位姿感知手段、测量数据处理、力传感器应用、测量信息反馈等可能产生的影响。

(2) 多机器人协同操控的发展:随着在轨服务任务特别是大型复杂航天器在轨组装需求的发展,多机器人系统逐渐成为在轨服务操控领域的应用热点,由此产生的包括集群机器人、机器人簇的协同控制问题需要进行重点关注。首先,应在操控任务规划层面结合应用广泛的能力和路径优化及罚函数等方法,获得综合收益与能耗相对较优的操控路径模型;其次,应基于单一或多种浮动底座和操控末端耦合条件,构建具有拓扑结构的多机器人动力学模型;最后,充分应用基于深度学习及其深度神经网络体系架构,合理开发控制算法,为在轨服务制定相对较优的控制策略。

（3）服务机器人呈现新形态:随着服务机器人技术发展,其物理形态也已从传统的"臂+末端"形态发生显著变化,包括加拿大二代臂的移动底座、灵巧手末端,以及多臂、多灵巧手、欠驱动手爪、仿生软体机器人等(图 9.7)。服务机器人物理形态变化的根本目的在于,适应各类复杂的在轨操控任务需求。从功能实现角度,未来新型服务机器人的基本组成仍将包括机械臂等大范围移动部件、运动关节、末端工具、感知测量装置等。

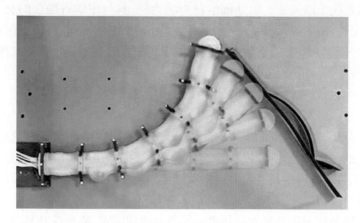

图 9.7 麻省理工学院研发的软体机械手(图片来源: Santina et al. , 2018)

3）姿态与轨道控制技术领域

姿态控制技术为在轨服务提供重要保障,其核心在于服务目标的参数辨识以及相应的控制算法等。应用较为广泛的控制算法主要有卡尔曼滤波、扩展的卡尔曼滤波、可变状态维数估值、动态补偿滤波等。此外,基于二阶非线性动力学的多智能体特性拓扑、基于深度学习的卷积神经网络模型等,也是姿态控制算法的研究热点。在轨道控制方面,需要关注基于相对距离、燃料成本、交会时间等 GNC 多方面寻优的最佳交会轨道设计。

基于上述姿态和轨道控制技术开发,结合交会与抵近对接整个过程中的各类传感器应用,最终获得在轨服务全过程航天器姿态与轨道控制的最优方案。

4）人工智能技术领域

人工智能技术将助力在轨服务任务发展,其典型应用包括在轨交会对接及服务操控过程中的智能控制、交会对接与服务操控时的各类测量与识别等。人工智能技术的关键在于算法开发与应用,而其围绕特定应用的前期训练库建立以及各种复杂工况下的模拟训练和学习等,成为人工智能技术优势发挥的核心。随着在轨服务新型航天器系统需求不断提升,人工智能技术将广泛应用到航天器设计、制造、测试与试验,以及在轨运行等多项工程开发任务。

在轨服务与传统航天器的最大不同在于其在轨状态"变"的特性,利用数字孪生技术构建一套"平行系统",可对系统状态进行实时高保真的评估以及对后续状态进行精准预测。因此,平行系统技术将是未来在轨服务系统技术发展的重要方向。发展平行系统所亟须的关键支撑技术包括人工智能算法、先进传感、低延迟或容延迟网络、海量信息存储与处理等。

5）其他技术

除上述提及的几项技术之外，未来在轨服务发展也应关注其他相关技术领域，包括先进的电推进技术，在轨加注所需的先进推进剂管理、加注接口技术，运输航天器先进推进系统技术，在轨制造实现系统构建所需的成型工艺空间环境适应性、新材料及其构件性能在轨评价技术等。在轨服务系统发展并不一味追求新技术，它可以是现有航天器各项支撑技术的"组合式创新"，并在一定范围、结合技术成熟度应用新技术。与此同时，基础与前沿技术发展也应予以关注。以基础学科力学为例，其与多学科融合的交叉力学覆盖介质交叉、层次交叉、刚柔交叉和质智（物质和智慧）交叉四个方面，将极大促进甚至革新材料与器件技术开发与应用，为在轨服务航天器系统的长远发展提供重要支撑。

9.4 结 束 语

通过预测分析，在轨服务的未来应用前景广阔，主要包括地球轨道卫星系统的服务、大型空间系统的在轨组装与服务、行星表面的系统构建与服务。在轨服务领域各类系统开发过程中，相关基础科学研究与一大批关键技术攻关也将得到牵引，最终服务于新型航天器系统发展与应用。

基于在轨服务航天器及其支撑技术的发展与应用需求，模块化及其基础上的标准化、系列化设计将是在轨服务各类系统发展的突出特征，高效益、低成本是在轨服务各类系统开发和应用的出发点和落脚点。

时至今日，距离在轨装配、在轨服务概念提出已有六十载。尽管哈勃太空望远镜和我国空间站等航天器实现了部分的在轨服务系统开发与应用，并取得示范性效果，但是从在轨服务的探索历程和发展前景来看，未来在轨服务领域发展空间巨大、任务挑战艰巨，亟须人类加大投入并持续推动。

参 考 文 献

包为民，2018. 发展太空经济走向地月空间[J]. 高科技与产业化，270：10-13.

包为民，2018-12-13. 开发地月空间经济区新业态[N]. 中国科学报.

包为民，祁振强，张玉，2020. 智能控制技术发展的思考[J]. 中国科学：信息科学，50(8)：1267-1272.

包为民，汪小卫，2021. 航班化航天运输系统发展展望[J]. 宇航总体技术，5(3)：1-6.

陈小前，张翔，黄奕勇，等，2022. 卫星在轨加注技术[M]. 北京：科学出版社.

韩伟，姜志杰，黄奕勇，等，2019. 面向小型自主航天器的锥-杆式对接机构锥面构型设计[J]. 空间科学学报，39(2)：228-232.

刘华伟，李伟杰，田百义，等，2019. 基于在轨组装维护的模块化深空探测器技术进展与应用研究[J]. 深空探测学报，6(6)：595-602.

刘华伟，田百义，呼延奇，等，2021. 一种火星多任务探测器系统概念设计[J]. 无人系统技术，4(6)：75-81.

钱学森，2008. 星际航行概论[M]. 北京：中国宇航出版社.

王冀莲,王功波,杜辉,等,2020.面向空间环境治理的在轨服务空间法问题研究[J].空间碎片研究,20 (2):7-13.

杨卫,赵沛,王宏涛,2020.力学导论[M].北京:科学出版社.

于登云,邱家稳,向艳超,2021.深空极端热环境下热控材料研究现状与发展趋势[J].深空探测学报(中 英文版),8(5):445-453.

于登云,孙泽洲,孟林智,等,2016.火星探测发展历程与未来展望[J].深空探测学报,3(2):108-113.

于登云,张兴旺,张明,等,2020.小天体采样探测技术发展现状及展望[J].航天器工程,29(2):1-10.

张飞,陈小前,曹璐,等,2022.天基边缘计算系统设计及关键技术[J].上海航天,39(4):139-146.

张翔,刘红卫,刘卓群,等,2019.空间智能软体机械臂动力学建模与控制[J].智能科学与技术学报,1 (1):52-61.

Adams M, DiBernardo D, Fricke C, 2017. The Variable Environmental Gravity Exploration Transit Accommodation with Baseline Landing Extension[R]. Report from University of Maryland.

Belvin W K, Doggett B R, Watson J J, 2016. In-Space Structural Assembly: Applications and Technology [C]. 3rd AIAA Spacecraft Structures Conference, San Diego.

Du H, Hu H D, Wang D Y, et al., 2022. Autonomous Measurement and Semantic Segmentation of Non-Cooperative Targets with Deep Convolutional Neural Networks[J]. Journal of Ambient Intelligence and Humanized Computing, https://doi.org/10.1007/s12652-021-03553-7.

Gaddis S, 2013. NASA Space Technology Mission Directorate and Game Change Development Program [C]. AIAA SDM Conference, Boston.

Hao Z, Ashith Shyam R B, Rathinam A, et al., 2021. Intelligent Spacecraft Visual GNC Architecture With the State-Of-the-Art AI Components for On-Orbit Manipulation[J]. Frontiers in Robotics and AI, 8 (6):639327.

Hou X Y, Zhu M L, Sun L N, et al., 2022. Scalable Self-Attaching/Assembling Robotic Cluster (S2A2RC) System Enabled by Triboelectric Sensors for In-Orbit Spacecraft Application[J]. Nano Energy, 93:106894.

Jackson L, Saaj C M, Seddaoui A, et al., 2020. Downsizing an Orbital Space Robot A dynamic System Based Evaluation[J]. Advances in Space Research, 65:2247-2262.

Li W J, Chen D Y, Liu X G, et al., 2019. On-Orbit Service of Spacecraft: A Review of Engineering Developments[J]. Progress in Aerospace Sciences, 108:32-120.

Lillie C F, 2015. Mirror Tech/SBIR/STTR Workshop 2015, Design for On-Orbit Assembly and Servicing, Design Guidelines for Future Space Telescopes[R]. Report from Lillie Consulting LLC.

Liu J G, Zhao P Y, Chen K L, et al., 2022. 1U-Sized Deployable Space Manipulator for Future On-Orbit Servicing, Assembly, and Manufacturing[J]. Space: Science & Technology, 9:9894604.

Lyu D H, Wang J Q, He Z M, et al., 2020. Navigation and Control Scheme for Space Rendezvous and Docking With Maneuvering Noncooperative Target Based on Dynamic Compensation[J]. IEEE Access, 8: 30174-30186.

National Aeronautics and Space Administration Goddard Space Flight Center, 2010. On-Orbit satellite servicing study project report[R].

Reed B B, 2015. On-Orbit Servicing and Refueling Concepts[R], Report from NASA Satellite Servicing Capabilities Office.

Rucker M, Connolly J, 2018. Deep Space Gateway-Enabling Missions to Mars[R]. NASA Report.

Santina C D, Katzschmann R K, Biechi A, et al. , 2018. Dynamic Control of Soft Robots Interacting with the Environment[C]. 2018 IEEE International Conference on Soft Robotics (RoboSoft), Livorno.

Snead J M, 2004. Architecting Rapid Growth in Space Logistics Capabilities[C]. 40th AIAA/ASME/SAE/ ASEE Joint Propulsion Conference and Exhibit, Fort Lauderdale.

Stolfi A, Angeletti F, Gasbarri P, et al. , 2019. A Deep Learning Strategy for On-Orbit Servicing via Space Robotic Manipulator[J]. Aerotecnica Missili & Spazio, 98: 273 – 282.

University of Maryland, 2003. Project SCOUT Preliminary Design Review[R].

Wang Y, Yao W, Chen X Q, et al. , 2022. Novel Gaussian Mixture Model based Nonsingular Terminal Sliding Mode Control for Spacecraft Close-Range Proximity with Complex Shape Obstacle[J]. Proceedings of the Institution of Mechanical Engineers, Part G: Journal of Aerospace Engineering, 236(3): 517 – 526.